U0223817

国家出版基金项目
NATIONAL PUBLICATION FOUNDATION

"十四五"时期国家重点出版物出版专项规划项目

新一代人工智能理论、技术及应用丛书

智能无人系统概论

张　涛　贾庆山　著

科学出版社

北　京

内 容 简 介

随着人工智能技术的发展,智能无人系统成为其中一个重要的研究领域。本书全面介绍智能无人系统的基本概念、主要类型、基础理论、关键技术以及主要应用。具体包括:智能无人系统的由来、智能无人系统感知、智能无人系统控制与决策、智能无人系统智能技术、空中智能无人系统、空间智能无人系统、地面智能无人系统、水中智能无人系统、医用智能无人系统以及智能工厂等。本书还重点反映智能无人系统领域的最新成果,并展望该领域未来发展方向。

本书适用于对智能无人系统感兴趣的科研人员,也可供高校本科生和研究生学习使用。

图书在版编目(CIP)数据

智能无人系统概论 / 张涛, 贾庆山著. — 北京:科学出版社, 2024. 12.
(新一代人工智能理论、技术及应用丛书). -- ISBN 978-7-03-080798-4

Ⅰ. TP18

中国国家版本馆CIP数据核字第202412CM93号

责任编辑:孙伯元 郭 媛 / 责任校对:崔向琳
责任印制:师艳茹 / 封面设计:陈 敬

科学出版社 出版
北京东黄城根北街 16 号
邮政编码:100717
http://www.sciencep.com

北京中科印刷有限公司印刷
科学出版社发行 各地新华书店经销
*
2024年12月第 一 版 开本:720 × 1000 1/16
2024年12月第一次印刷 印张:20
字数:403 000
定价:160.00 元
(如有印装质量问题,我社负责调换)

"新一代人工智能理论、技术及应用丛书"编委会

"新一代人工智能理论、技术及应用丛书"序

科学技术发展的历史就是一部不断模拟和扩展人类能力的历史。按照人类能力复杂的程度和科技发展成熟的程度，科学技术最早聚焦于模拟和扩展人类的体质能力，这就是从古代就启动的材料科学技术。在此基础上，模拟和扩展人类的体力能力是近代才蓬勃兴起的能量科学技术。有了上述的成就做基础，科学技术便进展到模拟和扩展人类的智力能力。这便是 20 世纪中叶迅速崛起的现代信息科学技术，包括它的高端产物——智能科学技术。

人工智能，是以自然智能(特别是人类智能)为原型、以扩展人类的智能为目的、以相关的现代科学技术为手段而发展起来的一门科学技术。这是有史以来科学技术最高级、最复杂、最精彩、最有意义的篇章。人工智能对于人类进步和人类社会发展的重要性，已是不言而喻。

有鉴于此，世界各主要国家都高度重视人工智能的发展，纷纷把发展人工智能作为战略国策。越来越多的国家也在陆续跟进。可以预料，人工智能的发展和应用必将成为推动世界发展和改变世界面貌的世纪大潮。

我国的人工智能研究与应用，已经获得可喜的发展与长足的进步：涌现了一批具有世界水平的理论研究成果，造就了一批朝气蓬勃的龙头企业，培育了大批富有创新意识和创新能力的人才，实现了越来越多的实际应用，为公众提供了越来越好、越来越多的人工智能惠益。我国的人工智能事业正在开足马力，向世界强国的目标努力奋进。

"新一代人工智能理论、技术及应用丛书"是科学出版社在长期跟踪我国科技发展前沿、广泛征求专家意见的基础上，经过长期考察、反复论证后组织出版的。人工智能是众多学科交叉互促的结晶，因此丛书高度重视与人工智能紧密交叉的相关学科的优秀研究成果，包括脑神经科学、认知科学、信息科学、逻辑科学、数学、人文科学、人类学、社会学和相关哲学等学科的研究成果。特别鼓励创造性的研究成果，着重出版我国的人工智能创新著作，同时介绍一些优秀的国外人工智能成果。

尤其值得注意的是，我们所处的时代是工业时代向信息时代转变的时代，也是传统科学向信息科学转变的时代，是传统科学的科学观和方法论向信息科学的科学观和方法论转变的时代。因此，丛书将以极大的热情期待与欢迎具有开创性的跨越时代的科学研究成果。

　　"新一代人工智能理论、技术及应用丛书"是一个开放的出版平台,将长期为我国人工智能的发展提供交流平台和出版服务。我们相信,这个正在朝着"两个一百年"奋斗目标奋力前进的英雄时代,必将是一个人才辈出百业繁荣的时代。

　　希望这套丛书的出版,能给我国一代又一代科技工作者不断为人工智能的发展做出引领性的积极贡献带来一些启迪和帮助。

李衍达

前　　言

随着人工智能技术的发展，智能无人系统作为其中一个重要的研究领域，越来越引起人们的重视。不断涌现出各种类型的智能无人系统，在人类社会的发展中发挥着越来越大的作用。人工智能技术的发展，将传统的机器人由原来的工业机械臂，发展成了有各种形态、各种功能的智能无人系统。在人们的生活中涌现出自动驾驶车、无人机、服务机器人、空间机器人、水下机器人等，让人们对机器人有了新的认识和体会，智能无人系统使机器人内涵得到扩大和延伸。

目前，智能无人系统成为新一代人工智能的重要组成部分，成为第四次工业革命的重要驱动力，各种形态的智能无人系统在不断改变着世界，让整个人类社会发生着巨大变化。近些年来，智能无人系统在理论、方法和应用上都取得了巨大的进展。特别是未来的智能无人系统对环境感知与交互、知识推理和复杂行为，以及群体协作等方面有更高的要求，有很多科学问题需要深入研究。由于智能无人系统已成为当前科技领域发展的重要方向之一，国内许多高等院校和科研院所都在开展智能无人系统方面的研究，大量各种类型智能无人系统不断涌入各种应用场景，带来了巨大的社会效益和经济效益。因此，对从事智能无人系统领域研究与开发的人才需求与日俱增，许多行业出现了对从事智能无人系统研究与应用人才供不应求的现象。一些高校针对目前的形势和需求，开设了智能无人系统相关专业和相关课程，进行智能无人系统领域人才培养。关于智能无人系统的教学也越来越引起人们的重视。

本书全面介绍智能无人系统的基本概念、主要类型、基础理论、关键技术以及主要应用。全书共有 11 章。第 1 章介绍智能无人系统的由来，包括智能无人系统的概念、发展历程和发展现状。第 2～4 章介绍智能无人系统的基础知识，分别包括智能无人系统感知、智能无人系统控制与决策、智能无人系统智能技术。第 5～10 章分别介绍智能无人系统的几种类型代表，包括空中智能无人系统、空间智能无人系统、地面智能无人系统、水中智能无人系统、医用智能无人系统和智能工厂。第 11 章为全书总结。本书重点反映了智能无人系统领域的最新成果，并展望该领域未来发展方向。

张涛教授撰写了本书第 1、2、4、5、6、8、9、11 章，贾庆山教授撰写了本书第 3、7、10 章。还要感谢陆耿副研究员、陈章副研究员和薛涛、王铎、马倩霞、岑汝平、米威名、朱凯等多位博士研究生对本书的撰写做出的贡献。

智能无人系统领域发展迅速，尽管作者尽力在本书中包含了许多新的内容，但仍然会遗漏许多新的思想、方法。由于作者水平有限，书中难免存在不足之处，敬请读者批评指正。

作　者

2024 年于北京清华园

目　　录

第1章 智能无人系统的由来

科技发展水平是综合国力的重要体现。随着新一代人工智能的兴起，我们正面临新一轮产业变革。研制智能无人系统，也将成为人工智能发展的标志性成果。未来3~5年，我国智能机器人(服务、工业等)应用的广度、深度有大幅度的发展；无人机将实现多行业、规模化、产业化应用；完成汽车自动驾驶系统的示范工程建设；开发出轨道交通自动驾驶核心共性技术，在智能车间、工厂有重大进展；形成一套符合国际规范的中国标准。

1.1 智能无人系统的概念

智能无人系统是能够通过先进的技术进行操作或管理，而不需要人工干预的人工系统。自古以来，人类就创造了各种不同类型的无人系统。随着人类知识的增长，无人系统的技术水平也逐渐提高。智能无人系统是由机械、控制、计算机、通信、材料等多种技术融合而成的复杂系统，人工智能无疑是发展智能无人系统的关键技术之一。自主性和智能性是智能无人系统最重要的两个特征，利用人工智能的各种技术，如智能感知(图像、语音识别等)、人机交互、智能决策、学习和推理，是实现和不断提高系统这两个特征的最有效方法。

无人系统是用于替代人类而研制开发的各类系统，但"无人"的最高境界是人机融合。狭义层面的人机融合，是指人类将自己的神经系统与计算机等机械相连接，以达到弥补人类感官、运动缺陷的效果，甚至还可能实现将人类意识与计算机人工智能(artificial intelligence, AI)相融合。人工智能与无人系统的高度结合，有望发展出能够改变生命本身的技术，从而加强人类(特别是残疾人和老人)的机能，提升人类生活质量。更广义的人机融合还包含了人机协作，人与机器之间不再是主仆关系或替代关系，而是伙伴关系。人同时操控多个无人系统协同工作，可以提高效率、增加灵活性；人与无人系统协调互动，将显著提升无人系统的各方面能力。相当部分的劳动密集型的工作，无人系统未必能够胜任。菲尼克斯电气公司表示，无人系统发展的下一个阶段中，人机共融的模式将成为主流。"未来的自动化制造，不是机器换人、工厂无人、机器造人，而是机器助人、工厂要人、智能学人。"因此，智能无人系统将是人机融合的重要体现。

21世纪以来，随着人工智能技术的发展，作为人工智能技术应用的重要对象，智能无人系统水平得到很大提高，正在快速进入实用阶段。在斯坦福大学发布的

"人工智能百年研究"的首份报告——《2030年的人工智能与生活》中针对智能无人系统中典型代表之一的家用机器人指出,过去15年中,机器人已经进入了人们的家庭。但应用种类的增长慢得让人失望,与此同时,日益复杂的人工智能也被部署到了已有的应用之中。人工智能的进步常常从机械的革新中获取灵感,而这反过来又带来了新的人工智能技术。未来15年,在典型的北美城市里,机械和人工智能技术的共同进步将有望增加家用机器人应用的安全性和可靠性。特定用途的机器人将用于快递、清洁办公室和强化安全,但在可预见的未来,技术限制和可靠机械设备的高成本将继续限制狭窄领域内应用的商业机会。至于自动驾驶车和其他新型的交通机器,创造可靠的、成熟的硬件的难度不应该被低估。

针对高精度、高机动、强实时、高可靠等高性能需求,我们需要研制智能无人系统,体现新一代人工智能(基于大数据智能、群体智能、感知和跨媒体智能、混合智能、自主智能等)的标志性成果,并带动新一代人工智能的研究。智能无人系统智能化水平将更能够体现人类特征,更接近人类水平,某些智能方面甚至难以区分人与机器。借此,可以大力推进科技与经济的快速发展,进一步提高人类的生活质量。智能无人系统产业将成为世界经济进步的新引擎,引领智能产业与智能经济的发展。

与传统无人系统相比,智能无人系统的研究内容更加宽泛。各种类型的智能无人系统的相继出现,将对人类生活和社会产生显著的影响。目前,智能无人系统主要包括自动驾驶车、无人机、服务机器人、智能工业机器人、空间机器人、海洋机器人、无人车间/智能工厂等系统。

在我国发布的《新一代人工智能发展规划》中指出:"自主无人系统的智能技术。重点突破自主无人系统计算架构、复杂动态场景感知与理解、实时精准定位、面向复杂环境的适应性智能导航等共性技术,无人机自主控制以及汽车、船舶和轨道交通自动驾驶等智能技术,服务机器人、特种机器人等核心技术,支撑无人系统应用和产业发展。"

1.2　智能无人系统的发展历程

智能无人系统的类型很多[1],它的发展历程可以由以下几种典型类型的智能无人系统发展历程所描述:工业机器人、无人驾驶车、无人机、服务机器人等。下面分别对上述几种类型智能无人系统的发展历程进行简要介绍。

1.2.1　工业机器人

工业机器人是机器人的最早形态,也是智能无人系统的雏形。第一台机器人在美国诞生，由此，机器人进入了它的第一阶段的发展历程，即工业机器人时代。它的几个标志性事件如下。

1954 年，George Devol 开发出第一台可编程机器人。

1955 年，Denavit 与 Hartenberg 提出 D-H 矩阵解决机器人的运动学问题。

1959 年，通用汽车公司(General Motors Company, GM 公司)安装了第一台 Unimation 公司的 Unimate 机器人。

1961 年，George Devol 的"可编程的货物运送"获得美国专利，该专利技术是 Unimate 机器人的基础。

1967 年，Unimation 公司推出第一台喷涂用机器人 Mark Ⅱ，并出口到日本。

1968 年，第一台智能机器人 Shakey 在美国斯坦福国际咨询研究所诞生。

1972 年，国际商业机器公司(International Business Machines Corporation, IBM 公司)开发出内部使用的直角坐标机器人，并最终开发出 IBM7565 商用机器人。

1973 年，Cincinnati Milacron 公司推出 T3 机器人，它在工业应用中广受欢迎。

1978 年，第一台通用工业机器人(programmable universal machine for assembly, PUMA)机器人由 Unimation 公司装运到 GM 公司。

1982 年，GM 公司和日本的 FANUC 公司合资成立了 GM Fanuc 机器人公司。同年，Westinghouse 公司兼并 Unimation 公司，随后又将它卖给了瑞士的 Stäubli 公司。

1984 年，机器人学无论是在工业生产还是在学术上，都是一门广受欢迎的学科，机器人学开始列入教学计划。

1990 年，Cincinnati Milacron 公司被瑞士 ABB 公司兼并。许多小型的机器人制造公司也从市场上销声匿迹，只有少数主要生产工业机器人的大公司尚存。

随着工业机器人的发展，其他类型机器人也逐步涌现出来。随着计算机技术和人工智能技术的飞速发展，机器人在功能和技术层次上有了很大的提高，移动机器人和机器人的视觉、触觉等技术就是典型的代表。这些技术的发展，推动了机器人概念的延伸。20 世纪 80 年代，人们将具有感觉、思考、决策和动作能力的系统称为智能机器人，这是一个概括的、涵义广泛的概念。这一概念不但指导了机器人技术的研究和应用，而且赋予了机器人技术向深广发展的巨大空间，水下机器人、空间机器人、空中机器人、地面机器人、微小型机器人等各种用途的机器人相继问世，许多梦想成为现实。将机器人的技术(如传感技术、智能技术、控制技术等)扩散和渗透到各个领域形成了各式各样的新机器——机器人化机器。当前与信息技术的交互和融合又产生了"软件机器人""网络机器人"，这也说明了机器人所具有的创新活力。

1.2.2 无人驾驶车

1. 国外无人驾驶车发展

国外无人驾驶车发展历史如图 1-1 所示。

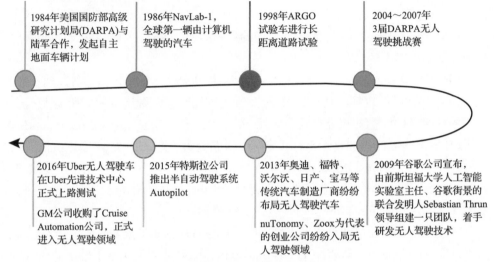

图 1-1　国外无人驾驶车发展历史

1986 年，美国的卡内基梅隆大学研制了 NavLab-1 系统[2]。其后研制的 NavLab-5 智能车辆首次横穿美国大陆的长途自动驾驶试验，自动行驶里程为 4496km，车辆的横向控制实现了完全自动控制，现已发展到了 NavLab-11 系统。实验室致力于开发适应复杂、非结构化的室外地形的自主导航功能，终极目标是让无人驾驶车能够完全自主地在未知地形中进行长距离行驶。

在斯坦福大学人工智能实验室前主任 Thrun 的带领下[3]，斯坦福赛车队赢得了 2005 年美国国防部高级研究计划局(Defence Advanced Research Projects Agency, DARPA)无人驾驶挑战赛的冠军。该实验室致力于开发新的算法和技术，以便在不可预测的城市环境中自动驾驶。利用机器学习、计算机视觉、概率传感器融合和优化等技术，积极寻求在语义场景理解、对象分割和跟踪、传感器校准、定位、车辆控制和路径规划方面的改进。

麻省理工学院媒体实验室宣布，它正与丰田公司合作，探索将区块链技术用于无人驾驶车——这是一种在汽车中实现安全数据交换的方法。针对大雾天气能见度较低或大雪覆盖道路的情况，林肯实验室提出装备雷达向下看，穿透地面进行自主定位，而不依赖于视觉线索或者全球定位系统(global positioning system, GPS)。这项技术来自于国防研发中心，以帮助部队在阿富汗避雷导航。

密歇根大学致力于建设适合无人驾驶车运行的模范城市 MCity，该项目不仅测试技术解决方案，还试图评估自动驾驶将如何影响城市规划。例如，自动驾驶车辆的大规模部署是否会加速城市蔓延？停车位被释放出来用于绿地和休闲区，这是否会使城市内部更具吸引力？MCity 正引领着向一个连接和自动化车辆的新世界的过渡。这项工作超越了技术，考虑了未来交通和机动性的各个方面。

帕尔马大学团队组建的 VISLab 是最早在车辆上使用视觉技术的实验室之一。车载视觉系统的应用不仅要求充分掌握最新的视觉技术，而且对环境中的关键问题（如校准、照明、噪声、温度、功耗以及成本）要求有深入的了解。在过去的 20 多年中，VISLab 开发了一系列集成不同功能的车辆原型，从高级驾驶辅助系统（advanced driving assistance system, ADAS）到全自动驾驶。感知层和导航层吸引了很多人的兴趣。车辆检测、障碍物检测、行人检测、车道检测、交通标志识别和地形图仅是嵌入到 VISLab 原型中的功能的一些示例。

2015 年 10 月，特斯拉公司推出了半自动驾驶系统 Autopilot，Autopilot 是最早投入商用的自动驾驶技术。2016 年，GM 公司收购了自动驾驶技术创业公司 Cruise Automation，正式进入无人驾驶领域。2018 年，全新一代奥迪 A8 面世，这是全球首款量产搭载 L3 级别的自动驾驶系统的车型，实现 L3 级别自动驾驶，使驾驶员在拥堵路况下可以获得最大限度的解放。

2. 国内无人驾驶车发展

国内无人驾驶车发展历史如图 1-2 所示。

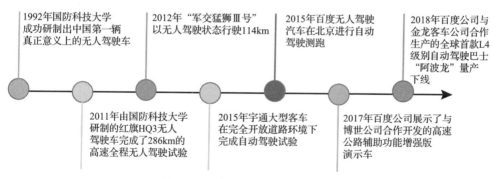

图 1-2　国内无人驾驶车发展历史

与美、欧等发达国家及地区相比，我国在无人驾驶车方面的研究起步稍晚，从 20 世纪 80 年代末才开始。

清华大学从 1988 年开始研究开发 THMR 系列智能车，THMR-V 智能车[4]能够实现结构化环境下的车道线自动跟踪。

国防科技大学从 20 世纪 80 年代末开始研制出基于视觉的 CITAVT 系列智能

车辆。直至 1992 年，国防科技大学成功研制出中国第一辆真正意义上的无人驾驶车。2011 年 7 月，由国防科技大学研制的红旗 HQ3 无人驾驶车[5]完成了 286km 的面向高速公路的全程无人驾驶试验。

2012 年，陆军军事交通学院的"军交猛狮Ⅲ号"以无人驾驶状态行驶 114km，最高速度为 105km/h。

北京理工大学无人机自主控制技术实验室在无人驾驶车和智能车技术上重点研究感知与测控、微小型无人系统设计与集成、先进控制与驱动、信息与综合电子控制技术，在无人系统的智能控制中具有明显优势和特色。

中国科学院自动化研究所提出可自主升级的无人驾驶平行智能测试模型。实现无人驾驶是人工智能领域面临的重大挑战之一，应对这一挑战，需要发展一种新的图灵测试方法，以测试和验证无人驾驶车对复杂交通场景的理解和行驶决策的能力，进而推动无人驾驶技术的发展。

2015 年 8 月，宇通大型客车在完全开放的道路环境下完成自动驾驶试验，这也是国内首次大型客车高速公路自动驾驶试验。2016 年 4 月，在北京车展上，北汽集团展示了其基于 EU260 打造的无人驾驶车，目前搭载的无人驾驶感知与控制设备大部分都使用了国产化采购，目的是为未来的量产打下基础。2018 年 5 月，宇通客车公司在其 2018 年新能源全系产品发布会上宣布，已具备面向高速结构化道路和园区开放通勤道路的 L4 级别自动驾驶能力。

2013 年，百度公司开始了无人驾驶车项目。2015 年，百度公司无人驾驶车在北京进行自动驾驶测跑，完成了进入高速到驾驶出高速不同道路场景的切换。2018 年，百度公司宣布其与金龙客车公司合作生产的首款 L4 级别自动驾驶巴士"阿波龙"已经量产下线。

1.2.3　无人机

无人机的概念最早是由著名的物理学家特斯拉(Tesla)在 19 世纪末提出的。按照他的描述，他想发明一种可以通过远程遥控改变飞行方向，或者按照操作员的意愿爆炸，并且不会出现错误的飞行器，但当时被人视为天方夜谭。然而不久之后，美国发明家斯佩里(Sperry)就发明了一架被称为"Flying Bomb"的无人机，如图 1-3 (a)所示，并于 1916 年 9 月 12 日试飞，该无人机被装上 136kg 炸药成功地进行了攻击目标试验，实现了特斯拉对无人机的设想。1918 年，美国发明家凯特林(Kettering)又研制出一种无人机，并取名为"Kettering Bug"。该机颇似普通的双翼机，总重量为 238.5kg，可携带 82kg 炸弹，飞行速度可达 88km/h。该机于 1918 年 10 月 22 日试飞成功。这两种飞行器都利用斯佩里发明的陀螺仪装置控制飞行方向，由一个膜盒气压表自动控制飞行高度，可用作空投鱼雷对目标进行轰炸。第一次世界大战过后，英国皇家海军也研制了一款名为"Larynx"的无人机。这款飞行器属于小型单翼飞机，可在军舰上起飞，通过机载自动驾驶仪实现自动飞行，飞行速度最高可达 320km/h。以上这些都可以被视作现代巡航导弹的雏形。

(a) Flying Bomb无人机

(b) Kettering Bug无人机

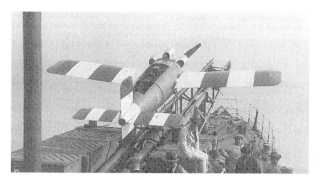

(c) Larynx无人机

图 1-3　早期无人机

　　20 世纪 30 年代，无线电技术发展成熟，逐渐被应用到无人机上。1931 年 1 月，英国政府成功研制了名为"Fairey Queen"的无人靶机，用于验校战列舰上的火炮对飞机的攻击效果。此后不久，英国又研制出一种全木结构的双翼无人靶机，命名为"De Havilland Tiger Moth"。在 1934～1943 年，英国一共生产了 420 架这种无人机，并重新命名为"Queen Bee"。与此同时，美国在无线电遥控靶机的研制上也不甘落后，先后研制了很多型号，如 N2C-2、PQ 系列等，其中 N2C-2 型无人机是由载人飞机 TG-2 遥控飞行的。美国航空专家 Reginald Denny 等在 1935～1939 年先后为美国军方研制出了四款单翼无线电遥控靶机，分别命名为"RP-1"～"RP-4"。最终，"RP-4"被美国军方采用，更名为"Radioplane OQ-2"，在第二次世界大战期间美国大概生产了 15000 架这种无人机。1941 年，珍珠港事件爆发。

因战事所需，美国陆、海军开始大批订购靶机，其中 OQ-2A 靶机 984 架、OQ-3 靶机 9403 架、OQ-13 靶机 3548 架。后两种靶机均安装上了大功率的发动机，飞行速度可达 225km/h，飞行高度达 3000m。在第二次世界大战中，美国陆军航空队曾大量使用无人靶机。并在太平洋战场上使用过携带重型炸弹的活塞式发动机无人机对日军目标进行轰炸。战争期间，美军还打算将报废的 B-17 和 B-24 轰炸机改装成携带炸弹的遥控轰炸机。驾驶员先驾驶这种遥控轰炸机至海边，然后跳伞脱身，遥控轰炸机则在无线电的遥控下继续飞行，直至对目标进行攻击。可惜由于所需经费巨大，再加上操纵技术过于复杂，美军最终还是放弃了这一研制计划。

特别值得一提的是，美国海军飞机制造厂在 1941 年生产了一款名为 "Project Fox" 的无线电遥控攻击无人机。这款无人机上安装了电视摄像头，它的控制端——TG-2 载人飞机上安装了电视屏幕，遥控人员可以看到无人机飞行的景象，这使得遥控更加准确。1942 年 4 月，这种无人机成功地将一枚炸弹投放到距离遥控端20mi（1mi≈1.609km）的一架驱逐舰上。此外，又成功地将一架以 8kn（1kn=1.852km/h）的速度飞行的靶机撞毁，展示了强大的能力。

第二次世界大战结束后，随着航空技术的飞速发展，无人机的性能得到进一步提升，同时一些具有新型功能的无人机也逐渐问世，如无人诱饵机、无人侦察机、专门用于探测核辐射强度的无人机等，无人机家族也逐渐步入鼎盛时期。越南战争期间，美国使用了大量的无人侦察机，无人侦察机技术得到大力发展。据统计，1964～1975 年，无人侦察机在越南部分地区完成 3435 架次的侦察任务。

时至今日，世界上研制生产的各类无人机已达近百种，一些新型号正在研制之中。而随着计算机技术、自动驾驶技术和遥控遥测技术的发展和在无人机中的应用，无人机的性能和功能日益强大。无人机以其体积小、重量轻、机动性好、飞行时间长和便于隐蔽为特点。尤其是无人驾驶功能，特别适用于执行危险性大的任务，在现代战争中正发挥着越来越大的作用。如在 1982 年发生的贝卡谷地空战和 1991 年爆发的海湾战争中，无人机在侦察监视、干扰敌方雷达通信系统和引导己方进攻武器等方面，都发挥了极其重要的作用。此外，随着无人机技术的普及，无人机也逐渐被应用到民用领域，为人们的生活提供了极大的便利。

纵观无人机发展的历史，大致经历了以下五个阶段。

第一阶段：20 世纪初到 20 世纪 30 年代，主要用作空中鱼雷对目标进行轰炸，控制方式为陀螺仪、气压计、自动驾驶仪等机载设备，不可回收。

第二阶段：20 世纪 30 年代到 60 年代，主要用作防空兵器性能鉴定和部队训练的靶机，控制方式为无线电遥控，可多次重复使用。

第三阶段：20 世纪 60 年代到 80 年代，除了用作靶机，还大量用作无人侦察机和无人诱饵机。

第四阶段：20 世纪 80 年代到 90 年代，无人机的用途大为扩充，除了广泛用于战场侦察、电子对抗、目标指示、战果评估、通信中继等军事用途，还用于大地测绘、资源探测、空气采样、环保监视、交通管理等民用领域。此期间无人机的飞行控制与飞行管理也有很大改进，实现了超视距控制和半自主飞行。

第五阶段：20 世纪 90 年代至今，在人们的需求推动和技术进步的支持下，无人机技术获得飞跃式发展，一方面，续航时间长、飞行距离远、负载能力高的大型无人机陆续问世并投入使用；另一方面，机动灵活的微型化无人机也逐渐进入人们的视线，扮演着独特的角色。随着智能控制、计算机视觉等技术的发展和应用，无人机的智能化和自主化程度大大提高。此外，多无人机协同合作也逐渐成为现实。

1.2.4 服务机器人

单从起步时间来看，服务机器人的发展并不比工业机器人晚。20 世纪 90 年代之前，面向军用、科研等特种应用领域的专业服务机器人一直是美国政府的科研重点之一。经过持续不断的发展，此类产品在 20 世纪 90 年代后逐渐成熟，并孕育出了一个颇具规模的产业。家用机器人作为服务机器人家族中的重要一员，则相对起步较晚，一直到 1999 年 Sony 公司推出电子宠物狗 aibo，才标志着家用机器人首次大规模在商业市场中亮相。然而，21 世纪以来，家用机器人的研发迅速成为热点，具有巨大潜在市场的家庭、个人服务机器人产业也逐渐发展壮大起来。不同国家对家用机器人的研发重点不一样，发展历程也不一样。

1. 日本

日本是最早进行家用机器人研发的国家之一。日本长期坚持仿生、拟人的发展路线，投入大量的精力进行拟人及仿生机器人的研发，甚至 20 世纪 80 年代就明确将"能够在生活中与人共处的机器人"作为具有重大社会意义的研发目标写入国家层面的路线图计划中。

aibo 上市后，拟人机器人的概念迅速吸引了来自全球的目光。在其鼓舞下，本田、丰田、松下等公司迅速跟进，每年都投入上亿的资金研发智能家用机器人。这些产品集合了各种先进科技，会走、会跳舞、会判断环境、会与人交流。最新的实验室产品甚至具有以假乱真的人类外形以及察言观色的沟通能力。2007 年，日本仿人机器人 TWENDY-ONE 在东京亮相，它由东京早稻田大学的 Shigeki Sugano 教授与 20 多个公司合作、花费十几年研制成功。TWENDY-ONE 极其灵巧，图 1-4 为 TWENDY-ONE 正为一名学生从烤箱取出一片面包。图 1-5 是日本东京大学和丰田公司等机构联合开发的 AR（assistant robot）机器人，这是一种家务帮手机器人。AR 拥有与人类接近的身高，可以根据衣物的褶皱将衣物分开并投入洗衣机，开启洗衣机上的启动洗衣按钮。AR 还可以送餐、拖地，能帮助家庭主妇和老龄家庭减轻家务负担。Pepper 是全球首次配备情感识别功能的机器人，如图 1-6 所示，由日本软银集团和法国 Aldebaran Robotics 公司研发。Pepper 配备了语音识别技术、呈现优美姿态的关节技术，以及分析表情和声调的情绪识别技术，可与人类进行交流。2015 年 6 月 8 日，Pepper 正式面向普通顾客发售。

图 1-4　TWENDY-ONE 机器人

图 1-5　AR 机器人

图 1-6　Pepper 机器人

　　日本一贯将机器人技术列入国家的研究计划和重大项目，以工业机器人、仿人娱乐机器人为突破口，采用模块化和标准化道路，推进服务机器人的产业化。另外，其经济产业省为家庭服务机器人科技发展做了详尽的战略规划，在经济产业省资助的项目中，"服务机器人技术软件计划(2007—2011)"在 2009 年的资助金额就达到了 9700 万元人民币。

2. 美国

美国是在服务机器人产业化方面做得最好的国家之一。2002 年，以军用机器人起家的 iRobot 公司推出了划时代的家用清洁机器人产品 Roomba。尽管功能非常单一，但 Roomba 的突破性在于其完美实现了低廉成本同有效功能之间的统一。此类产品在技术上称不上高端，但是其以相对低廉的价格提供相当实用的功能，获得大量家庭的欢迎。Roomba 的问世同 aibo 一样，赢得了社会的高度关注，同时也赢得了实际的市场业绩。

虽然 Roomba 在商业上取得了巨大的成功，但其本身只是一个不成熟的技术同简单的功能相妥协的产品。当抢先试水的诸多机器人技术 (robot technology, RT) 厂商在"妥协性产品"的层面激烈竞争的同时，一些反应敏锐的 IT 巨头开始凭借自己已在 IT 技术上的雄厚实力，试图在核心软件这一更高层次占据先机。他们通过制定标准、统一平台、开展基础研发等战略行为来抢占未来市场空间。其中，比较典型的有微软公司和谷歌公司。早在 2006 年，微软公司就推出了机器人操作系统 Robotics Studio，试图通过早期布局确立 Robotics Studio 的垄断性、标准化的战略地位。谷歌公司在机器人自主导航、物体识别等方面进行了大量的研究，并通过无人驾驶车等项目，尝试将软件状态的人工智能与硬件功能相结合。2013 年以后，谷歌公司更是密集收购了 9 家机器人公司，可见谷歌公司对机器人项目的重视。2010 年，从谷歌公司分离出的 Willow Garage 公司也推出了自己的机器人操作系统 (robot operating system, ROS)[6]，并迅速占据了相当高的市场份额。

2009 年美国机器人路线图计划中，把家用机器人定位为解决老龄化、医保等重大社会问题的突破口。他们认为未来家庭服务机器人有可能如同互联网、手机一样深度介入我们的生活，发展出一个庞大复杂的产业系统，甚至会深刻改变人类社会的形态。

3. 韩国

韩国政府曾在 2008 年 3 月制定了《智能机器人开发及普及促进法》，2009 年 4 月公布了《第一次智能机器人基本计划》。韩国知识经济部发布了韩国实现成为世界三大机器人强国目标的方案——《服务机器人产业发展战略》，希望通过开创新市场来缩小与发达国家的差距，提出到 2018 年加强机器人产业全球竞争力的方案，并通过该战略让 2009 年仅为 10%的世界机器人市场占有率到 2018 年提升至 20%。

通过这一系列积极的培养政策和技术研发上的努力，韩国国内机器人产业竞争力已得到逐步提升，出现了一批具有全球影响力的机器人公司。图 1-7 是韩国

Yujin Robot 公司开发的 iRobi 机器人。其可以唱歌，做家务，当保安，甚至可以教孩子们学英文。当家长外出时，该机器人可以通过无线连接到机器人的视频摄像头，看到孩子们的一举一动，同时也可以将自己的画面传回到机器人，机器人内置一个小型显示器可以显示孩子母亲的画面，而当家中无人时它还可以确认大门是否上锁以及煤气是否关闭。假如有人闯进家门，它还可以将其拍摄下来，给主人发电子邮件。

韩国机器人发展突出了服务机器人与网络相结合，并且把服务机器人产业作为"839"计划重要组成部分，列入在 21 世纪推动国家经济快速增长的十大引擎产业之一。

4. 中国

虽然我国在 20 世纪 90 年代中后期就已经开始了服务机器人相关技术的研究，但是我国服务机器人市场从 2005 年前后才开始初具规模。

2006 年，发展智能服务机器人被列入《国家中长期科学和技术发展规划纲要 (2006—2020 年)》；2012 年，我国发布《智能制造科技发展"十二五"专项规划》和《服务机器人科技发展"十二五"专项规划》。2012 年，科技部主持召开了中国机器人产业推进大会，会议明确提出把家用服务机器人作为未来优先发展的战略技术，这使得我国的家居服务机器人的发展有了很大提高，服务机器人产业将会成为我国新的经济增长点。

在政策关照和潜在巨大市场亟待开发的背景下，智能服务机器人产业开始萌发，科沃斯公司便是一个很好的代表。它是全球领先的家居服务机器人企业。该公司于 2013 年 9 月在南京推出了"地宝九系"智能扫地机器人，如图 1-8 所示。该机器人功能上跟美国 iRobot 公司的 Roomba 清洁机器人差不多，但价格更加低廉。此外，科沃斯公司还推出了"家宝"和"亲宝"系列机器人。"家宝"

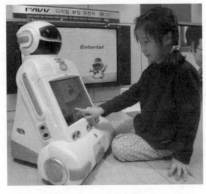

图 1-7　iRobi 机器人　　　　　　图 1-8　"地宝九系"智能扫地机器人

系列机器人可以实时监测室内的空气质量和烟雾的浓度,给主人以提醒。"亲宝"系列机器人集远程控制、娱乐、教育、安保等功能于一身,是我国投放到市场的又一很具竞争力的机器人产品。目前,科沃斯公司已经形成一个完整的家居服务机器人生产体系,其产品销往全球三十多个国家和地区,成为我国服务机器人产业走向世界的先驱。

从成果应用上看,我国的服务机器人销售领域主要集中在清洁机器人和教育机器人上,娱乐机器人和安防机器人市场则刚刚起步。从深层次分析,与日本、韩国、美国相比较,我国服务机器人主要落后在产业和企业上面,还没有出现像 iRobot 这样长期专心做服务机器人的高新技术公司。服务机器人技术本身是一个集成技术,没有被西方发达国家垄断的核心技术,也没有被封锁的技术壁垒。利用后发优势,培育一大批专注做服务机器人的企业,使他们做大做强,是我国目前最迫切需要的。

1.3　智能无人系统的发展现状

目前,智能无人系统发展迅猛,各种类型智能无人系统不断涌现。下面针对几种典型的智能无人系统,介绍它们的发展现状。

1.3.1　无人机

无人驾驶飞机简称无人机[7],又名无人驾驶航空器,是利用无线电遥控设备和自备的程序控制装置操纵的不需要驾驶员的飞行器。因此,无人机属于一种典型的智能无人系统。它通常可以用于数据搜集,并进行监视、监测与侦察等任务。根据应用领域的不同,无人机可以分为军用无人机与民用无人机。军用无人机主要用于监视、侦察、电子对抗、攻击和伤害评估等。与军用无人机相比,民用无人机具有更广泛的应用范围。其典型应用包括环境监测、资源勘查、农业测绘、交通管制、货物运输、天气预报、航空摄影、灾害搜救、输电线路和铁路线路巡查等。在可靠性、稳定性、续航里程、载重量等方面,军用无人机占有绝对的优势,而从自主性、灵活性、便携性、智能性等角度而言,民用无人机技术则不逊色于军用无人机。

军事需求促成了无人机的诞生与发展。第一架无人机于 1909 年在美国试飞成功,并且在第一次世界大战中(1917 年)由美国军方首次使用。各个国家的无人机分别参与了之后的一系列战争,并发挥了重要的作用。频繁的测试与实战使军用无人机技术得到了突飞猛进的发展。最著名的军用无人机代表包括 X47-B、Predator、Global Hawk、Fire Scout 等。从自主能力的角度,这些无人机已经具备了自主起降、自主航线飞行以及一定程度上对故障和飞行条件的自适应。然而,根据美国国防部 2005 年发布的《无人机系统路线图(2005—2030)》对于无人机自主级别的划分来看，2005 年军用无人机的自主能力还低于 3 级，仍不具备自主的航线规划能力、任务决策能力、集群协同与配合能力等。

与西方国家相比，我国无人机的研发与应用起步较晚，在空气动力、发动机、高精度导航等方面，还是有一定的差距。目前，我国的无人机技术正处于快速发展阶段，在现有的水平上，已经取得了相当大的成果，尤其在无人机的自主能力方面已经与国外军用无人机技术相当并有超越的趋势。

虽然军用无人机技术在总体水平上比民用无人机先进，但是在自主性方面民用无人机并不一定逊色。随着国内无人机政策的规范和低空空域改革的深化，民用无人机技术与产业发展非常迅猛。目前，民用无人机的主要应用集中于农林植保、影视航拍、电力巡检等领域。未来几年将保持每年 50%以上的增长速度，2014年中国民用无人机销售规模已经达到 40 亿元人民币。

民用无人机主要分为固定翼和旋翼两大类。由于大部分工农业生产中作业条件为低空低速环境，旋翼类无人机在民用无人机领域更具有主流地位。随着通信、传感器、嵌入式系统等技术的发展，民用无人机的自主性大大提高。目前先进的民用无人机不仅可以做到自主起飞与降落、自主航线飞行，还可以实现自主障碍物检测与避让、无人机群自主编队飞行，实现一定的集群配合功能。从自主能力上，目前民用无人机在某些方面已经超过军用无人机。

1.3.2　无人驾驶车

无人智能驾驶[8]涉及认知科学、人工智能、机器人技术与车辆工程等交叉学科，是各种新兴技术的综合试验床与理想载体，也是当今前沿科技的重要发展方向，同时，研制具有自主知识产权的无人驾驶车不仅对改善道路交通、促进国民经济发展具有重要推动作用，也对满足国家安全战略需求具有重要意义。

1. 国内外高校和研究所针对无人驾驶车的研究由来已久

美国 Barrett Electronics 公司于 20 世纪 50 年代初开发出的世界上第一台自动导引车辆系统。20 世纪 80 年代研制了一辆能在校园环境中自动驾驶的八轮车。1995 年，美国卡内基梅隆大学研制的无人驾驶车 Navlab-5，完成了横穿美国东西部的无人驾驶试验，在全长 5000km 的美国州际高速公路上，96%以上的路程由车辆自主行驶，车速达 50~60km/h。20 世纪 90 年代后期美国国防部实行了著名的 DEMO 计划，1992~2002 年，先后研制了 DEMO Ⅰ、DEMO Ⅱ和 DEMO Ⅲ等数十辆自主试验车。DARPA 自 2004 年开始组织了三次以军事需求为背景的无人驾驶挑战赛，促进了无人驾驶技术的快速发展。

2. 目前我国已经有一批大学和研究单位正在开展无人驾驶车研究

国防科技大学与一汽集团合作研制的红旗 CA7460 自动驾驶轿车在高速公路上的自动驾驶速度达到 130km/h，最高速度达到 170km/h，并具备超车功能。清华大学研制的 THMR-V 智能车，最高速度达到 150km/h。西安交通大学研制的 Springrobot 智能汽车试验平台，可以实时完成道路检测、行人检测、车辆检测等功能。中国科学院合肥物质科学研究院已研制出 3 代无人驾驶车，测试里程超过 4 万公里。国家自然科学基金委从 2008 年开始以道路交通为需求组织了"中国智能车未来挑战赛"，陆军装备部在 2014 年以战场环境为背景组织了"跨越险阻"地面无人平台挑战赛。这些导向明确的需求，对我国无人驾驶车及关键技术的发展起到了很大的推动作用。

3. 无人驾驶相关产品已在某些特定环境中得到了应用

美国是研制该技术最积极和进展最快的国家，也是在某些领域率先实现应用的国家，目前已拥有战术运用、抢险、救援、运输等多种列装和试制样车。例如，装备美国海军陆战队的 Warrior 战术无人驾驶车，可以在复杂天气与复杂地形下，执行侦察、核生化武器探测、突破障碍、反狙击手和直接射击等任务。卡内基梅隆大学研制的新型无人战车 Crusher，可以在复杂环境下自主行驶。自从阿富汗战争开始以来，美国国防部采购和部署了数千套地面无人系统。这些系统支援了一系列行动，包括机动支援和长久支援。截止到 2010 年 9 月，这些部署的无人地面车已经执行了 125000 余项任务，包括可疑目标识别和道路清理，定位和拆除简易爆炸装置等。

在民用领域无人驾驶车的实际应用价值还体现在自然灾害救援活动、反恐行动、月球车/火星车以及其他各种危险极端的未知环境中。在日本 9 级大地震造成核泄漏危机后，日本政府出动无人消防车向反应堆射水降温，美国派出两台 Packbot 无人系统和两台 Warrior 无人系统协助福岛核电站的清理工作，这些均引起了社会的广泛关注。

除此之外，无人驾驶车在安防巡逻、物流运输等方面在我国已有部分应用。近几年，走进公众视野且十分抢眼的无人驾驶车领域的应用为深圳市中智科创机器人有限公司的"安保巡逻机器人"，该巡逻机器人可按照固定路线在特定区域行驶，具备 360°全方位音频监控、自主巡逻等功能，还能完成环境感知、智能报警、人脸识别等一系列立体化的安保功能，辅助安保人员执行巡逻任务。在物流运输方面，京东集团推出了配送无人驾驶车，该无人驾驶车每次可投放 5～6 件快递，每天能配送 10～20 单，续航 80km。

4. 无人驾驶车技术研究自 2014 年进入新的阶段

2014 年以来，越来越多的知名汽车厂商以及 IT 企业在智能汽车领域投入资金研发，奔驰、宝马、大众、福特等公司都已公布原型机和研发计划，苹果公司也启动了泰坦计划。最具代表性的是谷歌公司的无人驾驶车，已经在加利福尼亚州、内华达州、佛罗里达州以及密歇根州合法上路行驶。2014 年 12 月 22 日，谷歌公司正式宣布完成了第一辆全功能无人驾驶车原型，在 2015 年正式上路进行测试，并在 2016 年底已经测试超过 200 万 mi；特斯拉公司研制的无人驾驶车具备空中固件升级的特点，公司宣称其"每十小时就收集百万英里数据"。以色列的智能驾驶技术设备厂商 Mobileye 早在 2013 年宣布，该公司的设备于 2016 年可用于道路行驶的自动驾驶车，并且其研发的 C2-270 智能行车预警系统是该公司成功应用的产品之一，后期还会推出该产品的升级产品。2017 年 3 月 13 日，英特尔公司宣布将以 153 亿美元收购全球领先的 Mobileye 公司，并计划建立一支拥有 100 多辆测试车辆的车队，这些车辆将达到国际自动机工程师学会（Society of Automotive Engineers, SAE）4 级水平。除此之外，宝马、奥迪、沃尔沃、福特等公司都在无人驾驶技术上做了大量投入。

国内企业也从 2013 年起进入了无人驾驶技术的研发热潮，百度公司无人驾驶项目正处于研发阶段，除了针对基础的汽车传感系统、决策及控制系统研发，百度公司正在重点进行数据采集工作，着手绘制国内首个高精度三维环境地图，并将推动其在无人驾驶领域之外的应用，以更多形式服务于更广泛受众，该公司于 2017 年 4 月在上海车展上对外公布了阿波罗（Apollo）计划，向汽车行业及自动驾驶领域的合作伙伴提供一个开放、完整、安全的软件平台，帮助他们结合车辆和硬件系统，快速搭建一套属于自己的完整的自动驾驶系统。广汽集团、江淮汽车等民族企业与中国科学院合肥物质科学研究院共同合作，研发新能源无人驾驶车，目前已进入道路测试阶段；比亚迪、宇通、上汽集团等也都在积极探索无人驾驶车以及单元技术的研发与产业化工作。

可以预见，车辆的无人驾驶已经不远，在未来一段时间，无人驾驶车及其主动安全技术将会实现快速增长。尽管无人驾驶技术的总体研究已经取得了重要进展，但是其多模态信息处理和深度学习理论的车辆环境感知与认知、多源异构全要素信息融合、基于驾驶员模型车辆自主规划决策与运动控制、"人在回路"多模态干预机制下的人机交互，以及无人系统测评体系和测评方法等方面仍有很多关键技术需要突破。

1.3.3　服务机器人

服务机器人[9,10]是多学科交叉与融合的结晶，是综合机械电子、自动化控制、传感器技术、计算机技术、新型材料、仿生技术和人工智能等多领域多学科的复杂高科技技术，被认为是对未来新兴产业发展具有重要意义的高技术之一。随着大数据、人工智能和传感器技术的日渐成熟，逐步完成由传统的机器人到具有感知、分析、学习和决策能力的智能服务机器人转变，智能机器人可处理大量的信息，完成更加复杂的任务。

服务机器人技术具有综合性、渗透性的特点，着眼于利用机器人技术完成有益于人类的服务工作，在老人/残疾人护理和特种行业具有广阔应用前景，同时具有技术辐射性强和经济效益明显的特点，它是未来先进制造业与现代服务业的重要组成部分，也是世界高科技产业发展的一次重大机遇。

服务机器人产业作为衡量一个国家科技创新和高端制造业水平的重要标志，其发展受到世界各国的广泛关注和高度重视。世界各大主要经济体为了抓住发展机遇，获得在以机器人为代表的高科技领域的竞争优势，纷纷将突破机器人技术、发展机器人产业上升为国家战略。国外的机器人研发起步较早，技术发展也较成熟，其中以美国、日本和韩国等国与欧洲地区为代表，均根据各自的生产力需求制定了机器人发展战略与计划。

我国《国家中长期科学和技术发展规划纲要(2006—2020 年)》明确指出将服务机器人作为未来优先发展的战略高技术，并提出以服务机器人和危险作业机器人应用需求为重点，研究设计方法、制造工艺、智能控制和应用系统集成等共性基础技术。服务机器人技术作为战略性高技术，未来产业链长且带动性强，在世界范围内还处在分散发展阶段。服务机器人核心技术与产品的攻关，对国家重大需求与安全具有重要意义；服务机器人前沿技术、核心部件与相关标准的研发，对国家民生科技与战略性新兴产业发展具有重要推动作用；服务机器人感知、决策与执行等的探索，对传统产业升级与服务有重要促进作用。

一方面，随着我国逐步进入老龄化社会，助老服务机器人需求量将面临井喷式增长，助老服务机器人产品市场前景广阔，发展潜力巨大，为我国提供了难得的服务机器人产业发展机遇；另一方面，公共安全事件如地震、洪涝灾害和极端天气以及矿难、火灾、社会安防等频发；而且，医疗与教育对服务机器人的需求旺盛。这些都表明我国服务机器人潜在巨大市场亟待开发。

我国的服务机器人技术经过近 20 年的发展，在机械、信息、材料、控制、医学等多学科交叉方面取得了重要的成果。服务机器人产品崭露头角，目前已初步形成了水下自主机器人、消防机器人、搜救/排爆机器人、仿人机器人、医疗机器人、机器人护理床和智能轮椅、烹饪机器人、教育娱乐等系列产品，展示出一定的市场前景。仿人机器人体现了综合技术世界前列的水平，其中北京理工大学研制的"汇童 BHR"及浙江大学研制的"悟"和"空"仿人机器人连续对打最高可达 110 回合，机器人与人对打最高可达 140 回合，深圳市大疆创新科技有限公司在无人机国际市场占有率世界第一，纳恩博（北京）科技有限公司收购美国 Segway 公司，在两轮自平衡车国际市场占有率世界第一，北京小米移动软件有限公司与科沃斯机器人科技（苏州）有限公司的家用吸尘器服务机器人占有率在国际市场名列前茅。

另外一大批语音视觉交互、聊天、陪护等服务机器人公司已经诞生，正在家庭、银行、餐厅、宾馆、医院、地铁等领域得到应用推广。北京奇虎科技有限公司为儿童打造的 360 儿童机器人，基于搜索大数据和语音交互功能为儿童提供拍照、儿歌和教育功能；在春晚上表演舞蹈大放光彩的 Alpha1 机器人由深圳市优必选科技有限公司推出，如今已推出第二代；由北京康力优蓝机器人科技有限公司开发的商用机器人"优友"，在深度语音交互、人脸情绪识别、运动控制、自动避障等方面，均有突破性技术进展，可以完成导购咨询、教学监护的任务。

在医疗康复机器人研究方面，中国人民解放军海军总医院、北京航空航天大学机器人研究所联合北京柏惠维康科技公司，在国内率先进行医疗脑外科机器人研究，突破了机器人机构综合与优化、医学图像处理、导航定位、手术规划等关键技术，于 2003 年设计出了适合辅助脑外科手术的机器人，已经成功实施 10000 例手术以上。北京积水潭医院、北京航空航天大学、北京天智航医疗科技股份有限公司联合开发的模块化创伤骨科机器人获得了医疗器械许可证。重庆金山科技集团于 2001 年开始在国内最先研发胶囊内镜微机电系统，突破了低功耗图像采集与处理系统设计、近距宽景非球面镜头设计、无线传输设计和封装工艺等关键技术，实现了产品产业化应用。此外，哈尔滨工业大学机器人研究所及天津大学也在微创、腹腔外科机器人等领域进行了相关研究工作。华中科技大学的肢体康复机器人、上海交通大学的智能假肢、山东建筑大学的中医按摩机器人、北京卓康公司与北京航空航天大学的床椅一体化机器人等在内的康复机器人都得到了深入的研究与发展。

在危险作业机器人研究应用方面，反恐排爆机器人及车底检查机器人成功应用于 2008 奥运会以及 2010 亚运会。另外，可携带侦察机器人、反恐防暴系列机器人、旋翼飞行机器人、超高压输电线路巡检机器人系统等多款特殊环境下工作机器人也不断得到推广和应用。在教育机器人研究推广方面，上海未来伙伴机器人有限公司、北京易方科教科技有限公司正在发挥重大作用。

另外，深圳市繁兴科技股份有限公司联合上海交通大学、扬州大学率先开展中国菜肴烹饪机器人研制，解决了中国烹饪中独有的烹饪技法工艺实现关键技术。

我国服务机器人技术与国际领先水平实现并跑。我国在人工智能领域技术创新不断加快，中国专利申请数量与美国处于同等数量级，特别是计算机视觉和智能语音等应用层专利数量快速增长，催生出一批创新创业型企业。与此同时，我国在多模态人机交互技术、仿生材料与结构、模块化自重构技术等方面也取得了一定进展，进一步提升了我国在智能机器人领域的技术水平。新兴应用场景和应用模式拉动产业快速发展。我国已在医疗、教育、烹饪等机器人的应用领域开展了广泛的研究，随着机器人技术水平进一步提升，市场对服务机器人的需求快速扩大，应用场景不断拓展，应用模式不断丰富。与此同时，一些优秀的平台型企业如云知声、出门问问、思必驰等为机器人公司提供使能技术，使得智能语音得以迅速普及，从而拉动产业的高速成长。

智能服务机器人成为新兴增长点。近年来，人工智能技术的发展和突破使服务机器人的使用体验进一步提升，语音交互、人脸识别、自动定位导航等人工智能技术与传统产品的融合不断深化，创新型产品不断推出，如灵隆科技、阿里巴巴等公司相继推出智能音箱，酷哇机器人公司发布智能行李箱，小 i 机器人公司打造智能交互机器人等。目前，智能服务机器人正快速向家庭、社区等场景渗透，为服务机器人产业的发展注入了新的活力。

近年来，服务机器人已成为创新创业的新风口，得到了国家政策与投资界的大力支持，各地纷纷开设面向机器人的行业协会、产业园、创客学院，给服务机器人产业的发展注入了新的活力。同时，我国在服务机器人模块化共性技术研究方面取得一定研究成果，攻克了机器人控制器等部分制约机器人产业发展的机器人关键功能部件，制定了一批机器人模块化标准规范。全球来看，现阶段我国服务机器人许多关键技术还未解决，离真正成熟的服务机器人应用市场还有一段距离。我国机器人产业正处于重点跨越、整体带动的发展机遇期，以"政府引导、市场主导"的方式发展服务机器人，以支持重大工程的方式发展智能服务机器人。

认知智能将支撑服务机器人实现创新突破。人工智能技术是服务机器人在下一阶段获得实质性发展的重要引擎，目前正在从感知智能向认知智能加速迈进，并已经在深度学习、抗干扰感知识别、听觉视觉语义理解与认知推理、自然语言理解、情感识别与聊天等方面取得了明显的进步。

智能服务机器人进一步向各应用场景渗透。随着人工智能技术的进步，智能服务机器人产品类型更加丰富，自主性不断提升，由市场率先落地的扫地机器人、送餐机器人向情感机器人、陪护机器人、教育机器人、康复机器人、超市机器人等延伸，服务领域和服务对象不断拓展，机器人本体体积更小、交互更灵活。

参 考 文 献

[1] 王耀南，安果维，王传成，等. 智能无人系统技术应用与发展趋势[J]. 中国舰船研究，2022，17(5)：9-26.

[2] Thorpe C, Hebert M H, Kanade T, et al. Vision and navigation for the Carnegie-Mellon Navlab[J]. IEEE Transactions on Pattern Analysis and Machine Intelligence, 1988, 10(3): 362-373.

[3] Thrun S, Montemerlo M, Dahlkamp H, et al. Stanley: The robot that won the DARPA grand

challenge[J]. Journal of Field Robotics, 2006, 23(9): 661-692.

[4] 张朋飞, 何克忠, 欧阳正柱, 等. 多功能室外智能移动机器人实验平台——THMR-V[J]. 机器人, 2002, 24(2): 97-101.

[5] Liu D X, An X J, Sun Z P, et al. Active safety in autonomous land vehicle[C]//Power Electronics and Intelligent Transportation System, 2008: 476-480.

[6] Quigley M, Conley K, Gerkey B, et al. ROS: An open-source robot operating system[C]//ICRA Workshop on Open Source Software, 2009: 5.

[7] 张涛, 芦维宁, 李一鹏. 智能无人机综述[J]. 航空制造技术, 2013, 56(12): 32-35.

[8] Omeiza D, Webb H, Jirotka M, et al. Explanations in autonomous driving: A survey[J]. IEEE Transactions on Intelligent Transportation Systems, 2022, 23(8): 10142-10162.

[9] Holland J, Kingston L, McCarthy C, et al. Service robots in the healthcare sector[J]. Robotics, 2021, 10(1): 47.

[10] Zachiotis G A, Andrikopoulos G, Gornez R, et al. A survey on the application trends of home service robotics[C]//IEEE International Conference on Robotics and Biomimetics, 2018: 1999-2006.

第 2 章　智能无人系统感知

　　任何自主系统，一方面需要对自身的运动状态有准确的感知，另一方面需要及时获得关于环境及其变化的信息。根据测量信息的不同，机器人携带的传感器通常分为两类：内部传感器和外部传感器。内部传感器用于机器人本体运动状态的测量，外部传感器用于环境及与环境交互的测量。前者包括测量关节角位置、轮子转角的码盘或轮式里程计，测量自身旋转角速度和线性加速度的惯性测量单元(inertial measurement unit, IMU)等。后者包括获取外界图像的相机、获取外部声音信息的声音传感器、测量到卫星的距离来实现定位的 GPS、进行距离扫描的激光雷达等。

2.1　智能无人系统的运动感知

　　机器人的运动感知也可以通过内部和外部两类传感器实现，内部感知通过直接测量机器人本体的运动状态感知运动变化，外部感知通过机器人自身携带的外部传感器或外置的传感器测量机器人相对于环境的变化，从而判断机器人本体的运动状态。

　　就内部运动传感器而言，不同类型的机器人的运动状态差异很大，对运动传感器的需求也不同。对于固定基座的机械臂，只需要测量各个关节的角位置和角速度就可以准确描述机器人的运动状态；对于多关节的两足、四足、六足或八足机器人，不仅需要测量各关节的角位置，还需要测量机器人的整体运动状态，以判断是正常移动、还是倾斜或翻倒；对于轮式移动机器人，需要测量里程和朝向；对于空中机器人，姿态的测量尤为重要。典型的内部运动传感器有两种：测量关节角位置或轮子转角的码盘，以及测量移动机器人或空中机器人的惯性测量单元。

　　外部运动传感器包括 GPS、视觉传感器、声音传感器、超声测距传感器、激光测距传感器、激光雷达等，更多地用于运动定位和导航。

2.1.1　机器人运动定位

　　对于固定基座的关节式机器人或基座浮动但运动已知的关节式机器人来说，若关节转角已知，根据运动学计算可完全确定机器人的位姿，若进一步已知关节速度，则机器人各连杆的线速度和角速度也可通过运动学计算确定；对于轮式机器人来说，若各轮子的转角已知，则可根据其运动学确定小车相对于初始位姿的位置和朝向，若进一步已知各轮子的转速，则可完全确定小车的线速度和角速度。对于移动机器人来说，其本体的倾斜程度是衡量其运动稳定性的基本参数，因而姿态角甚至姿态角速度的测量必不可少。基于此，本节介绍两类典型的内部运动传感器：一是机器人关节角位置和角速度传感器，也可用作轮式里程计；二是用于移动机器人姿态测量的惯性测量单元。

2.1.2　角位置和角速度测量——增量式码盘

关节角位置是表征机器人内部运动的基本量。角位置测量普遍采用光电码盘，按编码方式的不同可将码盘分为绝对式码盘和增量式码盘两类。图 2-1(a)和(b)分别给出了绝对式码盘和增量式码盘的示意图。绝对式码盘沿径向从内到外被分为多个码道，每个码道与二进制输出的一位对应。在码盘的一侧装有光源，另一侧对应每个码道装有一个光敏元。在码盘处于不同的角位置时，各光敏元根据是否受到光照输出高或低电平，形成二进制输出，读数即对应码盘当前的绝对位置。图 2-1(a)所示的绝对式码盘有 4 个码道，将一圈 360°用 0～(2^4-1) 表示，码盘旋转时对应的输出如图 2-2 所示。显然，分辨率越高要求的码道数越多。出于成本考虑，机器人系统中多数情况下使用的是增量式码盘。

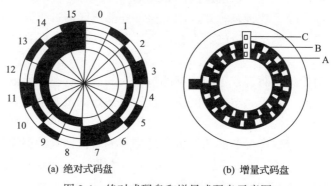

（a）绝对式码盘　　　　　　　　　（b）增量式码盘

图 2-1　绝对式码盘和增量式码盘示意图

增量式码盘由 A、B 两个码道和用于确定基准位置的 C 码道组成，如图 2-1(b)所示。A 码道和 B 码道由数目相等、分布均匀的透光和不透光的扇形区组成，在位置上相互错开半个扇形区；C 码道只有一个扇形区。同样在码盘的一侧装有光源，另一侧对应 A、B、C 码道各装有一个光敏元。绝对式码盘的测量方式如图 2-2 所示。对于如图 2-1(b)所示的增量式码盘，当关节转动带动码盘旋转时，A、B 码道对应的输出为相位相差 90°的脉冲信号，分别称为 A 相脉冲和 B 相脉冲，如图 2-3 所示。在等速运动时对应 A、B 码道的测量信号是等宽脉冲信号，转速越快，脉冲的频率越高，因此可通过对 A 相脉冲或 B 相脉冲进行计数测量码盘的转

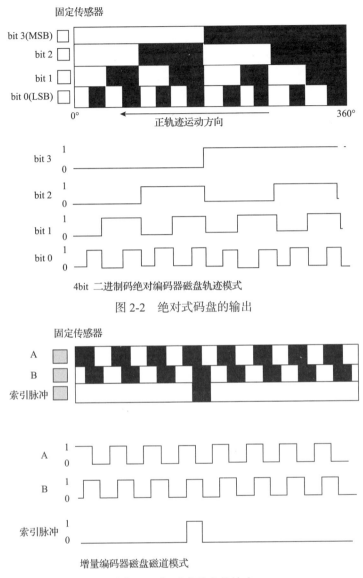

4bit 二进制码对编码器磁盘轨迹模式

图 2-2　绝对式码盘的输出

增量编码器磁盘磁道模式

图 2-3　相对式码盘的输出

角，而脉冲的频率代表了转速；此外，还可根据 A 相脉冲波形和 B 相脉冲波形的相位关系(超前或滞后)来判断码盘的转向。如图 2-4 所示，当码盘正转时，A 相脉冲波形领先 B 相脉冲波形 π/2 相角，而反转时，A 相脉冲波形比 B 相脉冲波形滞后 π/2 相角。C 码道在码盘转动一周时只对应一个脉冲输出，给计数系统提供一个初始的零位信号。显然，增量式码盘的分辨率取决于 A、B 码道被分为多少个扇区，此外，由于 A 相脉冲波形与 B 相脉冲波形相位相差 π/2，还可采用四倍频方法进一步提升增量式码盘的分辨率。

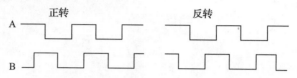

图 2-4　正转与反转时增量式码盘输出的 A 相和 B 相脉冲的相位关系

2.1.3　姿态测量——惯性测量单元

惯性测量单元一般用于测量运动体的姿态，常用于无固定基座的机器人或其他移动体的姿态测量。一个惯性测量单元通常由三个正交的单轴加速度计和三个正交的单轴速率陀螺组成，加速度计检测物体沿着三个轴向的线加速度，而陀螺检测物体关于三个轴的旋转角速率。惯性测量单元可以用分立的加速度计芯片、速率陀螺芯片及其辅助电路组合而成，例如，可采用 HQ7001 三轴加速度计模块和三个 ADXRS610 单轴陀螺仪组合而成。需要注意的是，如果使用单轴速率陀螺或单轴加速度计芯片，安装时需要保证三个单轴速率陀螺芯片(三个单轴加速度计芯片)互为正交，若不能保证安装精度，就会给测量结果带来不利影响，因此目前出现了一些集成的惯性测量单元模块，如 ADIS1605、ADIS1647X 等模块，将三轴陀螺和三轴加速度计集成到一个模块中，有些还包含电子罗盘(三轴磁力计)。虽然不同精度等级的惯性测量单元价格差异很大，但基本工作原理相同。以下分别就速率陀螺、加速度计和基本的姿态解算方法予以介绍。

1. 速率陀螺

目前使用的陀螺大致可分为三类：机械式陀螺、光学陀螺和微机械陀螺，其中微机械陀螺因体积小、功耗低等优势近年来在自主式机器人中得到了广泛的应用。速率陀螺的输出是关于(速率陀螺模块固连的)机体坐标系的三个轴的旋转角速率，机体坐标系是动坐标系。速率陀螺的敏感轴取决于安装朝向。正常安装情况下，三轴陀螺测量俯仰(pitch)轴、横滚(roll)轴和偏航(yaw)轴角速率的情况如图 2-5(a)所示。对于 ADXRS300 这类偏航轴速率陀螺(单轴陀螺)，通过调整安装方向也可测量关于其他轴的旋转，如按图 2-5(a)所示的方向安装，可用于测量横滚轴的旋转。理想情况下，将速率陀螺的输出经过坐标变换转换为惯性坐标系下的欧拉角速度后，在已知初始状态的前提下，可以通过积分获得当前的姿态角。但由于速率陀螺的输出存在噪声和零漂，尤其是对于廉价的速率陀螺，往往不能直接积分，而是将速率陀螺的输出与三轴加速度计和电子罗盘的输出配合使用。

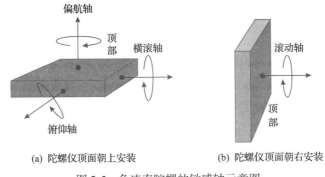

(a) 陀螺仪顶面朝上安装　　　　　(b) 陀螺仪顶面朝右安装

图 2-5　角速率陀螺的敏感轴示意图

2. 加速度计

加速度计测量的是线加速度，包括重力加速度，因此在物体质量准确已知的情况下，也可用作测量作用于物体的合外力。当与加速度计固连的机体静止时，加速度测得的就是重力加速度。假设机体水平且静止时，加速度计对应的三个轴的朝向如图 2-6(a)所示，则重力加速度仅在垂直轴的负半轴上有投影，大小等于重力加速度的大小；若机体关于俯仰轴旋转-30°呈图 2-6(b)所示倾斜状态时(假设静止)，则重力加速度在偏航轴和横滚轴上的投影分别为$-\dfrac{\sqrt{3}}{2}g$ 和 $\dfrac{1}{2}g$。因此，当机体静止或低速运动(运动加速度近似为零)时，加速度计测得的近似为重力加速度，当物体的姿态不同时，重力加速度在三个正交轴上的投影也不同，因此可用测得的三轴线加速度反解物体的姿态。当然由此还不能唯一确定物体的姿态——偏航角度不能唯一确定，因此还需要检测地磁场方向的电子罗盘(三轴磁力计辅之以三轴加速度计进行倾角补偿)。三轴加速度计传感器芯片有 ADXL345 等。

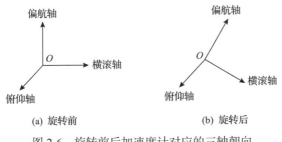

(a) 旋转前　　　　　　　　　(b) 旋转后

图 2-6　旋转前后加速度计对应的三轴朝向

3. 姿态解算——互补滤波

比较而言，加速度计的静态特性相对良好，但容易受到振动等影响，产生较大高频噪声；而速率陀螺仪的动态响应很好，但是存在零漂，也就是测量数据带有低频噪声。因此，在实际使用中，往往通过数据融合，将加速度计数据中的高频噪声与陀螺仪数据中的低频噪声滤掉，从而获取良好的姿态角数据。图 2-7 为将速率陀螺和加速度计的数据算得的姿态角进行互补滤波实现融合的示意图。值得注意的是，加速度计和电子罗盘通过重力投影与地磁通量解算出的姿态角参考值是在惯性坐标系 E 下的，而陀螺仪测得的角速度是机体坐标系 B 下的测量值，因此要引入坐标转换矩阵 R_b^e。图 2-7 中，ω_b 是陀螺仪测得的角速度，即机体坐标系下的角速度，通过变换矩阵 R_b^e 将其转换为在地面惯性坐标系中的表示 ω_e。由图 2-7 可以看到，该滤波器将变换后速率陀螺的输出与反馈值做差后进行积分，得到角度估计值 θ，并将 θ 与参考值 θ_{ref}（由加速度计解算得出的横滚角、俯仰角及结合电子罗盘解算出的偏航角这三个角组成）之间的差，乘以一个比例系数作为反馈值。θ 与 ω_e 和 θ_{ref} 之间存在如下关系，即

$$\theta = \frac{s}{s+K}\left(\frac{\omega_e}{s}\right) + \frac{K}{s+K}\theta_{\text{ref}} = (1-G(s))\left(\frac{\omega_e}{s}\right) + G(s)\theta_{\text{ref}} \tag{2-1}$$

其中，$G(s) = \dfrac{K}{s+K}$。

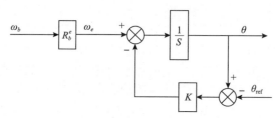

图 2-7　速率陀螺和加速度计数据算得的姿态角进行互补滤波的结构示意图

显然，式(2-1)将低通滤波器 $G(s)$ 作用于由加速度计和电子罗盘解算出的姿态角，将与其互补的滤波器 $(1-G(s))$ 作用于由速率陀螺的输出变换后直接积分得到的姿态角，并将两个姿态角结合到一起得到姿态角的估计值 θ。

实际上，将上述数据融合从而估计姿态角的方法有很多，如卡尔曼滤波方法，但上述互补滤波的方法计算量小，因而在很多计算资源有限但对实时性要求高的系统中得到应用。

2.1.4　机器人运动导航

对于移动机器人来说，能够实时准确感知机器人在环境中的位置是机器人实现自主运动的基础。机器人运动导航的首要问题是知道"自己在什么位置"。

测量机器人位置的方法可以分为两类：一是确定机器人的绝对地理坐标，即

经纬度，基于 GPS、基于北斗卫星导航系统的定位属于这一类；二是测量机器人与周围环境的相对位置，基于信标的定位、基于机载或外部视觉导航的方法等都属于这一类。

基于 GPS 或北斗卫星导航系统的方法使用简单，使用实时动态(real-time kinematic, RTK)[1]技术的差分 GPS 定位精度可以达到厘米级。但对 GPS 或北斗定位的影响因素很多，天气、高楼或树木遮挡都可能使定位数据漂移甚至失效。对于短时间内 GPS 定位出现偏差或失效的情况，可以采用惯性测量单元进行补偿；但在室内、有屏蔽或同频段无线干扰的环境 GPS 信号不可用，因而在机器人使用 GPS 或北斗定位时，往往采用第二类定位方法作为补充。

对于第二类位置测量方法，主要包括基于外部相机的运动捕捉系统定位、基于无线信标的超带宽(ultra-wide band, UWB)[2]定位、轮式里程计、激光雷达等。

1. 基于外部相机的运动捕捉系统定位

VICON 和 Optitrack 系统均是在环境中固定安装经过校准的高精度、快速相机系统(通常由 6 个、8 个、12 个甚至 24 个相机组成)(图 2-8)，并在运动物体上贴上红外敏感标记。通过软件控制相机同步取图，可实现对贴有标记的目标的准确定位和跟踪。VICON 和 Optitrack 系统定位精度高，适用于室内定位。

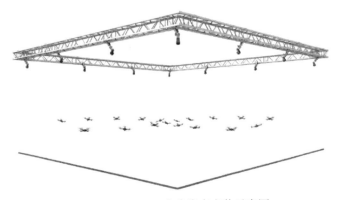

图 2-8　Optitrack 定位姿态安装示意图

2. 基于无线信标的 UWB 定位

这是一种基于无线测距实现对运动物体定位的方法。UWB 技术是一种带宽在 1GHz 以上，通信速率每秒可达几百兆比特以上，不需要载波的低功耗无线通信技术。几种无线通信技术的性能比较如表 2-1 所示。

UWB 定位系统通常由至少 4 个位置固定的能独立运行的 UWB 通信模块(锚节点)组成，运动物体上需带有 UWB 通信模块(目标节点)。在得到目标节点和多

表 2-1　几种无线通信技术的性能比较

参数	UWB	IEEE 802.11a	HomeRF	蓝牙	ZigBee
频率范围/GHz	3.1～10.6	5	2.4	2.4～2.4835	0.868, 0.915, 2.4
通信距离/m	<10	10～100	50	0.1～10	30～70
传输速率/(bit/s)	1G	54M	1～2M	1M	20, 40, 250
发射功率/mW	<1	>1000	>1000	1～100	1

个锚节点之间的距离之后，即可进一步确定目标节点相对于位置固定的锚节点的位置。理论上三个球体或者三个双曲面相交就能得到一个点，用 3 个锚节点就可以实现对运动物体的定位，如图 2-9 所示。但是由于存在测量误差，为了能够保障定位可靠及定位精度，一般至少需要 4 个锚节点。

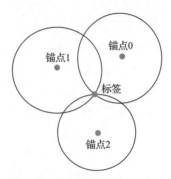

图 2-9　UWB 节点定位示意图

3. 轮式里程计

码盘用于机械臂的各个关节时，可测量手臂末端相对于基座的位置和速度，基座可以是静止的，也可以是运动的。将码盘用于轮式机器人的各个轮子的转动测量时，根据轮式小车的运动学，可由各轮子的转角推得小车相对于初始位置的位置和朝向关系，因而可根据测量轮子转角的码盘的输出估计小车走过的里程，所以，码盘又被称为轮式里程计。当然由于存在打滑、地面不平等因素的影响，轮式里程计对于小范围、平整地面上的运动估计是有效的，对于大范围的运动则累计误差影响严重。因而，有时轮式里程计与激光雷达结合在一起，以实现同时定位与建图。

4. 激光雷达

激光雷达的工作原理与雷达相近，由激光器发射脉冲激光，打到周围物体(墙面、树木等)上，一部分光波会反射到激光雷达的接收器上，根据测距原理可计算得到从激光雷达到物体的距离；脉冲激光不断地扫描环境，即可得到被扫描环境的轮廓点云数据。

在实际运动导航系统中，通常将激光雷达与移动机器人的轮式里程计或移动机器人的惯性测量单元结合，通过定位算法实现定位导航。

2.1.5　同时定位与建图

通常，基于外部运动捕捉系统、基于无线信标的 UWB 定位结果可直接用于导航，GPS 数据在稳定、可靠的情况下也可以直接使用。然而，由于天气、高楼或树木遮挡等因素，GPS 数据的准确性不能完全保证，尤其在室内或城市楼宇间，GPS 数据不可用，因此往往将 GPS 数据与惯性导航或里程计数据结合使用。当机器人的相对运动已知或可测，并可以感知环境信息时，若考虑传感数据的不确定性，可以用同时定位与建图(simultaneous localization and mapping, SLAM)方法[3]解决运动导航问题。

同时定位与建图问题是指：机器人在未知环境中运动，假设起始位置已知。由于其运动存在不确定性，随着时间的推移，越来越难以确定它的准确的全局坐标。若机器人在运动的过程中可以感知环境的信息，则机器人可以在对周围环境建图的同时确定自身相对于周围环境的位置。若环境地图已知，则 SLAM 问题退化为定位问题。考虑机器人的运动(感知)数据和环境感知数据都存在不确定性，SLAM 问题通常采用概率形式描述。图 2-10 给出了 SLAM 问题的图模型，其中 x_t 表示 t 时刻机器人的位置(可能还包含姿态)，初始位置 x_0 已知，u_t 表示描述 $t-1$ 时刻和 t 时刻之间机器人运动的里程计数据，m 为环境的真实地图，用环境中的路标、物体等的位置表示，z_t 表示 t 时刻对环境的观测数据。图 2-10 中，带箭头的线表示因果关系，带阴影的节点表示机器人可直接观测的量，没有阴影的节点表示不可直接观测的量，这些量就是 SLAM 算法力求恢复的。

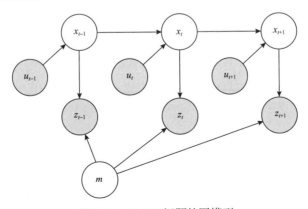

图 2-10　SLAM 问题的图模型

SLAM 算法主要有三类：传统的基于扩展卡尔曼滤波的方法；将 SLAM 问题看作稀疏的约束图优化问题，用非线性优化方法求解的方法；基于粒子滤波的非参数化统计优化的方法。对于 SLAM 问题没有单一的最优解，具体方法的选择取决于地图的形式和分辨率、更新时间、不确定性大小、地图特征的性质等。

2.2　智能无人系统视觉感知

在人对外部环境的感知中，80%的信息来自于视觉，对机器人系统来说，视觉同样是其重要的感知外部环境的手段，尤其是自主移动机器人，视觉在机器人定位、与人及环境交互等方面有着不可替代的作用。

2.2.1　主要机器人视觉传感器

视觉传感器通常是指对可见光(波长范围为 380～780nm)敏感的成像装置，可见光波长由长到短分为红、橙、黄、绿、青、蓝、紫，波长比紫光短的称为紫外光，波长比红光长的称为红外光。传统视觉传感器由一个或多个图像传感器组成，图像传感器分为互补金属氧化物半导体(complementary metal oxide semiconductor, CMOS)和电荷耦合器件(charge-coupled device, CCD)两类。对于一般的机器人系统来说，视觉传感器通常是指由图像传感器及其外围电路、镜头等构成的相机(摄像头)。

在当前常用的数字相机中，环境中的光线透过镜头投影到 CCD/CMOS 成像平面上，光信号被转换为电信号并数字化成一个个像素值，最终组成一幅图像进行存储与使用。

1. 相机成像的几何模型和色彩模型

相机将三维物体投影到二维图像平面的投影模型通常简化成针孔相机模型，如图 2-11 所示。图中 C 是相机镜头的光心，也就是等效针孔模型的针孔位置，CZ_C 是相机的主光轴，成像平面距光心的距离为相机的焦距 f (实际相机系统中，成像平面在光心的后方，成倒立像。这里为了方便示意并保持方向和人眼所见图像方向一致，将虚拟成像平面画在光心前方，位于光心与物体之间)。图中 $C\text{-}X_C Y_C Z_C$ 为相机坐标系，$I\text{-}uv$ 为图像像素坐标系。

假设三维点 P 在相机坐标系中坐标 $p=[x,y,z]^{\mathrm{T}}$，其在图像上的投影位置坐标为 $p=[u,v]^{\mathrm{T}}$，则投影关系满足

$$\begin{cases} u = \dfrac{1}{z} f_u x + c_u \\[2mm] v = \dfrac{1}{z} f_v y + c_v \end{cases} \tag{2-2}$$

其中，f_u 和 f_v 是两个方向以像素为单位的焦距；c_u 和 c_v 分别是主光轴与图像交点的像素坐标。

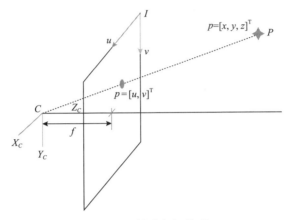

图 2-11　针孔相机模型

将式(2-2)改写为矩阵形式，有

$$p = \begin{bmatrix} u \\ v \end{bmatrix} = \frac{1}{z} K p \tag{2-3}$$

其中

$$K = \begin{bmatrix} f_u & 0 & c_u \\ 0 & f_v & c_v \end{bmatrix}$$

是相机的内参矩阵。

　　彩色摄像机可获得 RGB 图像，目前使用的数字彩色相机不是使用三块分立的 RGB 传感芯片，而是采用如图 2-12(a)所示的色彩滤波器阵列，其中绿色占据了一半位置，红和蓝占据剩下的另一半，这是因为亮度信号主要由绿色决定。为去马赛克，采用插值缺失的彩色数值，如图 2-12(b)所示，即数字彩色图像中，每个像素对应 R/G/B 三色灰度值。

　　除了 RGB 这种描述彩色信号光谱内容的方式，另一种常用的色彩模式是色调、饱和度和亮度(hue saturation value, HSV)模型，它是 RGB 彩色立方体到色彩角、径向的饱和比例和亮度激励的非线性映射。图 2-13 给出了一个样例彩色图像的 HSV 表达，其中饱和度用灰度值表示（饱和的=更暗），而色调用彩色来描绘。

G	R	G	R
B	G	B	G
G	R	G	R
B	G	B	G

(a) 色彩滤波器阵列布置

rGb	Rgb	rGb	Rgb
rgB	rGb	rgB	rGb
rGb	Rgb	rGb	Rgb
rgB	rGb	rgB	rGb

(b) 插值后的像素值

图 2-12　样例彩色图像的 RGB 表达

(a) RGB图像　　　　(b) R分量　　　　(c) G分量　　　　(d) B分量

(e) H分量　　　　(f) S分量　　　　(g) V分量

图 2-13　样例彩色图像的 HSV 表达

2. 视觉深度测量

由图 2-11 和式(2-3)可知，成像过程中丢失了深度(距离)信息，CP 所在直线上的点所成的像均为像平面的 p 点。为了获得深度信息，主要有以下几种方法。

1) 结构光法

结构光法是一种主动检测方法。结构光投射器向被测物体表面投射特定结构的光信息(如光点、栅格等)，由摄像头采集图像。根据图像中由于物体造成的结构光信息的变化可恢复物体的位置和深度等信息。结构光三维成像示意图如图 2-14 所示，在图 2-14(a)中，将一个正弦光栅图形(结构光)投影到漫反射物体表面，并用 CCD 摄像头拍摄物体表面的图像。由于物体表面有高度变换，由摄像头拍摄得到的是变形的光栅图像(图 2-14(b))，即光栅图像被物体高度调制了。根据被调制的光栅图像可恢复出物体表面各点的高度(即深度信息)，从而可重构物体的三维结构。实际上，除了光点、条纹栅格，结构光还包括各种黑白或彩色编码图形、散斑图形等。

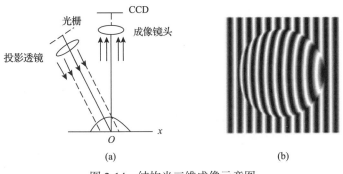

图 2-14　结构光三维成像示意图

深度摄像头 Kinect V1 测距采用的是光编码(light coding)技术。光编码，顾名思义就是用光源照明给需要观测的空间编码，本质上仍属于结构光方法。但与传统的结构光方法不同，其光源投射出去的是具有高度伪随机性的激光散斑(laser speckle)(可看成具有三维纵深的编码)，随着距离的变化变换不同的图案，这就对三维空间直接进行了标记，通过观察物体表面的散斑图案就可以判断它与摄像头之间的距离。如图 2-15 所示，Kinect V1 的深度传感器由左侧的红外投射器和右侧读取散斑图像的红外摄像头组成，Kinect V1 在该组深度传感器的中间还配有一个彩色摄像头。

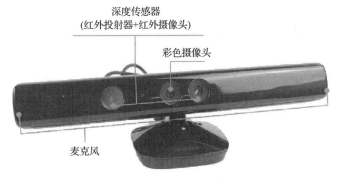

图 2-15　Kinect V1 外观

2) 飞行时间法

飞行时间(time of flight, TOF)法[4]是采用激光雷达，向观测场景发射光脉冲，通过计算光脉冲从发射到被场景中物体反射，再返回到接收器的飞行时间来确定场景中物体与相机的距离，如图 2-16 所示。由于激光的使用，这种方法应用范围受到限制。另一种方法是使用近红外光发射器，发射频率或幅度调制的近红外光，通过出射光和反射光的相位差可确定光线飞行时间，可测量每个像素对应的场景位置的距离。该方法的缺点是测量距离有限。在实际使用中，TOF 深度相机的深度传感阵列相对复杂，因而图像分辨率相对于一般摄像机的分辨率要低很多。图 2-17 所示的 PMD CamCube3.0 即属于这一类深度相机。

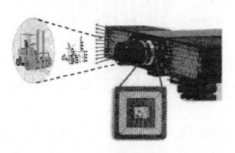 

图 2-16　TOF 深度相机工作原理　　　　图 2-17　TOF 深度相机 PMD CamCube3.0

Kinect V2 的外观如图 2-18 所示，与 Kinect V1 的外观明显不同，主要是因为 Kinect V2 采用了与 Kinect V1 不同的基于 TOF 的深度传感器，投射器投射出的为红外光，通过测量红外光从投射经物体表面反射到返回的时间来获得深度信息。Kinect V2 的深度传感器似乎看不到外观，实际上彩色摄像头旁边就是由红外摄像头(左)和红外投射器(右)组成的深度传感器。

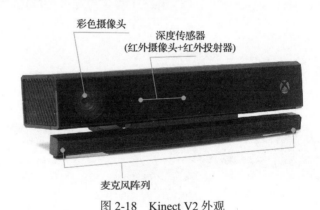

图 2-18　Kinect V2 外观

3) 双目成像法

双目成像测距是一种被动获取深度信息的方法[5]，通常采用两个相同的相机从不同的位置拍摄同一场景，然后寻找场景中的同一点在分别由两个相机拍摄的两幅图像中的对应点(匹配)。显然，场景中的同一点在两幅图像中的对应点会不同，它们的位置差称为视差。根据视差和相机模型，就可以获取该点相对于相机的深度。利用双摄像头拍摄物体，再通过三角形原理计算物体距离。

以上三种方法的性能比较如表 2-2 所示。

表 2-2　三类深度测量方法性能比较

性能	结构光法	TOF 法	双目成像法
测距基础	单相机+投影条纹/斑点/编码	激光或近红外光反射时间差	两个相机
测距范围	短(1mm～5m)，受结构光图案影响	中等(1～10m)，受光源强度限制	依赖于两个相机的距离
计算复杂度	中等	低	高
图像分辨率	中等	低	中高
主要缺点	易受光照影响	图像分辨率低	计算复杂

3. 主要视觉传感器

实际使用的摄像头可以分为单目摄像头、双目摄像头或 RGB-D 摄像头(Kinect V1 和 V2 均属于此类)，如图 2-19 所示。单目摄像头小巧、轻便，但是无法恢复实际的尺度信息；RGB-D 摄像头除了提供普通的图像，还提供了对应的深度图，如此就能直接获取图像中特征点的深度，但是 RGB-D 摄像头可以探测的深度范围十分有限，深度信息存在噪声，摄像头视角较小；双目视觉的优点是可以利用两幅图像匹配的特征点准确地恢复其深度，但是当场景与摄像头的距离远大于两个摄像头基线间的距离时，双目视觉问题就退化成了单目视觉问题，所以一般需要利用惯性测量单元、GPS 等传感器的数据提供绝对尺度。

(a) 单目摄像头　　　　　　(b) 双目摄像头　　　　　　(c) RGB-D摄像头

图 2-19　不同种类的摄像头

除了以上的普通可见光敏摄像头，还有一些特殊摄像头，如热成像摄像头(又称红外摄像头)和近年出现的动态视觉摄像头(一种基于事件的摄像头)等。与可见光摄像头的波长敏感范围为 400～700nm 不同，红外摄像头对红外光敏感，工作波长为 0.78～1000μm。自然界中一切温度高于绝对零度(−273.15℃)的物体，每时每刻都辐射出红外光，自然界中的一切物体都会辐射红外光，因此利用探测器测定目标本身和背景之间的红外光差，可以得到不同的红外图像，又称热图像。红外热成像通常被用作一种夜视技术。动态视觉传感器，模仿人的视觉，抛开了"帧率"的概念，对于单个像素点，只有接收光强度发生改变时，才会有事件(脉冲)信号输出，且对亮度变化的响应是非线性的，适于拍摄高速运动的物体。但这类摄像头还没有非常成熟的产品。

2.2.2 主要机器视觉处理算法

摄像头获得的图像是以 $n \times m$ 灰度矩阵的形式进行存储的,这里 $n \times m$ 为图像的分辨率,即灰度矩阵中的每个值表示对应的像素点的灰度。如何由灰度矩阵获得对于图像场景的整体或局部描述,是视觉处理算法要解决的问题,其中特征提取是基础环节。灰度值易受光照、物体形变和材质的影响,所以图像的灰度矩阵并不是一种很好的特征表达,视觉处理中常用的是图像中的角点和边缘这些更加稳定的特征。在有些实际应用中,单纯的角点或者边缘特征仍不能满足要求,故研究者设计了一些更加具有鲁棒性的局部图像特征,其鲁棒性对于视觉定位、导航等任务的完成效果有重要的影响。

1. 特征提取

基于物体边缘是图像中灰度变化剧烈的点这一思路,用于提取边缘的有Roberts 算子、Canny 算子等一系列卷积模板算子,可将图像中灰度变化的极大值点筛选出来视作边缘。在视觉定位与导航中,将特征较明显的点称为特征点,并对其附近图像块采用描述子进行向量化表示。比较常用的图像特征点有尺度不变特征变换(scale-invariant feature transform, SIFT)[6]、加速稳健特征(speeded up robust features, SURF)[7]、加速分割测试获得特征(features from accelerated segment test, FAST)和 ORB(oriented FAST and rotated BRIEF)等,均在开源计算机视觉库OpenCV 中有对应的实现。

SIFT 是一种经典的视觉特征提取方法,它在不同尺度空间上计算极值点,实现对特征点的检测,并计算出特征点的方向形成特征描述子(描述子以向量的形式存储特征点邻域图像块的特定信息)。该方法充分考虑了光照、图像旋转和尺度变化对特征提取的影响,但伴随而来的是极大的计算量。

SURF 是对 SIFT 的一种改进,采用 Hessian 矩阵行列式近似值图像和对特征描述子进行降维,提升计算速度,并在一定程度上保持 SIFT 的尺度和旋转不变性。

FAST 的基本思路是,如果一个像素与其邻域内足够多的像素的亮度值差别较大,那么这个像素点可能是角点。由于 FAST 的基本操作只对像素值进行大小比较,所以速度可以很快。相比 SIFT,FAST 方法虽然精度和鲁棒性有所下降,但性能仍在可接受范围内并且检测速度快很多,但 FAST 并没有考虑旋转。

一些研究者通过适当降低特征提取的精度和鲁棒性,提升计算速度以满足一些任务对实时性的要求,如 ORB 特征就是在计算精度和速度间的折中。ORB 在FAST 特征点检测的基础上,用灰度质心法计算特征点领域的质心方向来代表此特征点的方向,并在图像金字塔的不同层分别提取特征点以考虑不同的尺度。提取出各尺度带方向的 FAST 特征点后,ORB 会在不同尺度根据其方向计算特征点的 BRIEF(binary robust independent elementary features)描述子。BRIEF 是一种二进制描述子，用来比较特征点邻域内特定像素点对的像素值大小，根据比较结果在描述子向量对应位置填入 0 或 1。ORB 的描述子对 BRIEF 的改进在于，考虑旋转方向的对齐，以实现旋转不变性，同时在不同层的金字塔图像上都计算描述子以实现尺度不变性。ORB-SLAM 就采用了 ORB 进行特征匹配和场景识别，利用特征点方法实现视觉 SLAM。

2. 特征匹配

特征点匹配是指找到物理世界中同一个三维点在不同图像中的对应关系。要在两张图中找到特征点的对应关系，常用的方法是利用特征点对应的描述子，计算两张图中描述子之间的相似程度，找到最相似的点对即为匹配点对。由于描述子是一个向量，所以这种相似程度可以用两个向量间的距离作为度量。对于 SIFT 这种浮点型描述子，这种距离度量是普通的二范数。对于 ORB 这种二进制描述子，它的距离度量是汉明距离，即两个 0/1 序列中值不同的位数之和。由于汉明距离可以通过异或运算进行计算，因此 ORB 描述子间距离的计算速度相比 SIFT 快很多。图 2-20 给出了两幅图 500 个 ORB 特征点并通过描述子距离进行匹配的结果。

图 2-20　两幅图特征点匹配结果

3. 基于视觉的人与机器人交互

对话、面部表情、肢体语言等是人与人之间交互的主要方式。近几年由于卷积神经网络(convolutional neural network, CNN)[8]等深度学习算法的使用，人脸识别结果已经达到了很高的准确度。但在人与机器人交互的过程中，视觉识别的场景相对复杂，而肢体语言中的手势识别由于相对容易、鲁棒性强而在一系列机器人系统中得到应用。人与机器人间的语音交互将在 2.3 节介绍。

　　日常生活中手势具有随意性,但在人机交互领域,手势有明确的含义,Hulteen 和 Kurtenbach 在 1990 年给出了人机交互中的手势的基本定义:手势是包含信息的身体运动。挥手道别是一种手势,但敲击键盘不是手势,因为手指敲击按键的运动不易被观察,也不重要,重要的是哪个键被按下了。尤其是在人与机器人的交互过程中,手势可能表达一种命令,因而往往需要遵循某种协定,避免引起误操作。

　　最初的手势识别是利用穿戴设备,直接检测手臂各关节的角度和空间位置,手势信息可完整无误地传送至识别系统中。典型的穿戴设备如数据手套,价格昂贵。其后,光学标记方法取代了穿戴设备。将光学标记贴在人手臂的关键位置(图 2-21),通过光学成像将人手臂和手指的变化传送给图像处理系统。该方法也可提供良好的效果。外部设备的介入使得手势识别的准确度和稳定性得以提高,但无法广泛使用。不借助外部设备,基于视觉的手势识别方式可以广泛使用。视觉系统根据拍摄到的包含手势的图像序列进行处理,对手势进行识别甚至运动跟踪。

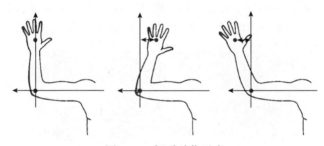

图 2-21　挥手动作示意

　　手势识别方法包括如下几种。

　　(1)基于算法的手势识别。如图 2-21 所示的挥手动作,手和手腕均在肘部和肩部之上,且手相对于肘部的位置变化可以通过明确的规则描述,可以基于这些规则形成手势判断的算法。

　　(2)基于模式匹配的手势识别。将人的手势与已知手势相匹配,该方法需要建立一个模板库。

　　(3)基于机器学习的方法。用已知的手势样本序列训练神经网络,可以解决基于算法的和基于模板匹配的手势识别算法存在的扩展性问题,但需要一定数量的样本学习。

　　基于手臂的运动相对容易得到准确的识别结果,已被作为一些机器人系统中的人机交互方式。实际上,在人机交互领域,手势识别有时特指更加复杂的手部动作的识别,虽然目前还有一些问题亟待解决,但随着图像处理和识别技术的发展,基于手势识别的人机交互必然向更自然和灵活的方向发展。

4. 视觉定位与建图

具有视觉感知能力的移动机器人在没有先验信息的环境中运动的过程中，对周围环境进行建图，并实现对自身的定位，是近年来机器人领域一个研究方向，即视觉 SLAM(visual SLAM)。虽然基于 GPS 的定位技术已经非常成熟，但在室内、水下甚至外太空无法接收到卫星信号，因此基于视觉实现定位导航是对 GPS 定位的重要补充。SLAM 可使用的传感器有激光雷达、普通相机、RGB-D 相机等，还可结合轮式里程计、惯性测量单元等辅助传感器来达到更好的定位效果。美国国家航空航天局(National Aeronautics and Space Administration, NASA)在 "勇气号" 和 "机遇号" 火星探测空间机器人上采用了视觉里程计(visual odometry, VO)这种不带全局地图的视觉 SLAM 技术来提供外太空恶劣环境下的定位信息。

视觉 SLAM 的实现通常分为前端(front-end)和后端(back-end)两个部分：前端负责对图像数据进行预处理、提取特征并进行跟踪或匹配，后端利用前端提供的图像匹配信息估计相机和周围环境的位置关系。

根据前端图像中视觉信息的提取和匹配方式，可以分为特征点法和直接法。

基于特征点的视觉 SLAM 先从图像中提取 SIFT、ORB 或 FAST 等特征点，并通过光流跟踪、图像块匹配或特征点描述子匹配，建立不同图像帧之间的对应关系。基于特征点的视觉 SLAM 方法，根据相机的投影模型，建立三维世界中路标的未知三维坐标到图像特征点的二维坐标之间的几何关系。

直接法则不需要进行特征提取，该方法基于图像光度(即图像像素的灰度值)不变假设，直接求解相机运动。通常采用特征点法的系统恢复的场景是偏稀疏的，而直接法可以获得半稠密甚至稠密的重建场景，如图 2-22 所示。特征点法相对较成熟，对图像中的光度和几何畸变比较鲁棒，但要求特征点足够显著，能利用的信息偏少；而直接法在纹理不丰富的情况下更加鲁棒。

(a) LSD-SLAM：半稠密　　　　　　　　(b) ORB-SLAM：稀疏特征点

图 2-22　SLAM 算法半稠密与稀疏的重建结果

根据后端估计所采用的数学工具，可以分为基于滤波的方法和基于优化的方法。

视觉 SLAM 需要满足实时性才有应用价值。早期的视觉 SLAM，如 MonoSLAM 采用扩展卡尔曼滤波等基于滤波的方式进行估计，而同一时期计算机视觉领域学者采用基于优化的光束平差(bundle adjustment, BA)法来求解运动结构恢复(structure-from-motion, SFM)问题[9]。由于光束平差法所需计算量很大，无法应用于视觉 SLAM 领域。Klein 提出的并行跟踪与建图(parallel tracking and mapping, PTAM)首次将光束平差法用于实时视觉 SLAM 中，PTAM 将跟踪与建图分成两个并行的线程，跟踪线程负责实时估计每一帧的位姿，而建图线程对地图进行优化计算。PTAM 实现实时的关键在于利用了视觉 SLAM 的稀疏性，仅挑选部分关键帧进行优化。

Strasda 等学者的研究表明，利用问题的稀疏性，基于优化的方法与基于滤波的方法相比，在同样的计算代价下能获得更高的精度。但在机器人视觉惯性导航等多传感器融合的研究领域，基于滤波的方法由于其计算量低的特点，相关研究仍然经久不衰。

2.3　智能无人系统语音感知

语言是人类最重要的交流工具。语音是带有语言信息的声音。机器人语音则是机器人与人自然交互的重要途径，当然也可作为机器人感知、自动适应外部环境变化，甚至与其他机器人进行交互的方式。实际上，语音信号处理已经成为一个专门的研究方向，并出现了以讯飞语音为代表的语音输入等语音交互产品。机器人语音是模仿人的语音功能，给机器人赋予类似人的听和说的能力，是语音处理技术的重要应用，它需要解决语音识别和语音合成两个基本问题。

我们都知道，声音是通过振动产生的一种波。对于人来说，当肺里的空气受到挤压形成气流，气流经过声带激励，经过声道(谐振源)，最后通过嘴唇辐射出去形成语音。语音是声音信号的一种。语音信号的频率范围是 300～3400Hz，人们可听到的声音信号频率范围更广，为 20Hz～20kHz。但语音中包含的语言信息，使它的含义更丰富。

语音信号处理研究的快速发展始于 1940 年前后 Dudley 的声码器(vocoder)和 Potter 等的可见声音(visible speech)。随着矢量量化、隐马尔可夫模型和机器学习等相继被应用于语音信号处理，语音信号处理技术取得了突破性进展，并且逐渐从实验室走向实用化。

2.3.1　主要机器人语言传感器

对于机器人来说，语音传感器的功能相当于人的耳朵，需要让机器人能"听得到"。典型的声音传感器是与人类耳朵具有类似的频率反应的麦克风或麦克风阵列。

1. 声场模型

声波是一种振动波，通常是纵波，即介质中质点沿传播方向运动的波。声源发声振动后，声源周围的介质跟着振动，声波随着介质向四周扩散传播。

声波传播的空间称为声场，根据麦克风或麦克风阵列和声源距离的远近，可将声场模型分为两种：近场模型和远场模型，如图 2-23 所示。近场模型将声波看成球面波，在不同位置测量的声波信号有幅度差；远场模型则将声波看成平面波，可忽略不用位置测量的声波信号间的幅度差，只考虑它们之间的时延关系。显然远场模型是对实际模型的简化，一般语音增强方法均基于远场模型。

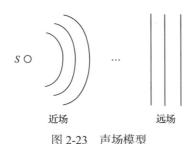

图 2-23　声场模型

实际上，近场模型和远场模型的划分没有绝对的标准，一般认为当麦克风(或麦克风阵列中心)与声源的距离远大于信号波长时为远场；反之，则为近场。

2. 麦克风

麦克风是最基本的声音传感器，可接收声波，输出声音的振动图像。通常声音传感器内置一个对声音敏感的电容式驻极体麦克风。声波使麦克风内的驻极体薄膜振动，导致电容变化，而产生与之对应变化的微小电压。这一电压随后被转化成 0～5V 的电压，经过 A/D 转换被数据采集器接收，并传送给计算机。

图 2-24 就是一款简单的声音传感器，它由一个小型驻极体麦克风和运算放大器构成。它可以将捕获的由于声音的作用引起的微小电压变化放大 100 倍，并进行 A/D 转换，输出模拟电压值。图 2-25 所示的声音检测模块功能略复杂，不仅能够输出音频，还能指示声音的存在，同时以模拟量的形式输出声音的振幅。除了驻极体麦克风，还有近年出现的模拟的微机电系统 (micro-electro-mechanical system, MEMS) 麦克风。

3. 麦克风阵列

麦克风阵列由一定数目的麦克风按一定规则排列组成，麦克风阵列按拓扑结构的不同可分为均匀线性阵列(如一字形)、均匀圆环形阵列、球形阵列、无规则阵列等,如图 2-26～图 2-28 所示,可根据实际需要确定。语音交互环境大多面临环境噪声、房间混响、人声叠加等问题,采用恰当的麦克风阵列及相应的处理算法,可以实现噪声抑制、混响消除、语音增强的效果,获得良好的信号采集性。

图 2-24　声音传感器模块

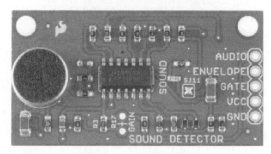

图 2-25　声音检测模块

图 2-26　麦克风线性阵列

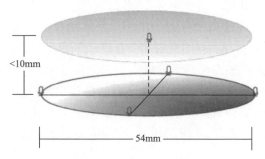

图 2-27　5 麦克风环形阵列

实际上,用麦克风阵列不仅可以采集声音,还可以实现声源定位。采用双麦克风阵列可实现 180°范围内的声源定位,而采用麦克风(不管是 4 麦克风、6 麦克风还是 8 麦克风)环形阵列则可以实现 360°全角度范围内的定位。如科大讯飞公司的某款音箱产品就采用了如图 2-29 所示的 7+1 麦克风环形阵列结构，7 个麦克风单元均匀分布于圆环上，1 个麦克风单元位于圆心。

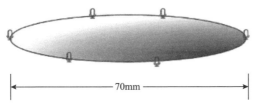

图 2-28　6 麦克风环形阵列

图 2-29　7+1 麦克风环形阵列

具有与人交互功能的机器人都安装有麦克风，如麻省理工学院的仿人机器人 Cog、日本本田公司的拟人机器人 ASIMO、HRP-2、SIG-2 等。以 ASIMO 机器人为例，其头部共装有 8 个麦克风，如图 2-30 所示，左右两侧对称分布，每侧有 4

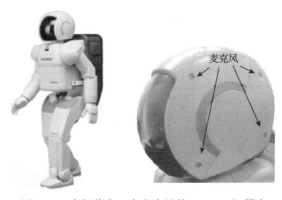

图 2-30　头部装有 8 个麦克风的 ASIMO 机器人

个，也呈对称分布。麦克风间距离越大，几何声源分离算法的性能越好，可获得更好的输入声音信号的信噪比。采用类似麦克风阵列的还有 HRP-2 拟人机器人，也是在头部装有 8 个麦克风，并将声源分离算法用于语音识别系统。

2.3.2 主要机器人语音处理算法

在人与人之间的语音交互过程中，由说话者话语形成并通过发声机制发声，之后声波在空气中传播，听者耳朵接收到声波信号后，理解话语的内容，这样就完成了一次语音交互，如图 2-31 所示。语音处理算法就是要解决让机器人"听得懂"的问题。

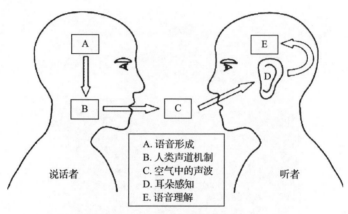

图 2-31 人与人之间的语音交互

语音信号是由声带激励、声道共振和嘴唇辐射联合作用的结果，主要是由浊音、清音和爆破音组成。发浊音时，声带不断开启和关闭；发清音时，可等效成随机白噪声产生间歇的脉冲波；爆破音则是发音器官在口腔中形成阻碍，然后气流冲破阻碍而发出的音。原始语音信号波形示例如图 2-32 所示。

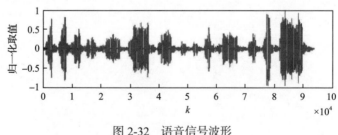

图 2-32 语音信号波形

描述语音信号的特性涉及语音物理属性和组成的几个基本概念。

(1)音调：音高，是声音振动的频率。

(2)音强：音量，声音振动的强弱。

（3）音长：声音的长短。

（4）音色：音质，声音的内容和特质，与声带振动频率、激励源和声道的形状等有关。

（5）音素：分为浊音和清音，最基本的单位；英语常用的音素集是卡内基梅隆大学的一套由 39 个音素构成的音素集；汉语一般直接用全部声母和韵母作为音素集，但汉语语音识别还分有调和无调，这里不详述。

（6）音节：由音素组成，是最小发音单位。

语音信号虽然是时变的、非平稳的，但其具有短时平稳性，一般认为 10～30ms 语音信号基本保持不变，因此可以把语音信号分为一些短段（分帧）来进行处理。语音信号的分帧通常采用可移动的有限长度窗口加权实现，一般设为每秒 33～100 帧，而且帧与帧之间有一定的重叠，使帧与帧之间平滑过渡。因此，语音信号的分析和处理均建立在"短时分析"的基础上。分帧窗口通常采用矩形窗或汉明窗，如图 2-33 所示。

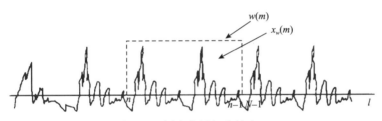

图 2-33　语音信号加分帧窗口

语音信号处理过程主要由预处理、特征提取、模式匹配几部分组成，如图 2-34 所示，若涉及语音存储或传输问题，则语音处理过程还要涉及压缩编码。

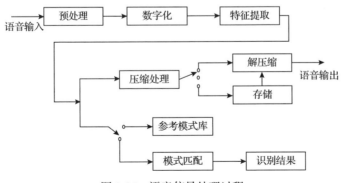

图 2-34　语音信号处理过程

语音信号的预处理一般包括预加重处理和加窗处理。语音信号受声门激励和口鼻辐射的影响，其中 800Hz 以上的高频信号幅值会以每倍频程 6dB 跌落，预加重处理的目的是去除口鼻辐射的影响,增加语音的高频分辨率,使信号变得平坦。一般通过加入高通滤波器来实现。

1. 语音信号分析

语音信号分析的常用方法包括时域分析和频域分析两类。时域分析方法简单、物理意义明确,而频域分析对于语音识别显得尤为重要。设语音波形时域信号为 $x(i)$ (采样后),窗口长度(帧长)为 N,加窗分帧后得到的第 n 帧语音信号为 $x_n(k)$,并可表示为

$$x_n(k)=w(k)x((n-1)N+k), \quad 0 \leqslant k \leqslant N-1 \tag{2-4}$$

其中矩形窗口函数为

$$w(k)=\begin{cases}1, & 0 \leqslant k \leqslant N-1 \\ 0, & \text{其他}\end{cases}$$

1)时域特征分析

(1)短时能量:一帧内语音信号波形 N 个采样点的幅值的平方和。对第 n 帧语音信号,短时能量可表示为

$$E_n=\sum_{k=0}^{N-1} x_n^2(k) \tag{2-5}$$

(2)短时过零率:一帧中语音信号波形穿过横轴(零电平)的次数。

(3)短时自相关函数:一帧内语音信号波形的自相关函数。语音信号 $x_n(k)$ 的短时自相关函数定义为

$$R_n(m) = \sum_{k=0}^{N-1-m} x_n(k)x_n(m+k), \quad 0 < m \leqslant M \tag{2-6}$$

其中, M 为最大延迟点数。

上述特征中,短时能量可用于区分浊音和清音、无声和有声等。短时过零率可用于区分清音和浊音。由于发浊音时,生门波引起谱的高频跌落,语音能量主要集中在 3kHz 以下,而发清音时,多数能量出现在较高频段上,所以可认为发浊音时过零率较低,而发清音时过零率较高。过零率还可用于从背景噪声找出语音信号。短时自相关函数是与语音信号本身同周期的周期信号,清音语音的自相关函数有类似于噪声的高频波形,浊音语音的周期(基音周期)可用自相关函数的第一个峰值的位置来估计。显然,窗口长度至少应大于两个基音周期,上述基音

周期估计的结果才是有效的。语音中最长基音周期为 20ms，因而在估计基音周期时窗长宜大于 40ms。

2) 频域特征分析

(1) 短时傅里叶变换是对第 n 帧语音信号的傅里叶变换，即

$$X_n(\mathrm{e}^{\mathrm{j}\omega}) = \sum_{k=0}^{N-1} x_n(k)\mathrm{e}^{-\mathrm{j}\omega k} \tag{2-7}$$

而短时功率谱与短时傅里叶变换之间存在如下关系，即

$$S_n(\mathrm{e}^{\mathrm{j}\omega}) = X_n(\mathrm{e}^{\mathrm{j}\omega})X_n^*(\mathrm{e}^{\mathrm{j}\omega}) = \left| X_n(\mathrm{e}^{\mathrm{j}\omega}) \right|^2 \tag{2-8}$$

(2) 基于听觉特性的 Mel 频率倒谱分析。

人耳听到声音的高低与声音的频率之间并不呈线性关系，Mel 频率尺度较符合人耳的听觉特性，Mel 频率与实际频率间为对数关系，即

$$\mathrm{Mel}(f) = 2595\lg(1 + f/700) \tag{2-9}$$

显然，Mel 频率倒谱分析需要在傅里叶变换的基础上进行。求 Mel 频率倒谱系数 (Mel-frequency cepstrum coefficient, MFCC) 参数需先将实际频率尺度依上式转换为 Mel 频率尺度，然后在 Mel 频率轴上配置一组滤波器 (如三角形滤波器)，并根据语音信号幅度谱 $\left| X_n(\mathrm{e}^{\mathrm{j}\omega}) \right|$ 求出每个滤波器的输出，然后取对数，并进一步进行离散余弦变换得到。

3) 两个关键参数

(1) 线性预测系数。

自 1967 年研究人员首次将线性预测技术用于语音分析和合成，该技术已被普遍地应用于语音信号处理的各个方面。语音信号的样点之间存在相关性，因此语音的抽样可以用过去的若干个抽样的线性组合来逼近。例如，用过去 p 个样点值来预测现在或未来的样点值，即

$$\hat{s}(n) = \sum_{i=1}^{p} a_i s(n-i) \tag{2-10}$$

预测误差为

$$\varepsilon(n) = s(n) - \hat{s}(n) = s(n) - \sum_{i=1}^{p} a_i s(n-i) \tag{2-11}$$

在某个准则下使预测误差 $\varepsilon(n)$ 达到最小即可确定唯一的一组线性预测系数

a_i $(i=1,2,\cdots,p)$，这组系数反映了语音信号的某种特性，可作为特征参数用于语音识别或语音合成。

(2)基音频率。

基音周期是指声带振动的周期，是语音信号最重要的参数之一。但由于声道特征因人而异，基音周期的范围很宽，即使同一个人，在不同的情态下发音的基音周期也不同，而且基音周期还受到音调的影响，因而基音周期的准确检测是一件困难的事情。但由于基音周期在语音信号处理中的重要性，研究人员提出了多种基音周期估计方法，如自相关函数法、平均幅度差函数法、峰值提取算法、倒谱法、小波法等。

2. 语音识别

语音识别系统的功能定位可以分为特定人与非特定人、独立词与连续词、小词汇量与大词汇量以及无限词汇量。针对特定人、独立词、小词汇量的语音识别功能已经出现在智能音箱等产品中，而与此相对的非特定人、连续词和大词汇量的语音识别的研究仍是研究者关注的问题。

语音识别方法主要分为如下几类。

1)模板匹配法

早期的语音识别系统大多模板匹配原理实现特定人、小词汇量、孤立词识别。然而，语音信号有较大的随机性，即使同一个人在不同时刻发同一个音，也不可能具有完全的时间长度，而且同一个单词内的不同音素的发音速度也不同，因此时间伸缩处理必不可少。日本学者板仓将动态规划的概念用于解决孤立词识别时语速不均匀的问题，提出了著名的动态时间伸缩(dynamic time warping)，保证了待识别单词与参考模板间的声学相似性最大。然而，对于非特定人、大词汇量、连续语音识别系统来说，采用模板匹配法所要求的模板数量巨大，必须寻求其他解决方法。

2)随机模型法

随机模型法是语音识别的主流方法之一，主要代表是隐马尔可夫模型法。语音信号具有短时稳定性，即在足够短的时间段上特性近似稳定，因此语音信号过程可被看成依次从一种特性过渡到下一种特性。可用隐马尔可夫模型来描述这一时变过程。在该模型中，马尔可夫链中从一个状态转移到下一个状态由转移概率描述。

3)概率语法分析法

该方法适用于连续语音识别。不同的人在发同一些语音时，虽然存在诸多差异，但总有一些共同的特点足以使他们区别于其他语音，即具有"区别性特征"，将这一特征与词法、语法、语义等语用约束相结合，就可以构成一个"自顶向下"或"由底向上"的交互作用的知识系统，用于语音识别。

4）基于深度学习的方法

近些年，由于基于语音模型的深度神经网络（deep neural network, DNN）的引入使得自动语音识别取得了长足的进步，在信噪比相对高的近距离对话场景下，识别的单词错误率已经达到可以接受的程度。近几年，CNN 在图像识别领域取得里程碑式的进展之后，其也用于语音识别[10]。CNN 在解决语音识别的某些问题时比全连接的前向 DNN 更具优势：①语音谱图（speech spectrogram）在时间域和频率域都具有局部相关性，CNN 通过局部连接很适合对这种相关性建模，而 DNN 编码这些信息则相对困难；②语音中的平移不变性，如由于讲话风格或讲话人的变化引起的频率平移，CNN 比 DNN 更容易捕捉。

在噪声环境下保持语音识别的正确率，是语音识别用于机器人系统必须解决的问题。

语音识别在机器人系统中的作用体现在两个方面：①人机交互，从被语音唤醒，并根据语音命令产生一系列动作，完成作业，到与人更复杂的语言交互；②定位与建图，声音 SLAM 是指带有麦克风（阵列）的机器人在环境中运动时，建立环境的声源位置图，同时确定自身相对于环境的位置。与视觉 SLAM 不同的是，声音 SLAM 只能基于声音的到达方向（direction-of-arrival, DoA）估计定位声源。

参 考 文 献

[1] Mekik C, Arslanoglu M. Investigation on accuracies of real time kinematic GPS for GIS applications[J]. Remote Sensing, 2009, 1(1): 22-35.

[2] Gezici S, Tian Z, Giannakis G B, et al. Localization via ultra-wideband radios: A look at positioning aspects for future sensor networks[J]. IEEE Signal Processing Magazine, 2005, 22(4): 70-84.

[3] Durrant-Whyte H, Bailey T. Simultaneous localization and mapping: Part I[J]. IEEE Robotics & Automation Magazine, 2006, 13(2): 99-110.

[4] Foix S, Alenya G, Torras C. Lock-in time-of-flight (ToF) cameras: A survey[J]. IEEE Sensors Journal, 2011, 11(9): 1917-1926.

[5] Yao G B, Yilmaz A, Meng F, et al. Review of wide-baseline stereo image matching based on deep learning[J]. Remote Sensing, 2021, 13(16): 3247.

[6] Lindeberg T. Scale invariant feature transform[J]. Scholarpedia, 2012, 7(5): 10491.

[7] Bay H, Ess A, Tuytelaars T, et al. Speeded-up robust features[J]. Computer Vision and Image Understanding, 2008, 110(3): 346-359.

[8] Li Z W, Liu F, Yang W J, et al. A survey of convolutional neural networks: Analysis, applications, and prospects[J]. IEEE Transactions on Neural Networks and Learning Systems, 2022, 33 (12): 6999-7019.

[9] Schönberger J L, Frahm J M. Structure-from-motion revisited[C]//IEEE Conference on Computer Vision and Pattern Recognition, 2016: 4104-4113.

[10] 刘文举, 聂帅, 梁山, 等. 基于深度学习语音分离技术的研究现状与进展[J]. 自动化学报, 2016, 42 (6): 819-833.

第3章 智能无人系统控制与决策

本章讨论智能无人系统的控制与决策问题。与一般系统的控制与决策问题相比，智能无人系统的控制与决策除了面临常规的模型灾、维数灾、多阶段决策等常规挑战，还面临着若干特殊挑战。

智能无人系统关键技术问题包括环境认知、自主导航与决策、学习与推断、多机协同任务规划与决策、信息交互与自主控制、人机智能融合与自适应学习技术。具体在不同的系统上存在不同方面的问题。

(1)无人驾驶车：实时动态环境的定位(有 GPS 和无 GPS)、环境感知与建模、地图模型表示、行人及障碍物检测、高速运动控制、自主导航决策与路径规划、多体协同、车路协同、无人系统的评价指标和评价方法、系统的可靠性保证。

(2)仿生机器人：复杂环境适应能力、高机动运动能力、高效的能量利用率、环境认知、自主导航与路径规划、自然的人机交互(表情、动作、语音等)。

(3)无人机：长时间续航能力、环境感知建模、自主导航与决策、无人机编队重构、多无人机协同、驱动方式、多无人机间的通信、身份识别、嵌入式机器学习框架。

(4)空间智能系统：目标检测识别、自主决策控制、时间延迟下的空间机器人远程控制技术、可重构模块化航天器技术。

(5)水下无人系统：水下弱通信条件下(丢包、低速)的多机协同控制、根据已知先验信息推断未知环境、水下环境建模，自主定位与导航、自主避障策略。

本章主要介绍智能无人系统控制与决策方法中若干有代表性的新兴研究方向，分别在 3.1 节和 3.2 节讨论。

3.1 智能无人系统控制方法

与常规控制系统类似，智能无人系统在控制问题中也面临着稳定性、跟踪能力等常规性能要求，因为这些问题在经典控制理论中已经有了较为成熟的理论与方法，本书中不再赘述。但是，智能无人系统的应用场景决定了其控制方法面临一些新出现的挑战。无人机、无人驾驶车、轨道交通自动驾驶工程，需要研究实时动态环境的定位(有 GPS 和无 GPS 情况下)、高速环境感知与建模、高效的地图模型表示方法、行人及障碍物检测、高速运动控制、自主导航决策与路径规划、多体协同控制、车路协同控制等，并需要制定无人系统的评价指标和评价方法，保证系统的可靠性。

具体而言，这些挑战主要来自如下三个方面。

(1) 模型。智能无人系统的控制问题一般需要使用针对系统以及周边环境的模型。这类系统一般由多个功能模块组成，因而由机理构建的模型与实际系统之间常有不可忽略的偏差。如何通过综合机理与数据弥补这一差距，是重要的研究内容。

(2) 规模。智能无人系统常包含多个智能体，通过协作完成复杂任务。在这种架构下，集中式的控制逻辑难以迅速完成控制决策，特别是当智能体个数增大时。更加合理的控制决策框架是基于分布式架构。这是处理大规模智能无人系统控制问题的重要研究内容。

(3) 安全。智能无人系统的安全性不仅指满足物理约束，而且要求控制系统实现的是所希望的性能与功能。智能无人系统是典型的信息物理融合系统，在这类系统中信息流、控制流、物理系统深度融合。因此，安全控制、可信控制成为智能无人系统的重要研究内容。

针对这些挑战，近年来出现了一些新的面向智能无人系统的控制方法。下面主要从机理与数据双驱动建模、分布式协同控制、安全可信控制等几个典型方向介绍。

3.1.1　机理与数据双驱动建模

机理驱动建模是通过分析、解释过程的物理、化学机理来构建各个变量之间的数学关系，所得模型又称为白箱模型。它是基于质量平衡方程、能量平衡方程、动量平衡方程、相平衡方程以及某些物性方程、化学反应定律、电路基本定律等而获得对象或过程的数学模型。机理模型的优点具有很强的适应性，且参数具有非常明确的物理意义；其缺点是对于某些复杂对象，人们还难以写出它的数学表达式，或者表达式中的大量参数还难以确定时，就不再适用。机理模型往往需要大量的参数，这些参数如果不能很好地获取，也会影响到模型的模拟效果。模型驱动就是让数据去贴合某个模型，拿出一组数据，对比更适合哪个模型。随着智能无人系统日益复杂化，单一的机理模型已无法满足对复杂系统中海量参数的精确表述。此时，人们开始研究数据驱动的建模方法。数据驱动的建模是通过对系统大量输入输出数据进行分析构造输入与输出的数学关系，由此回归得到的模型又称为黑箱模型。数据驱动的建模是目前比较热门的研究方法，在系统实际运行数据的基础上，如果想要得到某种效果和对数据做某些操作，让模型去贴合数据，从而改变该模型，以达到效果。

随着人工智能和大数据技术的快速发展，近年来，机理与数据双驱动建模方法逐渐应用到大规模不确定性系统的识别中。在智能无人系统建模问题中，一般需要使用针对系统以及周边环境的模型。这类系统一般由多个功能模块组成，因而由机理构建的模型与实际系统之间常有不可忽略的偏差。同时，获取精确的系统周围环境模型往往比较困难，甚至是一项无法完成的工作，因为系统与环境的交互无法通过确定的机理模型来表述。

目前最常用的机理与数据双驱动建模方法主要有基于神经网络的数据逼近方法。在智能无人系统建模问题中，机理与数据双驱动建模方法是建立在机理分析和大量实际运行数据的基础之上。首先，需要获取智能无人系统的多工况运行数据，并建立基本的机理模型。然后，在基本的机理模型基础上，利用神经网络对获取的系统历史数据进行拟合，反复训练神经网络和机理模型的参数。最后，采集系统运行过程中的未来时刻数据，对训练好的机理模型和神经网络进行测试，通过测试结果的反馈信息对所建立模型进行反复校正，并最终获得精确模型。机理与数据双驱动建模方法的关键在于能否提前获取足够多的系统多工况运行数据，数据量越大，数据效率越高，建模效果越好。当数据量足够大且数据维数较大时，浅层神经网络的数据表述能力具有局限性，此时，机理与数据双驱动建模方法开始聚焦对 DNN 和主动学习的研究。

3.1.2　分布式协同控制

在智能无人系统的多智能体控制问题中，集中式的控制逻辑难以迅速完成控制决策，特别是当智能体个数增大时。因此，更加合理的控制决策框架是基于分布式的协同控制架构。该技术领域，面临诸多挑战，其中最为主要的有如下四个。

(1)多智能体系统需要具备智能化的协调能力，以此解决控制无序的问题。

(2)多智能体系统需要设计分布式的控制算法，以完成复杂的控制任务。

(3)多智能体系统应该具备自主故障诊断和容错控制能力，并由此解决无人系统中的故障频发问题。

(4)如何借助人的行为进行人为干预以提升协同控制能力，以解决无人系统中控制不力的问题。

针对以上四个挑战，可以凝练关于分布式协同控制的三个关键科学问题，包括协同智能决策、协同故障诊断和分布式共享控制。

1. 协同智能决策

对于决策与控制所面临的挑战，首先是要考虑智能无人系统所处的环境不确定，决策信息不完备，以及通信是受限制的情况下，如何提高多智能体协同决策的智能化程度，从而实现任务完成的有效性和高效性，这是问题的根本。由此，解决问题思路是将角色的概念引入到多智能体中，以解决复杂条件对多智能体协同任务的影响，包含以下几个内容。

(1)协同决策模型的构建。该模型的构建主要利用部分可观的马尔可夫决策过程，对不确定的观测信息和不确定的行为效果进行分析，以建立起多智能体的角色模型。

(2)基于角色模型，考虑角色的分析和指派问题，针对多指标动态态势下多智能体角色指派问题，提出了角色评估和指派方法，该方法能够根据环境态势变化和武器平台、运动平台性能的差别得到不同的角色分配，从而形成角色的动态调节能力。

(3)隐式协同决策。特别是在智能体交互通信条件比较受限的情况下，仿照人类协同的方式提出了不依赖直接交互，而是通过一种基于角色的隐式协同框架来实现多智能体的隐式协同决策。

(4)基于时序逻辑约束下的多智能体协同规划问题。假设存在两个机器人，要求用最短的时间、最小的能耗走遍所有房间。房间是黑的，而且房间门是关闭状态，但是某个房间有两个按钮，一个绿色一个黑色，分别用来控制开灯和开门。可以看到，基于时序逻辑约束下的协同，能够通过使用两个或三个机器人，将所有的黑屋子、关了门的屋子在最短的时间内走一遍。

(5)决策中的优化问题。我们提出了控制思想驱动的协同决策优化方法，智能体仅利用自身的指标和协同的通信就可以得到整体任务最优的决策策略，利用自身信息来得到整体任务指标最优的决策策略。我们主要采用输出/导数反馈的方法来设计决策优化算法，使得算法更具有良好的收敛性，并相应地给出了基本收敛速度的定义。

2. 协同故障诊断

协同的故障诊断问题，即所构成的多智能体网络，在某个节点出现故障的情况下，整个网络出现异常的问题。解决这一问题的主要方法是协同检测方法设计，简单来说就是针对一个多节点的系统模型，利用观测到的输入输出信号来进行检测设计。例如，当某个智能体出现故障时，整个多智能体系统就得考虑如何对该故障智能体实现隔离后余下的智能体依然能完成原指定的任务。在协同的故障检测和诊断问题方面，未来主要考虑多智能体网络拓扑结构对于故障检测算法的影响。

3. 分布式共享控制

由于系统模型是强非线性的，在分布式共享控制时，会存在通信受限以及通信信息不可测等问题。针对以上问题，通过利用坐标变化和状态重构来简化系统的模型，借助分布式来实现多智能体任务，解决信息不完整对多智能体系协同任务的影响。首先是输出反馈的状态控制方法，由此设计状态观测器和控制器的框架，实现跟踪控制。其次是编队控制问题，主要通过设计分布式共享策略以解决在交互信息薄弱环节下的控制问题。

3.1.3 安全可信控制

智能无人系统是典型的信息物理融合系统，其安全性不仅指满足物理约束，而且要求控制系统实现所希望的性能与功能。在这类系统中信息流、控制流、物理系统深度融合。由于安全模型缺失、约束条件数量众多，在不同场景下的协同控制过程中难以保证满足安全约束，现有的强化学习方法难以直接应用在安全性敏感的协同控制策略优化问题中。因此，安全控制、可信控制成为智能无人系统的重要研究内容。

智能无人系统的动态过程不仅遵循物理定律，而且遵守人为制定的规则。在这类系统中，其状态不仅随时间变化，而且可能会由事件触发产生动态演化。因此，智能无人系统具有离散事件动态特性。智能无人系统作为一种多任务、协同运行的信息物理融合系统，除了常规系统优化与控制问题所面临的维数灾、模型灾等困难，还存在如下问题：如何在不确定环境下保证控制策略满足安全约束？在智能无人系统的控制问题中，安全约束包括三类：①直接针对状态取值范围的，包括比较严格的硬约束，如智能体的运动速度不能超过上限以及智能体之间的安全距离；②针对系统动态变化时波动范围的，例如智能体被控变量的取值不能偏离期望值太大；③针对系统动态过程的时序逻辑，例如无人系统运行与控制过程中应该遵循多智能体之间的运行先后规则。随着研究的深入，可以依次采用障碍函数、方差、线性时序逻辑和计算树逻辑等描述或近似上述三类安全性，转化为自动机，再构建综合体现目标函数与安全约束的乘积形式的马尔可夫决策过程[1]。针对这三种类型的模型依次分析简化模型及相应的误差模型。

在三类安全约束中均包含确定性与概率性两种类型。其中，确定性约束要求一定满足，概率性约束要求以不低于(或高于)某给定概率满足条件。针对策略安全性难以精确评级的情形，用快速评估模型对策略的安全性进行排序。结合策略的性能评估模型，调整在策略空间上的采样分布，实现对于策略的安全性与经济性之间的权衡。运用序优化方法对策略的全局性能进行定量评估。将系统动态过程分成可以用模型刻画的部分以及不太确定的部分。使用模型获得较为满意的初始策略，再结合仿真采用策略梯度类强化学习方法改进策略[2]。在策略迭代中，使用序优化评估不同的行为空间采样概率对策略的安全性与经济性的不同影响[3]。采用函数拟合策略的安全性与经济性伴随迭代过程的变化曲线。

在具有安全约束的问题中，需要在值迭代过程中增加对策略安全性的评估。针对三类安全性可采用不同方法。对于第一类安全性，可以通过定义示性函数的方法，将最终策略的安全性表达为在每个阶段是否安全的示性函数取值累加。对于第二类安全性，由于涉及系统状态在一段时间内的取值，可以通过对一段时间内系统状态的最大最小值分析提供安全性的充分或者必要性分析。对于第三类安全性，涉及系统行为按时间顺序需要满足的一系列要求，可以通过用自动机表示时序逻辑，再将自动机转化为马尔可夫链。需要注意，第二类和第三类安全性在将安全性转化为马尔可夫链的费用函数之后，可能存在奖励回报稀疏的问题。可能出现某个策略一直满足安全约束，直到整个仿真接近尾声时才违反安全约束。这对通过仿真判断安全性提出了挑战。需研究如何利用较少计算量判定控制策略是否满足安全约束。通常构建一系列安全性评估模型，每个模型依次使用更长时段的系统行为评估控制策略的安全性，所给出的安全性评估精度依次提高。分析系统在典型结构下应满足的充分或必要条件，在这些条件下，可以定量刻画这些安全模型的评估用时和评估精度。将此系列安全评估模型与值函数估计相结合，在值迭代过程中，评估策略采用不同行为时的安全性与经济性，分析迭代方法的收敛性与收敛速度。再进一步考虑与不同的拟合函数结合，以具有代表性的若干类拟合函数为例，分析拟合误差对控制策略安全性与经济性的影响。

策略的安全性评估与经济性评估虽然都需要使用系统在给定控制策略下的一段样本轨道，但是安全性评价与经济性评价在精度要求与所要求的样本轨道长度上可能不同。以智能无人驾驶车复杂路口通行策略优化为例，经济指标的衡量需要综合考虑外界环境以及大电网电价波动等随机因素，安全性能的评价亦需要使用一段时间内系统状态的动态变化过程，且考虑环境的不确定性可能需要多次仿真平均才能精确评估策略的安全性。在策略的安全评估与经济性能评估之间可能关联耦合。有限计算量下，在策略的安全模型函数与经济性能函数之间需要权衡如何分配计算量，以最大的概率选择安全且经济性能满意的策略。为了以更高的精度保证智能无人系统能够满足安全约束，需要用尽可能长的样本轨道。但是，与此同时，同一控制策略下的经济性能需要考察无人系统所受到的外界环境不确定性的影响。所以，安全性与经济性的评价在同样的计算量下，所提高的精度不同。基于控制策略迭代时中间策略与安全边界的距离，估计安全性与经济性在策略迭代中的变化特点。综合运用多种精度的安全模型与经济模型，评估仿真计算量的分配对安全性与经济性的影响。分析保留若干满意安全策略的计算量分配方法。估计不同计算量分配方法对找到满意安全策略概率上下界的影响。分析其渐近变化速率和安全性与经济性对不同时间点上决策的敏感程度。在不同时间点上评估策略安全性的计算量分配。

随着策略安全性要求复杂化，事件驱动的嵌套安全域策略优化方法开始引起人们的注意[4,5]。在智能无人系统的控制问题中，伴随着智能体数量的增加，更多安全约束条件涵盖其中。给定初始策略后，未必能满足所有约束条件。可根据能够满足的安全约束的个数，构建嵌套的安全域，从完全不满足所有安全约束到完全满足所有安全约束。对于三类典型安全性，相对或者绝对安全性，以典型问题为例，分析安全约束的内在结构。建立嵌套安全域中各级安全性的估计。对于采用状态判定安全性的，分析是否可将安全性分解为若干条件的"与"，分析每个子安全约束的可行域。对于采用状态变化波动性定义的安全约束，根据对不同状态分量波动性大小要求将安全约束分解为若干子安全约束。对于采用状态时序逻辑定义的安全约束，参考形式化语言对应的自动机的结构，将安全约束分解为若干子安全约束的"并"。以上述三类典型安全约束为例，研究嵌套安全域构建方法，建立嵌套安全域判定的精度；分别针对绝对安全与相对安全，利用安全域的嵌套结构，分析在不同子安全约束上分配计算量的方法；给出针对给定策略嵌套安全域级别的估计方法；分析不同子安全约束之间在基于样本轨道评估时的关联耦合关系；建立快速评价安全等级的方法；分析估计方法的收敛速度与数据效率。

在处理安全约束的同时会遇到如何平衡经济性指标的问题，处理方法通常是建立安全性差分公式与安全性微分公式。从安全约束本身特性出发，包括绝对禁止违反类型定义的硬约束，也包括希望风险最小化类型的软约束。用函数刻画给定策略的安全性，则硬约束体现为布尔取值的示性函数，软约束体现为连续取值的函数。以此为基础，在嵌套安全域内，构建推广的离散取值的安全性函数，刻画某给定策略所满足的离散取值的子安全约束的数量；构建推广的连续取值的安全性函数，刻画某给定策略在连续取值的子安全约束中的取值。将针对性能指标的策略性能差分公式与微分公式，推广到针对安全性指标的安全性能差分公式与微分公式，分别对离散和连续取值的安全性指标提供策略改进的方向。综合策略的安全性差分、微分与经济性能差分与微分公式，评估策略改进不同方向对安全性与经济性的影响。

3.2　智能无人系统决策方法

伴随着新一代人工智能技术的发展，智能无人系统决策方法的研究承载了更多的期望，人们更加期待智能无人系统的决策方法能够具备一些新的能力，如主动学习、迁移学习、对抗学习等能力。本节相应地介绍一些相关内容。

以无人驾驶车的智能标准(表 3-1)来分析不同程度的智能水平所对应的不同决策挑战。实时环境中的姿态感知、智能决策、高速运动控制、精准行车图、无人系统的评价指标和评价方法，以及系统的可靠性是当前的研究热点。

表 3-1 无人驾驶车的智能标准划分

SAE级别	名称	概念界定	动态驾驶任务归属			动态驾驶任务支援归属	设计的使用范围
			持续的横向或纵向的车辆运行控制	物体和事件的探测响应(object and event detection and response, OEDR)			
0	无自动驾驶	即便有主动安全系统的辅助，仍由驾驶员执行全部的动态驾驶任务	驾驶员	驾驶员		驾驶员	不可用
1	驾驶辅助	在适用的设计范围下，自动驾驶系统可持续执行横向或纵向的车辆运动控制的某一子任务(不可同时执行)，由驾驶员执行其他的动态驾驶任务	驾驶员和系统	驾驶员		驾驶员	有限
2	部分自动驾驶	在适用的设计范围下，自动驾驶系统可持续执行横向或纵向的车辆运动控制任务，驾驶员负责执行 OEDR 任务并监督自动驾驶系统	系统	驾驶员		驾驶员	有限
3	有条件的自动驾驶	在适用的设计范围内，自动驾驶系统可以持续执行完整的动态驾驶任务，用户需要在系统失效时接受系统的干预请求，及时做出响应	系统	系统		驾驶员	有限
4	高度自动驾驶	在适用的设计范围下，自动驾驶系统可以自动执行完整的动态驾驶任务和动态驾驶任务支援，用户无须对系统的请求做出响应	系统	系统		系统	有限
5	完全自动驾驶	自动驾驶系统能在所有道路环境执行完全自主的动态驾驶任务和动态驾驶任务支援，无需人工介入	系统	系统		系统	无限制

3.2.1 主动学习

以无人驾驶与智能决策问题为例，针对学习效率低与数据缺失问题，近年来主动学习开始引起人们的关注。主动学习是通过设计合理的查询函数(query function)，从未标注的数据中挑出一部分进行标注，加入训练集中，重新训练模型，反复迭代。在数据标注需要昂贵的人工成本的当下，面对海量的非结构化数据，如何经济又准确地进行标注是一个棘手的问题。主动学习是一种非常有效的解决方案，即通过使用少量已标注数据，让机器学习到的模型与标注专家进行高效的交互，选出最有价值和信息量的样本进行标注，能够在达到预设标准的情况下，有效地降低模型学习所需要的标注数据量。在智能无人系统的学习问题中，主动学习的优势在于设计具有更高智能化水平的主动学习机制[6]，使模型能够主动地学习未知场景，提高策略学习的效率。提高智能无人系统的智能决策水平，需要对模型进行详尽的训练。该训练需要包含各种场景，无论是在日常控制与决策中可能遇到的情况，还是希望它们永远不会遇到的不寻常情况。成功的关键是确保其接受了正确的数据训练，即避免一遍又一遍地重复相同的场景。

如何利用主动学习解决在数据中"大海捞针"的低效率问题，实现对未知数据或未知场景的主动学习。以实际训练智能无人系统为例，负责自主决策功能的模型一般所需的数据量巨大。根据相关仿真模型的研究结果，智能无人系统中的自动驾驶问题需要拥有 110 亿 mi 的行驶经验才能比人类操作的好 20%，这意味着在现实中人们需要一个共有 100 辆车的车队不间断驾驶 500 多年才能获得覆盖所有驾驶场景的数据。最重要的是，不是任何驾驶数据都是有效的。有效的训练数据必须包含各种挑战性的驾驶场景，以确保车辆能够安全行驶。同时，如果为了找到这些驾驶场景而给这些数据添加标签，那么在 100 辆车一天驾驶 8h 的情况下，需要超过 100 万人为车上所有摄像头的数据打标签，这是一项巨大的工作。除了人工成本，模型拓扑结构将会非常复杂，其训练过程中涉及的计算量和存储资源也会相当巨大，不切合实际。

面对在数据中"大海捞针"的挑战性问题，有没有办法能够用较少的训练数据来获得性能较完整的驾驶场景呢？主动学习为我们提供了这种可能。主动学习的颠覆性主要体现在其能够有选择性地主动获取知识[7]，又依靠获得的知识来总结和积累经验，实现经验与知识的不断交互。通过主动学习的选择性知识获取，模型可以快速找到未知场景并不断学习，从而让自己变得更"聪明"。

3.2.2　迁移学习

在智能无人系统的控制策略优化问题中，一个常见的难点是策略的推广泛化能力有限。迁移学习知识转移策略被视为一种潜在的解决方案[8]。在仿真训练过程中虽然可以模拟大量情形，但是当外界干扰导致智能无人系统与环境的交互发生明显的突变时，原控制策略应用效果可能会变差，甚至难以满足所有的安全约束条件。在这类问题中，随着问题规模的增加，安全约束的数量增加，策略训练的过程中，需要用大量时间与数据才能找到可行策略。需要研究安全约束随问题规模增加的变化特点，构建安全域随问题规模增加的定量变化模型，研究从简单情形下的可行策略推广泛化到复杂情形下的迁移方法。用迁移强化学习结合机理模型，获得复杂情形下的初始可行策略，然后将复杂场景下的试验与数据主要用于后续在可行域内的策略优化与性能提升过程。这种思路可以将模型与数据相结合，提升安全策略优化过程的数据效率。这对于要求高安全性的场景尤为重要。此类问题下迁移学习的具体研究内容包括安全域增长模型、安全策略的迁移学习，以及安全梯度与经济梯度估计的数据分配方法。

(1)安全域增长模型。随着智能无人系统的智能体数量的不断增加，控制策略的约束条件数量也会大幅增加。在这种情况下，可能难以找到满足所有约束条件的初始控制策略。此时，希望从小规模问题的安全运行策略出发，研究通过适当变换及投影，获得更大规模问题的安全运行策略。在此思想指导下，构建同类问题的一系列案例，其中问题规模不断增加。研究安全域在此类规模逐渐增长情形下的变化特点，据此构建安全域增长模型，彼此嵌套为一种有代表性的安全域增长模型。伴随问题规模增加，策略需要满足的安全约束条件数量逐渐增加，且增加后保留，这将导致后续策略亦满足小规模问题中的安全约束。以此类嵌套安全域增长模型等为典型模型，研究小规模问题中可行策略的投影算子，可以在更大规模算例中构建可行策略。构建安全域增长模型的快速推演模型，可以迅速预测给定策略在问题规模增加后的可行性，分析不同构建方法所产生策略的安全性与经济性。

(2)安全策略的迁移学习。通过引入聚集体可以将大规模问题转化为或者近似为小规模问题。例如，通过引入智能系统的聚集体，将智能无人系统中的多个智能体学习模型通过一个或者几个聚集体来代表或者近似。然后可以使用小规模算例中求解安全策略的方法获得安全满意策略，再分别求解每个聚集体的控制策略获得大规模问题中的完整控制策略。以上述思想为例，构建更为一般的迁移学习方法。首先建立一个基本模型，并利用有限的数据对基本模型进行初始化训练，保存学习到的初始化参数或策略集，即以构造知识库的形式建立知识源域。然后设计迁移学习策略，在嵌套策略安全域的优化过程中，根据约束子集的关联性设计一系列知识转移策略，实现有用知识从源域到任务域的有效迁移[9]，同时，加速寻优迭代的训练过程。

(3)安全梯度与经济梯度估计的数据分配方法。在智能无人系统运行过程控制问题中，经济性指标和安全性指标经常以相互矛盾的形式出现，并作为边界条件约束策略优化过程。当过度追求经济性指标时，可能会触及安全性指标的上限，此时就需要对经济性指标和安全性指标进行平衡折中，主要体现在安全性梯度和经济性梯度估计的数据分配方法。例如，多智能体协同控制策略优化中，最大化经济指标的策略是用最短的时间和最小的成本实现既定控制目标，但是智能体之间的交互作用以及过程变量可能会触及安全边界的上限。因此，在这种情况下有必要牺牲部分经济性指标来满足安全性指标。具体来讲,当安全边界达到上限时,将当前约束域的经济指标下调,并在安全性指标上投影,获取一个新的约束域。在新约束域的约束下,可能触及安全边界上限的智能体可以实现既定控制目标任务。

3.2.3　对抗学习

对抗学习本质上是一种对抗样本的防御方法。它的主要思想是:在模型训练过程中,训练样本不再只是原始样本,而是原始样本加上对抗样本,就相当于把产生的对抗样本当作新的训练样本加入到训练集中,对它们"一视同仁"。这样一来,随着模型越来越多的训练,一方面原始样本的准确率会增加,另一方面,模型对对抗样本的鲁棒性也会增加。

当前,学术界讨论的对抗学习一般会有两个含义:一个是生成式对抗网络,代表着一大类先进的生成模型;另一个则是与对抗攻击、对抗样本相关的领域,它与生成式对抗网络相关,但又很不一样,它主要关心的是模型在小扰动下的稳健性。近年来,随着深度学习理论与技术的快速发展和落地,对抗样本也得到了越来越多的关注。在计算机视觉领域,人们需要通过对模型的对抗攻击和防御来增强模型的稳健性,例如在智能无人系统的自动驾驶问题中,要防止模型因为一些随机噪声就将红灯识别为绿灯。在自然语言处理领域,也存在类似的对抗学习,唯一区别在于自然语言处理领域的对抗学习更多是作为一种正则化手段来提高模型的泛化能力。

(1)生成式对抗网络。生成式对抗网络基本思想源自博弈论的零和博弈,由一个生成模型和一个判别模型构成,通过对抗学习的方式来训练。目的是估测数据样本的潜在分布并生成新的数据样本。在语音和语言处理、图像和视觉计算、信息安全等领域,生成式对抗网络正在被广泛研究[10],具有巨大的应用前景。生成式对抗网络对生成式模型的发展具有深远意义,自提出后立刻受到学术界和工业界的广泛研究与高度关注,随着深度学习的技术发展,生成式对抗网络模型在理论和应用上得到不断推进。

(2)模型稳健性提升。针对神经网络容易受到对抗性影响的问题,研究人员提出了许多启发式攻击和防御机制。主要通过分布式鲁棒优化原理来解决这个问题,保证在对抗性输入扰动下的性能。通过考虑拉格朗日惩罚公式扰乱 Wasserstein 球的基础数据分布,提供了一个训练程序,增加了模型参数更新与最坏情况下的训练数据扰动。对于平滑损失,可以实现中等水平的稳健性,与经验风险最小化相比,计算或统计成本很低。此外,可以使用统计分析来保证人口损失的稳健性。对于难以察觉的扰动,考虑拉格朗日惩罚方法或优于启发式方法。同时,神经网络模型会遇到另一种情况,即机器学习模型在分类对抗性示例中总会出现错误,早期解释这种现象的尝试集中在非线性和过度拟合上。现在普遍的共识是神经网络易受对抗性扰动的主要原因是它们的线性特性。这个解释得到了新的定量结果的支持，同时首先解释了关于它们的最有趣的事实：它们跨架构和训练集的泛化。此外，该视图产生了一种生成对抗性示例的简单快速的方法。使用此方法为对抗训练提供示例，我们减少了 MNIST 数据集上 Maxout 网络的测试集错误。DNN已显示出对抗性示例的固有漏洞，这些示例是攻击者在真实示例中恶意制作的，旨在使目标 DNN 行为不端。对抗性示例的威胁在图像、语音、文本识别和分类中广泛存在。

（3）对抗学习在黑白盒攻击鲁棒性中的差异性。因为对抗训练是针对某一个模型产生的对抗样本进行学习，那么模型势必会更具有针对性，所以就可能在面对其他模型生成的对抗样本攻击时会出现比原始模型更高的错误率。另外，还可以通过试验结果发现各个模型普遍对于对抗模型产生的对抗样本具有好的鲁棒性。这个现象验证了一个观点，即对抗训练不仅拟合了对模型有影响的扰动，还弱化了单步攻击时需要依赖的模型的线性假设，因此造成了单步攻击效果变差。为了进一步提升模型对黑盒攻击的鲁棒性，将生成对抗样本的模型从单个变成多个，增加对抗样本的多样性，削弱对抗训练时对单个模型的过拟合。观察试验结果发现，集成对抗训练对于白盒攻击的鲁棒性不如对抗训练，这是由于对抗训练增强的数据集恰恰就是白盒攻击的数据集，所以对白盒攻击的鲁棒性会更强，若集成对抗训练使用的模型越多，则对白盒攻击的鲁棒性越差。但是，在黑盒攻击中，集成对抗训练表现出了很强的鲁棒性。

（4）模型正则化对训练样本的影响。对模型正则化以后是不是仍然用原来的对抗样本来做试验，如果是那就没有意义，因为模型参数改变了，对抗样本应该重新生成；如果不是，那很难理解，因为模型的线性特性并没有改变，仍然可以找到对抗样本，没有理由错误率会降低。本书认为重新生成对抗样本，错误率还是降低的原因是，对于强正则化，模型的权重会变得比较小，输入扰动对模型的输出影响不仅取决于它本身，还与模型权重有关，既然加入了惩罚项对样本的扰动进行惩罚，那么模型就会降低权重来减小扰动带来的损失。

参 考 文 献

[1] Bertsekas D P. Reinforcement Learning and Optimal Control[M]. Belmont: Athena Scientific, 2019.

[2] Imani E, Graves E, White M. An off-policy policy gradient theorem using emphatic weightings[C]. Proceedings of the 32nd International Conference on Neural Information Processing Systems, 2018: 96-106.

[3] Jia Q S. A structural property of optimal policies for multi-component maintenance problems[J].

IEEE Transactions on Automation Science and Engineering, 2010, 7(3): 677-680.

[4] Cao X R. Stochastic learning and optimization—A sensitivity-based approach[J]. Annual Reviews in Control, 2009, 33(1): 11-24.

[5] 贾庆山, 杨玉, 夏俐, 等. 基于事件的优化方法简介及其在能源互联网中的应用[J]. 控制理论与应用, 2018, 35(1): 32-40.

[6] Carbonneau M A, Granger E, Gagnon G. Bag-level aggregation for multiple-instance active learning in instance classification problems[J]. IEEE Transactions on Neural Networks and Learning Systems, 2019, 30(5): 1441-1451.

[7] Mohamad S, Bouchachia A, Sayed-Mouchaweh M. A bi-criteria active learning algorithm for dynamic data streams[J]. IEEE Transactions on Neural Networks and Learning Systems, 2018, 29(1): 74-86.

[8] Pan S J, Yang Q. A survey on transfer learning[J]. IEEE Transactions on Knowledge and Data Engineering, 2009, 22(10): 1345-1359.

[9] Yoon H, Li J. A novel positive transfer learning approach for telemonitoring of Parkinson's disease[J]. IEEE Transactions on Automation Science and Engineering, 2019, 16(1): 180-191.

[10] Zhong Z L, Li J, Clausi D A, et al. Generative adversarial networks and conditional random fields for hyperspectral Image classification[J]. IEEE Transactions on Cybernetics, 2020, 50(7): 3318-3329.

第4章 智能无人系统智能技术

科学技术的进步提升了人类认识世界、利用世界、改造世界的能力，机械化、电气化提升了人类的体能，信息化、智能化提升了人类的智能。智能无人系统将机械化、电气化、信息化、智能化融合为一体，将人类认识世界、利用世界、改造世界的能力提高到一个新的历史水平。

智能无人系统的应用范围十分广泛，如农业、医疗保健、教育、交通和军事等领域。由于应用的领域不同，智能无人系统的需求往往不同，所采用的技术也不尽相同。但普遍来讲，其所使用的技术大体上可以分为感知、运动和思考三类，如图 4-1 所示。感知是指智能无人系统具备视觉、听觉、嗅觉、触觉等感官，能够模仿人类对环境的感知过程来认识和建模客观物理世界，无人系统的感知系统可以借助摄像机、麦克风、气体分析仪、超声波传感器、激光雷达、矩阵式压力传感器等多种传感器来实现。运动则代表智能无人系统对外界环境做出的反应性动作，这类动作既包含借助轮子、履带、吸盘、支脚等移动装置实现的空间位置变化，也包括智能无人系统做出的决策、指令等信息响应。最能体现智能无人系统智能的则是思考，思考包括了分析、理解、判断、逻辑推理、决策等一系列的智能活动。思考是连接感知和运动要素的桥梁，智能无人系统通过对感知的外界环境信息进行分析、理解和推理，进而决策得出应执行的动作。

图 4-1　智能无人系统三类技术

本章针对智能无人系统，分析几种当前流行的智能技术，并对每一种技术的应用领域进行介绍。

4.1　SLAM 技术

SLAM 是指在陌生环境中，机器实现环境感知、理解和完成自身定位，以及路径规划。SLAM 能够比传统的文字、图像和视频等方式更高效、直观地呈现信息；在 GPS 不能正常使用的环境中，SLAM 也可以作为一种有效的替代方案实现在未知环境中的实时导航。SLAM 技术在服务机器人、无人驾驶车、增强现实等诸多领域发挥着越来越重要的作用。

如图 4-2 所示，一个完整的 SLAM 流程由以下四方面组成：前端跟踪、后端优化、回环检测、地图重建。前端跟踪即视觉里程计，负责初步估计相机帧间位姿状态及地图点的位置；后端优化负责接收视觉里程计前端测量的位姿信息并计算最大后验概率估计；回环检测负责判断机器人是否回到了原来的位置，并进行回环闭合修正估计误差；地图重建负责根据相机位姿和图像，构建与任务要求相适应的地图。

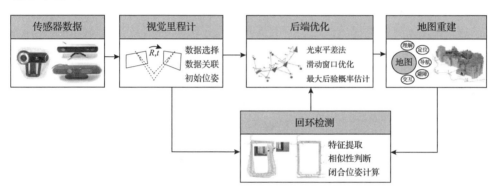

图 4-2　SLAM 流程示意图

4.1.1　SLAM 技术的发展历程

自从 20 世纪 80 年代 SLAM 概念的提出到现在，SLAM 技术已经走过了 30 余年的历史。SLAM 系统使用的传感器在不断拓展，从早期的声呐，到后来的 2D/3D 激光雷达，再到单目、双目、RGB-D、TOF 等各种相机，以及与惯性测量单元等传感器的融合；SLAM 算法也从开始的基于滤波器的方法 (扩展卡尔曼滤波、粒子滤波等) 向基于优化的方法转变，技术框架也从开始的单一线程向多线程演进。SLAM 技术的发展历程大体可以分为四个时期。

1. 1986 年以前

20 世纪 80 年代时，SLAM 问题还没有被清晰地定义，人们也还没有得到清晰的研究思路，只是对地图的创建方法进行了研究，此时存在两种地图创建方法，即栅格建模和特征建模。栅格建模是利用声呐传感器创建环境地图，这种方法对于传感器数据的精确性要求不高。特征建模在后期提出，它的最大优点在于可以体现机器人位姿的不确定性，导出基于估计理论的方法。

2. 1986～2004 年

在 1986 年的 IEEE 国际机器人与自动化大会（IEEE International Conference on Robotics and Automation，ICRA）上，人们首次用概率估计的方法来描述机器人定位及地图建模问题。这次会议以后，人们对于概率估计方法的研究日益重视起来，研究人员认识到传感器对于不同路标的观测是高度相关的，因为它们都关联于机器人的定位问题，因此要将机器人定位和地图建模问题联合起来考虑。在 1995 年的机器人研究国际研讨会（International Symposium on Robotics Research，ISRR）上，首次明确提出了 SLAM 的概念，也称为并发建图与定位（concurrent mapping and localization，CML）。至此，SLAM 问题作为一个新兴问题，得到了越来越广泛的研究。

自 SLAM 问题被提出以后，研究人员进行了大量的相关工作，首先提出了基于扩展卡尔曼滤波的概率估计方法，此方法的地图完整性、收敛性等都已得到全面的分析。在 2003 年，粒子滤波引入问题研究，FastSLAM 方法也被提出。这两种算法很快成为 SLAM 方法的主流，其他一些主要方法包括基于匹配、信息矩阵、最大似然估计等的方法。与此同时，以上方法也引入了效率和数据关联的鲁棒性问题。

3. 2004～2015 年

这时进入了算法分析时代，有许多 SLAM 基本特性的研究，包括可观测性、收敛性和一致性。在这一时期，学者先后提出了众多的 SLAM 系统并将其开源，如 PTAM 系统、稠密跟踪与建图（dense tracking and mapping, DTAM）系统、基于直接法的视觉里程计系统（后扩展为视觉 SLAM 系统）和半直接视觉里程计（semi-direct monocular visual odometry, SVO）系统等。在这一时期，形成了现代 SLAM 系统的标配，即将姿态跟踪和建图两个线程分开并行进行，以使整个系统可以运行。同时，一些系统开始有能力实时恢复场景三维模型，并得出稀疏特征在高效 SLAM 解决方案中扮演重要角色的结论。

4. 2015 年至今

这时进入了鲁棒性-预测性时代，更关注于鲁棒性、高级别的场景理解，计算资源优化，任务驱动的环境感知。系统在实现高计算速度的同时也在追求着高精度和高鲁棒性。在这一时期，回环检测、词袋模型和闭环检测被相继引入 SLAM 系统中，后期随着计算能力的提升及算法的改进，平差光束法优化、位姿优化等手段逐渐成为主流。随着人工智能技术的普及，基于深度学习的 SLAM 越来越受到研究者的关注。

4.1.2　SLAM 技术分类

SLAM 技术涵盖的范围非常广，按照不同的传感器、应用场景、核心算法，SLAM 技术有很多种分类方法。按照传感器的不同，大体可以分为激光雷达 SLAM 技术、视觉 SLAM 技术等。

1. 激光雷达 SLAM 技术

激光雷达 SLAM 技术采用 2D 或 3D 激光雷达(也叫单线或多线激光雷达)。在室内机器人(如扫地机器人)上，一般使用 2D 激光雷达，在无人驾驶领域，一般使用 3D 激光雷达，如图 4-3 所示。

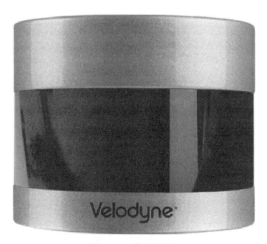

图 4-3　激光雷达

激光雷达 SLAM 始于早期的基于测距的定位方法(如超声和红外单点测距)。激光雷达的优点是测量精确，能够比较精准地提供角度和距离信息，可以达到小于 1°的角度精度以及厘米级别的测距精度，扫描范围广(通常能够覆盖平面内 270°以上的范围)，而且基于扫描振镜式的固态激光雷达(如 Sick、Hokuyo 等)可以达到较高的数据刷新率(20Hz 以上)，基本满足了实时操作的需要；缺点是价格比较昂贵，安装部署对结构有要求(要求扫描平面无遮挡)。

激光雷达采集到的物体信息呈现出一系列分散的、具有准确角度和距离信息的点，称为点云。通常，激光雷达 SLAM 系统通过对不同时刻两片点云的匹配与比对，计算激光雷达相对运动的距离和姿态的改变，也就完成了对机器人自身的定位。激光雷达距离测量比较准确，误差模型简单，在强光直射以外的环境中运行稳定，点云的处理也比较容易。同时，点云信息本身包含直接的几何关系，使得机器人的路径规划和导航变得直观。图 4-4 展示了激光雷达 SLAM 的地图构建。

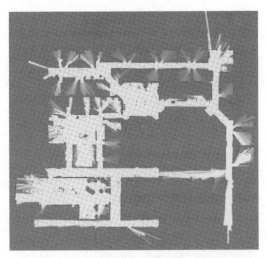

图 4-4　激光雷达 SLAM 的地图构建

　　基于激光雷达的 2D SLAM 技术相对成熟,早在 2002 年,Thrun[1]将 2D SLAM 技术研究和总结得非常透彻,基本确定了激光雷达 SLAM 技术的框架。目前常用的 Grid Mapping 方法也已经有 10 余年的历史。2016 年,谷歌公司开源了激光雷达 SLAM 程序 Cartographer[2],可以融合惯性测量单元信息,统一处理 2D 与 3D SLAM。目前,2D SLAM 技术已经成功地应用于扫地机器人中,3D SLAM 技术也在无人驾驶领域被探索使用,图 4-5 展示了谷歌公司无人驾驶车及其使用的多线激光雷达。

图 4-5　谷歌公司无人驾驶车上的多线激光雷达

2. 视觉 SLAM 技术

相比于激光雷达,采用视觉 SLAM 传感器的相机更加便宜、轻便,而且随处可得(如人人使用的手机上都配有摄像头)，另外图像能提供更加丰富的信息，特征区分度更高，缺点是图像信息的实时处理需要很高的计算能力。幸运的是，随着计算硬件的能力提升，在小型计算机和嵌入式设备乃至移动设备上，运行实时的视觉 SLAM 传感器已经成为可能。

视觉 SLAM 使用的传感器目前主要有单目相机、双目相机和 RGB-D 相机三种，如图 4-6 所示，其中 RGB-D 相机的深度信息有通过结构光原理计算的(如 Kinect V1)，也有通过投射红外图像并利用双目红外相机来计算的(如 Intel RealSense R200)，也有通过 TOF 相机实现的(如 Kinect V2)，对用户来讲，这些类型的 RGB-D 都可以输出 RGB 图像和深度图像。自微软公司的 Kinect 推出以来，掀起了一波 RGB-D SLAM 的研究热潮，短短几年时间内相继出现了几种重要算法，如 KinectFusion、Kintinuous、VoxelHashing、DynamicFusion 等。

图 4-6　Kinect

早期的视觉 SLAM 技术(如 MonoSLAM)更多的是延续机器人领域的滤波方法，估计某一时刻的相机位姿需要使用地图中所有路标的信息，而且每帧都需要更新这些路标的状态。随着新的路标不断加入，状态矩阵的规模增长迅速，导致计算和求解耗时越来越严重，因此不适宜长时间大场景的操作。而现在使用更多的是计算机视觉领域的优化方法，具体来说，是 SFM 中的光束平差法。其通常结合关键帧使用，如图 4-7 所示，估计某一时刻的相机位姿可以使用整个地图的一

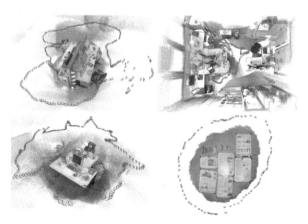

图 4-7　关键帧姿态和传感器深度图的稠密点云重建

个子集，不需要在每幅图像都更新地图数据，因此现代比较成功的实时 SLAM 系统大都采取优化方法。

在视觉 SLAM 中，按照视觉特征的提取方式，又可以分为特征法和直接法。当前视觉 SLAM 技术的代表方法有 ORB-SLAM、SVO、直接稀疏里程计 (direct sparse odometry, DSO) 等。现代流行的视觉 SLAM 系统大概可以分为前端和后端。前端完成数据关联，相当于视觉里程计，研究帧与帧之间的变换关系，主要完成实时的位姿跟踪，对输入的图像进行处理，计算姿态变化，同时也检测并处理闭环；后端主要对前端的输出结果进行优化，利用滤波理论或者优化理论进行树或图的优化，得到最优的位姿估计和地图。

视觉传感器对于无纹理的区域是没有办法工作的。惯性测量单元通过内置的陀螺仪和加速度计可以测量角速度和加速度，进而推算相机的姿态，不过推算的姿态存在累计误差。视觉传感器和惯性测量单元存在很大的互补性，因此将二者测量信息进行融合的视觉惯性里程计 (visual inertial odometry, VIO) 也是一个研究热点。

总体来说，相比于基于激光雷达和基于深度相机的 SLAM，基于视觉传感器的视觉 SLAM 还不够成熟，操作比较难，通常需要融合其他传感器或者在一些受控的环境中使用。

4.2　机　器　学　习

1959 年，Samuel[3]给出了机器学习的定义：计算机有能力去学习，而不是通过预先准确实现的代码。机器学习是一门人工智能学科，是建立理论、形成假设和进行归纳推理的过程，其结构图如图 4-8 所示。该领域的主要研究对象是人工智能，特别是如何在经验学习中改善具体算法的性能，也是人工智能研究发展到一定阶段的必然产物。机器学习在近 30 年已发展为一门多领域的交叉学科，涉及概率论、统计学、逼近论、凸分析、计算复杂性分析等。如今，机器学习已广泛应用于数据挖掘、计算机视觉、自然语言处理、生物特征识别、搜索引擎、证券市场分析、脱氧核糖核酸 (deoxyribonucleic acid, DNA) 序列测序、语言和手写识别和机器人等领域。

人工智能的发展经历了推理期、知识期和学习期。20 世纪 50 年代到 70 年代，学者认为只要赋予机器逻辑推理能力，机器就具备了智能。其中 Newell 和 Simon 研究的"逻辑理论家"(logic theorist) 程序以及"通用问题求解"(general problem solving) 程序等证明了《数学原理》名著中的定理，证明方法甚至比作者 Russell 和 Whitehead 的方法更为巧妙，在当时引起了巨大的轰动。随着人工智能研究的推进，研究学者逐渐认识到仅仅具备逻辑推理能力是远远不能实现人工智能的。

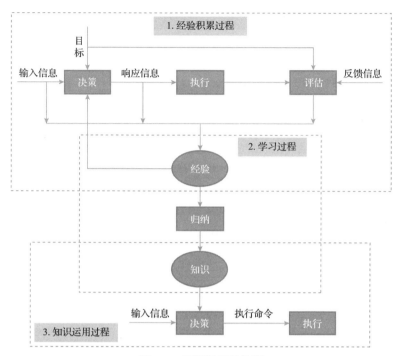

图 4-8　机器学习结构图

以 Feigenbaum[4]为代表的一批学者认为，机器具备智能的前提是必须拥有知识，在其倡导下，人工智能在 20 世纪 70 年代中期开始进入了"知识期"。在这一时期，诸多专家系统问世，其内部含有大量的特定领域专家水平的知识和经验，并且能够利用人类专家的知识和解决问题的方法来处理该领域问题，在很多领域取得了大量的成果，1965 年，Feigenbaum 等学者在总结通用问题求解系统的成功与失败的经验的基础上，结合化学领域的专门知识，研制了世界上第一个专家系统 DENDRAL，其能够推断化学分子结构。随之带来的一个问题就是如何将人类世界的知识编码为计算机可以理解的某种数据结构，并且这种知识编码可以被机器复用，即"知识工程瓶颈"问题，这是一个庞大的工程并且实现过程非常困难。于是一些学者认为机器必须具备自我学习的能力，即机器学习，机器学习在 20 世纪 80 年代正是被视为"解决知识工程瓶颈问题的关键"而走上人工智能主舞台的，在此期间，以决策树和归纳逻辑程序设计为代表的符号学习、以神经网络为代表的连接主义学习和以支持向量机(support vector machine, SVM)为代表的统计学习最为著名，随之而来人工智能的发展进入了"学习期"。

经过几十年的研究和发展，机器学习的理论和方法已经取得了长足的进步，并且形成了多种实用化的机器学习方法。按照学习策略、学习方法和学习方式对这些机器学习方法进行划分，如图 4-9 所示。符号学习是模拟人脑的宏观心理级学习过程，以认知心理学原理为基础，以符号数据为方法，用推理过程在图或状态空间中搜索，符号学习的典型方法有记忆学习、示例学习、演绎学习、类比学习、解释学习等；神经网络学习是模拟人脑的微观生理级学习过程，以脑和神经科学为基础，以人工神经网络为函数结构模型，以数值运算为方法，用迭代过程在系数向量空间中搜索，并对参数进行修正和学习；数学分析方法主要有贝叶斯学习、集合分类学习、支持向量机等；以数据中是否存在导师信号来区分监督学习和无监督学习，强化学习则是通过环境反馈(奖惩信号)作为输入，以统计和动态规划技术为指导的一种学习方法。

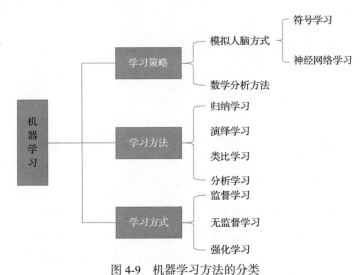

图 4-9　机器学习方法的分类

4.2.1　机器学习的发展阶段

20 世纪 50 年代，有学者对机器学习进行研究，如 Samuel 的跳棋程序[3]。在 50 年代中后期，以 Rosenblatt 的感知机(Perceptron)[5]、Widrow 的 Adaline[6]为代表的研究拉开了以神经网络结构为代表的连接主义机器学习研究的序幕。基于逻辑主义的符号学习技术在 60～70 年代蓬勃发展，在此期间，以决策理论为代表的学习理论以及强化学习技术也得到了发展，并且为统计学习的发展奠定了理论基础。随后，样例学习成为机器学习的主流，在 80 年代，样例学习中一大分支就是符号主义学习，在 90 年代中期前，样例学习的另一大主流是基于神经网络的连接主义学习。

样例学习中符号主义学习的代表成果包括决策树和基于逻辑的学习。其中典型的决策树学习是以信息论为基础，以信息熵的最小化为目标，直接模拟人类对概念进行判定的树形流程；归纳逻辑程序设计(inductive logic programming，ILP)

是基于逻辑学习的最著名代表，其使用一阶谓词逻辑来进行知识表达，并且通过修改和扩充逻辑表达式来完成对数据的归纳。决策树学习技术简单易用，如今仍然是最常用的机器学习技术之一。归纳逻辑程序设计具有很强的知识表达能力，能够表达出复杂的数据关系，其不仅可利用领域知识辅助学习，还可以通过学习对领域知识进行精化和加强，但是其表达能力过强导致学习过程中的假设空间太大，复杂度极高，因此在大规模问题的面前就难以进行有效的学习。

早期的人工智能学者更青睐于符号表达方式，Minsky 等[7]曾在 1969 年指出神经网络只能处理线性分类，甚至对"异或"这类简单的问题也无法处理，所以当时连接主义的研究并未纳入主流人工智能研究范畴。直到 1983 年，Hopfield 利用神经网络求解"流动推销员问题"这个著名的 NP 难题，并取得重大进展，这使得神经网络学习重新进入人们的视线。1986 年，Rumelhart 等[8]发明了著名的误差反向传播(back propagation, BP)算法，指出网络学习过程是由信号的正向传播与误差的反向传播两个过程组成，并且使用梯度下降法来调整隔层神经元的权值和阈值以此来训练网络结构减小输出误差。BP 算法极大地增加了网络训练效率，在很多实际问题中发挥了作用，并且得到了广泛应用。与符号学习能产生明确的概念不同，连接主义学习产生的是黑箱模型，因此从知识认知的角度上来讲，连接主义学习技术有明显的弱点，其最大的局限就是试错性。神经网络学习涉及大量的参数，而参数的设置缺乏理论指导，主要靠手工调参，参数调节上的微小偏差可能会给结果带来巨大的影响。

20 世纪 90 年代中期，以支持向量机以及更一般的核方法(kernel method)为代表的统计学习迅速登上了机器学习的舞台，并且占据了主流的地位。统计学习的研究起始于 60～70 年代，Vapnik[9]在 1963 年提出了支持向量机的概念。但是由于缺乏有效的支持向量机算法，其分类的优越性在 90 年代中期才体现出来，另一方面，80 年代占据主流的以神经网络为代表的连接主义学习的局限性凸显出来，研究学者才将目光转向了以统计学习为支撑的统计学习技术。在支持向量机得到广泛应用后，核技巧(kernel trick)也逐渐成为机器学习的基本内容之一。

21 世纪初，随着计算机技术、互联网的发展，人类进入了大数据时代，数据存储和计算设备都有了很大的进步，在此背景下以深度学习为代表的连接主义卷土重来，深度即增加神经网络的层数，使得网络具备更强的理解和表达能力。2012年，Ng 和 Dean 使用 16000 个中央处理器核的并行计算平台训练一种 DNN 的机器学习模型，其内部共有 10 亿个节点。该网络通过海量的数据训练，竟然从数据中学习到了猫的概念。在这一潮流的引领下，深度学习在数据挖掘、计算机视觉、自然语言处理、语音识别、生物信息学等领域取得了诸多成果。

4.2.2　归纳学习

归纳(induction)是人类拓展认识能力的重要方法，是一种从个别到一般、从部分到整体的推理行为。归纳推理是应用归纳方法，从足够多的具体事例中归纳出一般性知识，提取事物的一般规律。归纳推理的重要特征是：在进行归纳时，一般不可能考察全部相关事例，因而归纳出的结论无法保证其绝对正确，但又能以某种程度相信它为真。归纳学习是应用归纳推理进行学习的一种方法。根据归纳学习有无监督指导，可把它分为示例学习以及观察与发现学习。前者属于监督学习，后者属于无监督学习。

1. 归纳学习的模式

给定：观察陈述(事实)F，用以表示有关某种对象、状态、过程等的特定知识；假定的初始归纳断言(可能为空)；背景知识，用于定义有关观察陈述、候选归纳断言以及任何相关问题领域知识、假设和约束，其中包括能够刻画所求归纳断言的性质的优先准则。求解：归纳断言(假设)H，能重言蕴涵或弱蕴涵观察陈述，并满足背景知识。

2. 归纳学习的规则

选择性概括规则：令 D_1 和 D_2 分别为归纳前后的知识描述，则归纳是 $D_1 \Rightarrow D_2$。如果 D_2 中所有描述基本单元(如谓词子句的谓词)都是 D_1 中的，只是对 D_1 中基本单元有所取舍，或改变连接关系，那么就是选择性概括。

构造性概括规则：如果 D_2 中有新的描述基本单元(如反映 D_1 各单元间的某种关系的新单元)，那么就成为构造性概括。

3. 归纳学习方法

(1)示例学习(learning from examples)又称实例学习，它是通过环境中若干与某概念有关的例子，经归纳得出一般性概念的一种学习方法。在这种学习方法中，外部环境(教师)提供的是一组例子(正例或反例)，它们是一组特殊的知识，每一个例子表达了仅适用于该例子的知识。示例学习就是要从这些特殊知识中归纳适用于更大范围的一般性知识，以覆盖所有的正例并排除所有反例。

(2)观察发现学习(learning from observation and discovery)又称描述性概括，其目标是确定一个定律或理论的一般性描述，刻画观察集，指定某类对象的性质。观察发现学习可分为观察学习与机器发现两种。前者用于对事例进行聚类，形成概念描述；后者用于发现规律，产生定律或规则。

(3)概念聚类是指把事例按一定的方式和准则分组，如划分为不同的类或不同的层次等，使不同的组代表不同的概念，并且对每一个组进行特征概括，得到一个概念的语义符号描述。

　　(4)机器发现是从观察事例或经验数据中归纳出规律或规则的学习方法，也是最困难且最富创造性的一种学习。它又可分为经验发现与知识发现。前者是指从经验数据中发现规律和定律，后者是指从已观察的事例中发现新的知识。

4.2.3　决策树学习

　　决策(decision)是指根据信息和评价准则，用科学方法寻找或选取最优处理方案的过程或技术。对于每个事件或决策(即自然状态)，都可能引出两个或多个事件，导致不同的结果或结论。把这种分支用一棵搜索树表示，即叫作决策树。目前比较流行的算法有 CLS、ID3 等。

　　1. 决策树学习算法 CLS

　　Hunt 等[10]提出的概念学习系统(concept learning system，CLS)是一种早期的基于决策树的归纳学习系统。在 CLS 的决策树中，节点对应于待分类对象的属性，由某一节点引出的弧对应于这一属性可能取的值，终叶节点对应于分类的结果。

　　2. 决策树学习算法 ID3

　　1979 年，Quinlan[11]发展了 Hunt 的思想，提出了决策树学习算法——迭代二分法三代(iterative dichotomiser 3, ID3)，不仅能方便地表示概念属性-值的信息结构，而且能够从大量实例数据中有效地生成相应的决策树模型。该算法不同于其他决策树学习算法(大多数决策树学习算法是一种核心算法的变体)。该算法采用自顶向下的贪婪搜索(greedy search)遍历可能的决策树空间。它也是 C4.5 算法的基础。该算法的优点是：分类和测试速度快，特别适用于大数据库的分类问题。该算法的缺点是：决策树的知识表示没有规则，易于理解；两棵决策树是否等价问题是子图匹配问题，是 NP 完全问题；不能处理未知属性值的情况，对噪声问题也没有好的处理方法。

　　3. 统计学习

　　统计学习(statistical learning)是基于数据构建概率统计模型并运用模型对数据进行预测与分析。统计学习方法有三要素：模型的假设空间、模型选择的准则以及模型学习的算法。统计学习的方法非常丰富，如逻辑回归、支持向量机和提升方法等。

　　1)逻辑回归

　　逻辑回归主要步骤如下：

(1)准备有限的训练数据集；

(2)获取包含所有可能的模型的假设空间，即学习模型的集合；

(3)确定模型选择的准则，即学习的策略；

(4)实现最优模型的算法，即学习的算法；

(5)通过学习方法选择最优模型；

(6)利用学习的最优模型对新数据进行预测或分析。

2)支持向量机

支持向量机是一种二类分类方法，它的基本模型是定义在特征空间上的间隔最大的线性分类器。该方法是建立在统计学习理论的 VC(Vapnik-Chervonenkis)维理论和结构风险最小原理基础上的。它在解决小样本、非线性及高维模式识别中表现出许多特有的优势，并能够推广应用到函数拟合等其他机器学习问题中。

3)提升方法

提升方法是一种常用的统计学习方法，应用广泛且有效。在分类问题中，它通过训练样本的权值，学习多个分类器，并将这些分类器进行线性组合，以提高分类的性能。该方法的基本思想是学习一系列分类器，在这个序列中每一个分类器对它前一个分类器导致的错误分类例子给予更大的重视。尤其是在学习完分类器 H_k 之后，增加了由 H_k 导致分类错误的训练例子权值，再学习下一个分类器 H_{k+1}。这个过程重复 M 次。最终的分类器从这一系列的分类器中综合得出。

4.2.4　神经网络学习

1. 基于 BP 网络的学习

BP 算法是一种计算单个权值变化引起网络性能变化的较为简单的方法。由于 BP 算法过程包含从输出节点开始，反向地向第一隐含层(即最接近输入层的隐含层)传播由总误差引起的权值修正，所以称为反向传播。

2. 基于 Hopfield 网络的学习

还有一类人工神经网络(artificial neural networks, ANN)，它是一种动态反馈系统，比前馈网络具有更强的计算能力，Hopfield 网络就是代表性网络之一，如图 4-10 所示。Hopfield[12]于 1982 年提出离散时间神经网络模型，1984 年提出了连续时间神经网络模型。Hopfield 网络是一种具有正反向输出的带反馈人工神经元。

4.2.5　强化学习

强化学习(reinforcement learning，RL)，又称激励学习，是从环境到行为映射的学习，以使奖励信号函数值最大。强化学习不同于监督学习，是由环境提供的强化信号对产生动作的好坏做出评价，而不是告诉强化学习系统如何去产生正确的动作。由于外部环境提供的信号很少，学习系统必须靠自身的经历进行学习。强化学习通过智能体与环境交互进行学习。如图 4-11 所示，交互过程可以表述为：每进行一步，智能体根据策略选择一个动作执行，然后感知下一步的状态和即时奖励，通过经验再修改自己的策略。智能体的目标就是最大化长期奖励。

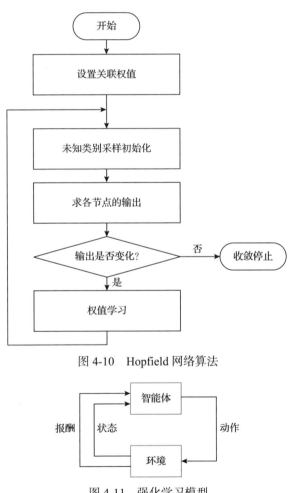

图 4-10　Hopfield 网络算法

图 4-11　强化学习模型

1. 学习自动机

学习自动机是强化学习中最通用的方法。该方法包括两个模块：学习自动机和环境。自动机根据所接收到的刺激，对环境作出反应。环境接收到该反应对其作出评估，并向自动机提供新的刺激。如图 4-12 所示，学习系统根据自动机上次的反应和当前的输入自动地调整其参数。

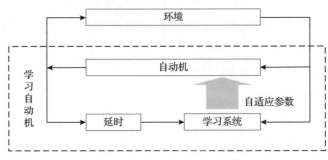

图 4-12　学习自动机的学习模式

2. Q 学习

Q 学习是一种基于时差策略的强化学习。它是指在给定的状态下，在执行完某个动作后期望得到的效用函数，该函数称为动作-值函数。在 Q 学习中，动作-值函数用 Q 值表示，它代表效用值。

Q 值的作用：

(1)和条件-动作规则类似，可以不需要使用模型就做出决策；

(2)与条件-规则不同的是，Q 值可以直接从环境的反馈中学习获得。

Q 学习存在的问题：

(1)泛化问题，即状态-动作的泛化表示问题；

(2)动态和不确定环境，即环境往往含有大量的噪声，无法准确地获取环境的状态信息，可能无法使强化学习算法收敛，使 Q 值摇摆不定；

(3)当状态空间较大时，算法收敛前的试验次数可能要求很多；

(4)多目标学习，即难以适应多目标、多策略的学习需求；

(5)目标的变化问题，即造成已学习到的策略有可能变得无用，整个学习过程又要从头开始。

4.3　自然语言理解

自然语言理解(natural language understanding，NLU)是语言学、逻辑学、生理学、心理学、计算机科学和数学等相关学科发展和结合而成的一门交叉学科。

自然语言的识别和处理是人工智能研究最重要的课题之一，也是人工智能研究的关键。自然语言理解也是目前在众多智能无人系统中所使用的技术。

自然语言理解就是如何让计算机能正确处理人类语言并据此做出人们期待的各种正确响应。目前对于自然语言理解尚无统一和权威的定义。从微观上讲，自然语言理解是指从自然语言到机器(计算机系统)内部之间的一个映射。从宏观上看，自然语言理解是指机器能够执行人类所期望的某些语言功能。这些功能主要包括回答提问、机器翻译、提取材料摘要等。

4.3.1　自然语言理解的研究历史

20 世纪 40 年代末，随着科技水平的提高，人们期望翻译工作能由计算机来完成。美苏两国开始了俄-英和英-俄的机器翻译工作。

20 世纪 50 年代初期，研究者最初的意图是希望做到词对词的机器翻译，所以可以简单地分为查阅词典和语法分析两个部分，但实际效果却不太令人满意。

20 世纪 60 年代中期，机器翻译研究经历了低谷。1966 年，美国国家科学院在一个报告中指出，在可预见的将来，机器翻译不会成功。这一论断使得不少机器翻译的计划被推迟，开始转向对语法、语义和语用学等基本问题的研究。1969年，哈佛大学人工智能与专家 Woods 提出了扩充转移网络，利用上下文无关文法的扩充来实现上下文相关文法，5 年后，Kaplan 对其做出了一些改进。

1972 年，Winograd 设计了一个人机对话系统 SHRDLU。该系统能用自然语言来指挥机械手在桌面上搭积木，并能回答一些简单的问题。同年，Woods 的自然语言情报检索系统 LUNAR 研制成功，用于帮助地质学家比较从月球卫星阿波罗 11 号上得到的月球岩石和土壤的化学成分。1973 年，Wilks 设计了一个英-法机器翻译的模型，能将一些英语的日常用语段落译成通顺的法语，但英语词汇量较少，仅有 600 个。同年，Schank 提出了"概念从属理论"，建立了 MARGIE 系统，用同义互训的方式来检验计算机对语言的理解程度。

20 世纪 80 年代开始，自然语言理解在理论和应用上都取得了突破性进展，出现了一大批具有一定实用性的机器翻译系统，如美国的 METAL 和 LOGOS、日本的 PIVOT 和 HICAT 以及法国的 ARIANE 和德国的 SUSY 等系统。这些系统的逻辑过程基本都可以分为分析、转换和生成三个阶段。与此同时，国际人工智能会议上对于自然语言理解的关注也引起了国内对汉语理解的重视，国内也多了一些相关的研究。DARPA 资助的一系列信息理解会议(Message Understanding Conference，MUC)也给信息系统进行深度理解提供了很好的环境。尽管这些系统还是有应用上的局限性，但输出的表达方式更为丰富。例如，MUC-4 会议上对于拉丁美洲的恐怖袭击用了更为细致多样的模板来进行表述。MUC-5 会议上对于合资贸易的描述也多了很多细节。

传统的文本理解往往要借助词、短语或是句子、段落来推断选取正确的文本含义，这类方法主要需要借助于人工的句法分析以及一些统计学习模型。例如，

1997 年，Califf 和 Mooney 用该方法提取线上招聘信息中关于职位、薪资、技能要求等信息。Freitag 等在 1998 年提出的多策略信息提取方法用了三个机器学习部分分别进行角色记忆、时态分类和关系规则推断，并从扫描的研讨会公告中提取时间、地点和主讲人这些基本信息。1999 年，Soderland 将这种方法用于提取房屋租赁广告的主要信息。

进入 20 世纪 90 年代以来，我国研究人员开展了对语料库的研究。以冯志伟教授等为代表的计算语言学学者早期在机器翻译研究方面做了大量的工作，总结出不少珍贵的经验和方法，为后来的计算语言学研究奠定了基础。在篇章翻译方面，东北大学的姚天顺教授提出的文本信息过滤机制、哈尔滨工业大学的王开铸教授对文本层次结构的划分、北京邮电大学的钟义信教授实现的自动文摘系统、上海交通大学的王永成教授进行的信息浓缩研究等都是比较代表性的成果。这一时期国内的机器翻译研究有了很多实用化的产品。1998 年国内出现了通译、译星、朗道、即时通、汉神、RoboWord、Internet 宝典等几十种翻译软件。

进入 21 世纪，机器学习尤其是神经网络的出现和快速发展打破了这种限制和约束。起初，机器学习主要用于分词，然后借助一些统计模型来进行分类。例如，Soderland 等提出的机器学习和统计模型相结合的方法丰富了系统的输出表达。但这类方法往往只能应用在领域较小的应用场合，实用性上还是有所欠缺。Mikolov 等完成的 Word2vec 将词转化为定长的向量，被越来越多的研究者所使用。深度学习的快速发展使得 DNN 在自然语言理解上的应用非常广泛，主要是 CNN 和循环神经网络(recurrent neural network，RNN)及一些变形网络的应用。Bengio 等基于 N-gram 和前向神经网络建立语言模型，成为用神经网络训练语言模型的经典之作。2015 年，Zhang 等提出用卷积网络来进行文本理解。这一模型用于实体分类、情感分析和文本分类，既可用于英语，也能应用于汉语。2016 年 5 月，谷歌公司开放了自然语言理解软件 SyntaxNet 的源代码，将其作为该公司 TensorFlow 开源机器学习库的一部分。2017 年 4 月，Facebook 公司在 F8 开发者大会上向公众介绍了由 Facebook 公司的 AML 团队和 FAIR 团队合作开发的平民化的自然语言理解平台——CLUE。CLUE 是一个语言识别引擎，是一个自助式的平台。2017 年 11 月，谷歌公司发布实验性系统 SLING，该系统是一个自然语言框架语义解析器，用于自然语言理解任务中，可将自然语言文本直接解析成语义表示——语义框架图，如图 4-13 所示。

4.3.2　自然语言理解研究的主要方法及理论

1. 句法模式匹配和转移网络

句法模式匹配采用句法模式来对语言的句子进行匹配，从而进行句法分析。

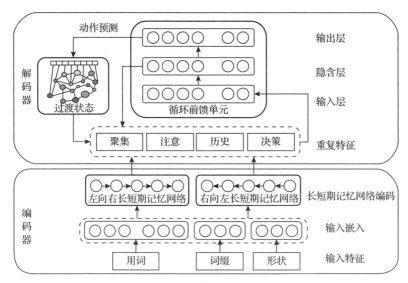

图 4-13　语义框架图

这些模式可以用状态注意图来表示。在具体的算法实现上主要有并行算法和回溯算法两种。并行算法的关键是在任何一个状态都要选择所有可以到达下一个状态的弧，同时进行试验；而回溯算法是在所有可以通过的弧中选择一条往下，同时保留其他可能性，这种方式需要一个堆栈结构来存储数据。我们可以简单地用广度优先(breadth first, BF)和深度优先(depth first, DF)来类比理解。

2. 扩充转移网络

扩充转移网络是自然语言语法的一种多功能表示及语言自动分析的一种方法。如图 4-14 所示，扩充转移网络是由一组网络构成的递归网络，其中的每个网络都有网络名，每条弧上的条件扩展为寄存器实现的条件加上操作。在分析树上的各个成分结构上都放上寄存器，每个寄存器由两部分组成：句法特征寄存器(上半部分)和句法功能寄存器(下半部分)，分别用来存放句法特征和句法功能。

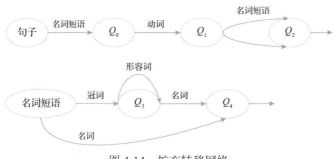

图 4-14　扩充转移网络

扩充转移网络的生成能力相当于图灵机，既可用于分析，如英语的 LUNAR 系统和汉语的 RJD-80 人机对话系统，也可用于生成如 Simmons、Slocum 等的自然语言系统产生句子的表层结构；且扩充转移网络表达灵活。但同时扩充转移网络是过程性的，而非描述性的，静态的数据与动态的分析混淆在一起，且对句法过分依赖，限制了其通用性。

3. 语义网络

由于自然语言的不确定性(模糊性和歧义性等)，语义分析要做得完善非常困难。Simmons 在 Woods 的扩充转移网络的基础上，采用格语法(case grammar)建立了语义网络的理论：以句中词为节点，句中词之间的语义关系为节点间的有向线段，如图 4-15 所示。句子是由一串有歧义的词组成的。语义分析就是要把这一串词确定为无歧义的概念节点，相互之间有明确的语义关系。概念节点是指本句中上下文中的具体词义，语义关系是指动词和名词之间的深层格关系以及概念的连接关系、修饰关系、数量关系、分类关系等。语义网络的核心是：该网络同时也是句子的逻辑结构，可以用 ABR 的三元关系来表示，其中的 A 和 B 是指两个节点，而 R 是指两者的关系。

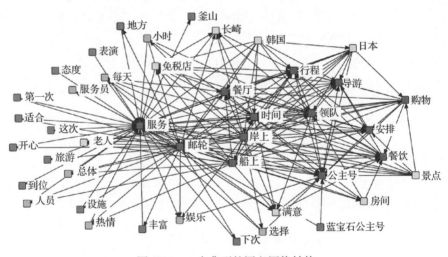

图 4-15　一个典型的语义网络结构

4. 语料库语言学

近十几年来，在国际范围内掀起了语料库语言学的研究热潮。如图 4-16 所示，语料库语言学研究机器可读的自然语言文本的采集、存储、检索、统计、语法标注、句法-语义分析以及具有上述功能的语料库在语言定量分析、词(字)典编撰、作品风格分析、自然语言理解和机器翻译等领域的应用。

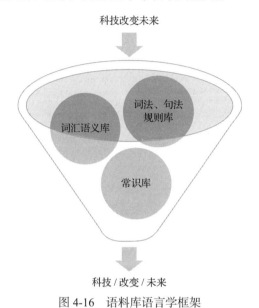

图 4-16　语料库语言学框架

5. 主题模型

2003 年，Blei 等[13]提出了隐含狄利克雷分布 (latent Dirichlet allocation, LDA)，模型简单且有效，掀起了主题模型研究的波浪。LDA 通过词汇的概率分布来反映主题。这是因为文章和主题之间并不一定是一一对应的，一篇文章可能包含多个主题，同时词与主题也不是一一对应的，同一个词在不同的文章中也可能指向不同的主题，所以用概率来表示主题具有合理性。

6. 基于神经网络的分析

神经网络的快速发展带来了从简单到深度学习的转化。CNN 是一种特殊的、简化的深层神经网络模型，它的每个卷积层都是由多个卷积滤波器组成，最先由 Lecun 在 LeNet 中提出。在 CNN 中，图像的一小部分区域 (局部感受区域) 作为层级结构的最底层输入，信息再依次传输到不同的层，每层通过多个卷积滤波器去获得观测数据最显著的特征。CNN 可以在不借助传统的词袋 (bag of words) 或是词的特征提取的情况下直接对原始文本进行文本分类、情感分析、本体分类等。

RNN 对于序列的分析计算具有强大的优势，越来越多地被用在文本、语音的分析理解上，尤其是长短时记忆 (long short-term memory, LSTM) 网络能够在一定程度上记忆长时的记忆，且解决了 RNN 的梯度消失问题，近几年得到了广泛的应用。另外，近几年 Bi-LSTM、Bi-LSTM-Viterbi、Bi-LSTM-CRF 等网络也开始用于自然语言理解的研究，也有一些多任务联合训练的模型。

4.3.3　汉语理解

汉语作为一种历史悠久的语言，与英语等其他语种存在较大差异。首先，汉语词类缺少外部的形态标志，组词成句不靠形态发化，而是靠语序和虚词。由此，分词是一大难题。同时，汉语句子中语法分析往往与语义分析的结果之间不存在一一对应的关系，同一个语义通常有多种语法结构可以实现。另外，汉语语法有重意合、轻形式，以意驭形的特点，如图 4-17 所示，这也大大增加了汉语理解的复杂度。

今天中午吃了馒头
今天中午吃了食堂
今天中午吃了大碗
今天中午吃了闭门羹

图 4-17　汉语理解中的常见歧义问题

我国较早开始了自然语言理解的研究，是世界上第四个从事机器翻译的国家。1984 年，梁南元[14]首次将最大匹配法应用于中文分词任务，实现了第一个汉语自动分词系统 CDWS。此后又有数个系统问世，并提出了多种分词方法。这些分词方法概括起来可以分为两类：一类是基于统计的机械分词法；另一类是基于规则的专家系统分词法。机械分词法中包括正向最大匹配法、逆向最大匹配法、逐词遍历匹配法、设立切分标志法、最佳匹配法、最小匹配法以及最少词数切分法。基于规则的分词法是利用汉语的语法、语义知识建立推理规则，在分词过程中进行推理判断，模拟语法与家的逻辑思维过程实现自动分词。此外还有基于神经网络的分词法。

在语音识别方面，单音节结构的汉语一般选取音节作为语音识别单元。汉语有大约 1300 个音节，但若不考虑声调，约有 408 个无调音节，在各种语言中音节数量相对较少。此外，汉语音节仅由 22 个声母和 28 个韵母构成，所以也有一些系统选择音素作为语音识别单元。实际应用中常把声母依后续韵母的不同而构成细化声母，虽然增加了模型数目，但区分易混淆音节的能力显著提升。

少数民族语言信息处理也是国内自然语言理解领域关注的焦点之一，主要表现在两大方面：一个是少数民族语言的基本处理技术，如维吾尔语的调序、藏语的分词等；还有一个就是语料的获取与语料库的构建。藏语句子切分塑造空间小，如藏语里带竖线的符号，本身就代表句号、逗号、分号等多种意思，分词处理时，只需将切分线对应到汉语的句号、逗号、分号即可。

直到最近，比较实用的自然语言理解系统仍然使用的是分析阶段的流程，即从词性标注和依存句法分析(dependency parsing)到计算输入文本的语义表示。尽管该流程促进不同分析阶段的模块化,但存在早期阶段中的错误可能影响后面的阶段以及最终表示,以及中间阶段的输出可能与该阶段的相关性不强等问题。深度学习的快速发展使得分析阶段的各流程都替换成了深度学习模块。由于深度网络的应用不需要借助语法规则,可拓展性大大提升,性能也有了极大的改善。但与此同时,深度学习框架的解释理解也成为一大难题,有待更多的研究探索。

4.4 多智能体协同

智能体(agent)的概念最早可以追溯到 1977 年 Hewitt 发表的"Viewing Control Structure as Patterns of Passing Messages"。在此文中,Hewitt 给出了一个称为"actor"的对象,它具有自身的内在状态,又能与其他同类对象发送和反馈信息。而正式采用"agent"一词可见于 Minsky 于 1986 年出版的 *Society of Mind* 一书,文中用"agent"称呼一些具有特别技能的个体,它们存在于社会中,并通过竞争或协商求解矛盾。多智能体系统(multi-agent system,MAS)是由多个具备一定感知和通信能力的智能体组成的集合,该系统可以通过无线通信网络协调一组智能体的行为(知识、目标、方法和规划),以协同完成一个任务或是求解问题,各个单智能体可以有同一个目标,也可以有多个相互作用的不同目标,它们不仅要共享有关问题求解方法的指示,而且要就单智能体间的协调过程进行推理。多智能体理论的应用研究开始于 20 世纪 80 年代中期,近些年呈明显增长的趋势。尤其是近 10 年来,智能体和多智能体系统理论与技术频繁出现在大量应用系统设计中,对智能体的研究已成为人工智能学科的一个热点。

人们在研究人类智能行为中发现,大部分人类活动都涉及多个人构成的社会群体,大型复杂问题的求解需要多个专业人员或组织协作来完成。同样,工程上也需要多个单智能体间的相互协作和协调来共同完成一项任务。如图 4-18 所示,类似于生物界的大雁南飞、鱼群游动、蚂蚁觅食、蜜蜂筑巢等生物行为所体现出的群体优势,多智能体间的协同将大大提高个体行为的智能化程度,更好地完成很多单个个体无法完成的工作。

以地面无人系统为例,多个体之间保持协同与合作具有以下优点。

(1)能充分获取当前的环境信息,有利于实现侦察、搜寻、排雷、安全巡逻等。单个主体的传感器获取信息的能力总是有限的,如果每个个体保持协调关系,分工合作获取自己周围的环境信息,再进行信息融合,便可迅速感知整个群体所在的区域环境信息。

(2)在对抗性环境中能增强多个体抵抗外界攻击的能力,如多机器人士兵通过保持合适的战斗防御队形可以更有效地应用战术,抵抗多方向的入侵,增强自身

图 4-18　多智能体系统生物学现象

安全性。

（3）在一些具体任务（如物资运输）中，保持协调关系能加快任务的完成，提高工作效率。

（4）具有较大的冗余，能提高系统鲁棒性和容错性。

（5）完成同样任务，具有协同合作关系的多个个体一般成本低廉，比单个性能优良但是成本昂贵的智能体更具有经济或军事效益。

近年来，多智能体系统已发展成为控制领域和无人系统领域的重要研究方向。多智能体系统协同控制的研究涵盖的基本问题主要包括：一致性控制、集群控制、会合控制、编队控制，其中又以一致性控制为其他几种控制的基础。

以地面无人系统的协同控制为例，协同完成任务的能力是基本要求，但有时为了适应复杂的地面环境，面对紧急状态的多任务处理能力也是很重要的一个方面，此类问题涉及多任务和非结构化问题处理，且具有对环境响应的实时性要求。在群体协作过程中，如何充分利用系统资源将任务分配到分布式节点并行求解、进行任务的协调，以及如何在任务求解过程中进一步对环境做出响应是协同控制研究的另一个方面。因此，基于多智能体协同具有两层含义，即行为协同和任务协同，而对多智能体系统的研究为协同控制提供了理论与技术支撑。

4.4.1　行为协同

1. 一致性控制

在多智能体协同控制问题中，一致性作为智能体之间合作协调的基础，具有重要的现实意义和理论价值。一致性就是寻找恰当的控制律，使得所有智能体关于某个感兴趣的量达到相同的状态。为了实现一致性，智能体之间需要进行局部的信息交换。例如，在地面无人火控系统中，要求群体中的所有成员向着同一目标实施攻击，所有个体进行集中的攻击状态就是所需要达到的群体行为的一致性。

要实现这种状态的趋同，其控制目标可描述为

$$\lim_{t \to \infty} \left\| x_j(t) - x_i(t) \right\| = 0, \quad \forall i, j \in N \tag{4-1}$$

其中，N 为系统中个体的集合；$x_i(t)$ 为系统中第 i 个个体在时刻 t 的状态。

1995 年，Vicsek 等[15]提出了一个简单的粒子模型并给出了一系列有趣的仿真结果。所有粒子以相同的速度但不同的运动方向在同一个平面上运动，每个粒子利用它的邻居运动方向之和的平均值来更新自己的运动方向动态。在没有集中的协调控制下，所采用的邻居规则却能够使所有粒子最终朝同一个方向运动。

邻居规则所体现的就是个体之间局部的信息交换。由此可以看出，邻居规则实质是群体在达到一致性状态过程中所采用的一种控制策略或协议，显然它的特点是无中心控制、局部信息交换和简单行为协调。随后，Jadbabaie 等[16]利用代数图论和矩阵理论给出了简化的 Vicsek 模型理论解释。

对于一个简单的一阶积分器系统模型，有

$$\dot{x}_i(t) = u_i(t), \quad \forall i \in N \tag{4-2}$$

其中，$u_i(t)$ 为对第 i 个个体施加的控制量常用的一致性算法，可表示为

$$u_i(t) = -\sum_{j \in N_i(t)} a_{ij}(t) \left(x_i(t) - x_j(t) \right) \tag{4-3}$$

其中，$j \in N_i(t)$ 表示第 i 个个体在时刻 t 的相邻个体集合；$a_{ij}(t)$ 为时变的拓扑加权系数。可以看出，针对第 i 个个体设计一致性控制策略时，仅利用其相邻个体与其自身的状态差即可，无需非相邻个体的任何信息。从经典控制的角度来看，该控制器实质上是一个比例控制器，控制律中包含了位置误差信息，所不同的是对多智能体系统而言，其利用的是群体性误差信息，每一时刻相邻的个体状态是时变的，而针对个体系统的控制仅需要该个体与期望状态(初始给定)的误差信息。这个例子表明多智能体一致性控制的分析与综合更为复杂。

2. 集群控制

集群是由大量自主个体组成的集合。在无集中式控制和全局模型的情况下，大量随机分布的自主个体通过局部感知作用和相应的反应行为聚集在一起，使整

体呈现出一致行为。集群控制的研究主要受到生物领域的启发，自然界中存在着大量集群，如蚁群、鱼群、蜂群、鸟群等。集群是一种普遍存在的群体行为和自组织现象。集群行为在实践中的应用包括在复杂环境中部署分布式传感器节点，军事演习中的侦察、攻击与躲避，如陆地作战群在遇到敌方攻击时为了躲避暂时出现混乱现象，然后再形成一个合理的编队逃跑或反击等。

一般而言，集群行为应满足如下三条基本规则。

(1)避免发生碰撞：避免相邻个体之间发生碰撞。

(2)速度、方向匹配：与相邻个体的速度、方向达到渐近一致。

(3)中心聚集：每个个体改变当前位置并向其邻居的平均位置靠拢。

集群控制要求集群中的智能体之间进行局部协作，整体上在某些方面达成一致，以求最终完成任务。可以看出，集群控制与一致性问题的研究密切相关，它在群体保持状态一致性的基础上，要求所有个体相对集中。在多智能体集群控制策略应用中，一致性算法主要用于实现多智能体间的速度匹配，在以相同速度运动的前提下，多智能体间保持一定的距离以避免相互碰撞。Olfati-Saber[17]提出了集群设计和分析的理论框架，除了实现速度匹配一致，多智能体还要形成指定编队构型并避免相互碰撞。Tanner 等[18]研究了多智能体集群现象，在固定拓扑和动态拓扑条件下，通过构造局部控制律可实现一组移动智能体以速度方式进行结盟。Cucker 等[19]给出了进一步的扩展结果。

3. 会合控制

会合问题指空间分布的多个个体或者智能体，通过交换邻居局部信息，最终会合于一个期望的区域内，群体中所有个体速度逐渐趋于零，最终静止于某一位置。会合控制的发展源于机器人应用的发展，例如一群机器人要合作完成一个任务到达同一个地点，在一片未知区域进行搜索工作，或者一群陆地无人驾驶车要达到一个共同的地点等。会合控制的目标可描述为

$$\begin{cases} \lim\limits_{t\to\infty}\left\| x_j(t) - x_i(t) \right\| = 0, & \forall i, j \in N \\ \lim\limits_{t\to\infty}\left\| x_i(t) \right\| = 0, & \forall i \in N \end{cases} \tag{4-4}$$

式(4-4)分别反映群体会合于一个期望的区域内并最终静止。

显然会合问题本质上是一致性问题的一个特例，可以简单理解为终态为静止的一致性。Lin 等[20]采用一致性策略解决了同步和异步通信条件下移动智能体的会合问题。Ren 等[21]应用一致性策略研究了无人驾驶车群会合问题，相似的想法扩展到了多无人机同时在敌方雷达探测边界会合的问题。此外，Cortés 等[22]还研究了移动智能体的鲁棒会合问题。Rodriguez-Angeles 等[23]采用线性连续时间一致

性策略求解多协同机器人系统位置同步问题，设计出会合控制器。

4. 编队控制

编队控制是指多智能体系统中的个体在运动中通过保持一定的队形来完成整体任务。要求多个智能体组成的群体在向特定目标或方向运动的过程中，相互之间保持预定的几何形态(队形)，同时又要适应环境约束(如避开障碍物)。随着多机器人系统的发展，编队控制逐渐成为多智能体系统研究的热点问题。在军事领域中，多智能体采用合理编队可以代替士兵执行恶劣、危险环境下的军事任务。在军事物资运输中，陆地无人驾驶车在搬运大型物体时，对每辆车的位置具有一定要求，以满足运输过程中的稳定性和负载平衡的要求。在军事作战中，为了行动的协调一致和战术的需要，要求多机器人保持一定的队形，并动态地切换队形和避障。

编队控制的目标可描述为

$$
\begin{cases}
\lim\limits_{t\to\infty}\left\|x_j(t)-x_i(t)\right\|=x_{d_{ij}}, & \forall i,j\in N \\
\lim\limits_{t\to\infty}\left\|x_i(t)-c(t)\right\|=0, & \forall i\in N
\end{cases}
\tag{4-5}
$$

其中，$x_{d_{ij}}$ 为第 i 个与第 j 个个体的期望相对位置矢量；$c(t)$ 为期望的整体位移速度。

可以看出编队控制本质是一种几何构型严格的集群控制，智能体之间的队形是通过邻居智能体之间的相对距离来刻画的。因此，在一致性控制协议的基础上通过简单的线性变换就可以将一致性算法应用于编队控制算法。目前编队控制主要有两种方法：基于常规控制算法的多智能体编队控制方法和基于行为的智能体编队控制方法。第一种方法适用于静态或者平稳环境，第二种方法适用范围较广，能根据外界环境的变化进行调整，但这个过程需要较长的时间。

4.4.2　任务协同

无人系统多任务协同控制既要求任务协同求解，又注重实时任务处理，且涉及非结构化问题求解，是一个极为复杂的过程，传统的经典控制理论无法解决这类问题。智能体技术的自治性、自主性、智能性特点以及多智能体系统的协作性特点，为解决复杂的任务协同控制问题提供了有效的途径和方法。

1. 基本模型

单个智能体的能力、资源受限而不能单独完成一项复杂的作战任务，所以必须将复杂任务进行分解，将复杂任务逐层逐级转化为单个智能体能直接执行的具体任务。在此基础上，对于多智能体任务协同过程控制，面向的是多任务处理。

根据系统工程学理论，任意复杂的任务都可以从逻辑上和物理上进行分解。通常可划分为层次结构、平行结构以及混合结构三种类型。层次结构的任务是逻辑上和物理上的层次分布，每个任务由若干设计子任务组成，每个子任务又由若干个下层子任务组成；平行结构任务在时间上和空间上是平行分布的，整个任务的求解依赖于与之有关的各个子任务；混合结构的求解任务有一定的层次，且在每个层次上又是平行分布的。

针对无人系统任务处理的分布式网络环境，对系统的输入(决策任务)应当在考虑系统资源分布情况的基础上，将任务分解并分配到分布式节点智能体系统中并行求解，属于混合结构任务求解模型，其中任务分配目标是使无人系统发挥最大效能。在满足系统实时性要求的前提下，强调多智能体总体协作效果，即寻求系统全局最优解而不是某个任务的局部最优解。为此，在过程控制中，各节点智能体系统间的通信和协同是关键。总体任务分解成多个子任务后分配到各节点无人系统并行求解，求解结果经汇集后形成一个任务执行方案。

2. 体系结构

无人系统多智能体形成一个智能体联盟，组成多智能体联盟结构。多智能体联盟是物理上的分布，每个智能体联盟映射一个分布式节点。联盟内的智能体需要相互通信完成不同子任务的求解。同时，针对群体多任务的处理，智能体联盟间通过分布式节点内的协助通信实现系统总体任务的分解、分配和求解。多智能体联盟结构能充分映射多主体任务处理的分布式任务求解过程，地面无人系统包括多个智能体，每个智能体面向不同的子任务，如目标识别智能体、态势评估智能体、路径规划智能体等。

4.5　人机交互

人机交互是指通过计算机输入、输出设备，以有效的方式实现人与计算机对话的技术。人机交互技术包含了两个层面的内容：一方面机器通过图像显示、声音输出等信息输出方式给用户提供信息，另一方面则是人通过语言、动作，以及各种行为操作实现信息的传递。人机交互技术是计算机系统的重要组成部分，直接影响计算机系统的可用性、易用性和效率性。

机器人与人的交互性能体现在自主性、安全性和友好性等。自主性避免了机器人对服务对象的依赖，能够完成更抽象的任务，结合环境变化自动设计和调整任务序列。安全性是指通过机器人本质的感知和运动规划能力，保证交互过程中人的安全和机器人自身的安全。友好性则体现在人作为服务对象对机器人系统提出更高的要求,通过自然的,接近于人类交流的方式与机器人进行信息传递和交换。

人机交互的发展史,是从人适应计算机到计算机不断适应人的发展史,交互信息也由精确的输入输出变成了非精确的输入输出。人机交互的发展经历了以下 5 个阶段,如图 4-19 所示。

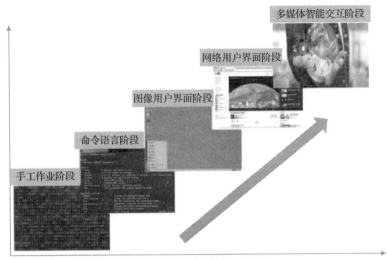

图 4-19　人机交互的发展阶段

(1)手工作业阶段。计算机的操作依赖于系统设计者以及机器的二进制代码。

(2)命令语言阶段。程序员可采用批处理作业语言或交互命令语言与计算进行交互。

(3)图像用户界面阶段。图像化交互界面的主要特点是"所见即所得",其简单易用,实现了计算机操作的标准化,这使得非专业用户也可熟练使用,因此开拓了用户人群,使得信息产业得到了空前发展。

(4)网络用户界面阶段。在这一时期,超文本标记语言(hyper text markup language,HTML)及超文本传输协议(hyper text transfer protocol,HTTP)为主要基础的网络浏览器成为网络用户界面的代表,这类人机交互技术的特点是发展速度快,技术更新周期短并不断涌现新的技术,如搜索引擎、多媒体动画、聊天工具等。

(5)多媒体智能交互阶段。在这一阶段,以手持计算机、智能手机为代表的计算机微型化、随身化、嵌入化和以虚拟现实为代表的计算机系统拟人化是当前计算机发展的两个重要趋势。人们通过多种感官通道和动作通道(语言、手写、姿势、实现、表情等输入),以并行、非精确的方式与计算机环境进行交互,可以提高人机交互的自然性和高效性。

20 世纪 90 年代以来，随着多媒体技术的日益成熟和互联网技术的迅猛发展，人机交互领域开始重点研究智能化交互、多模态、多媒体交互、虚拟交互以及人机协调交互等以人为中心的交互技术。

4.5.1　交互方式

多模式人机交互是近年来迅速发展的一种人机交互技术，也是当前机器人领域的研究热点，其适应了以人为中心的自然交互准则，推动了互联网时代信息产业的快速发展。多模式人机交互实际上是模拟人与人之间的交流方式，通过多种感官信息的融合，以文字、语音、视觉、动作、环境等多种方式进行人机交互。这一交互方式符合机器人类产品的形态特点和用户期望，打破了传统个人计算机 (personal computer，PC) 式的键盘输入和智能手机的点触控交互模式。这种多模式人机交互方式定义了下一代智能机器人的专属交互模式，为相关硬件、软件及应用的研发奠定了基础。人机交互方式可以总结如下。

1. 语音交互

通过语音与计算机交互是人机交互过程中最自然的一种方式，语言交互信息量大、效率高，人们一直希望以和人类说话的方式与计算机进行交互，下达指令。语音识别技术涉及语音识别、自然语言理解、自然语句生成以及自然语言对话等多个研究领域，是当前计算机领域内的研究热点和难点。20 世纪 50 年代，相关研究学者开始对语音识别技术进行研究，其中代表性工作为贝尔实验室的 Audry 系统。此后研究人员逐步突破了词汇、连续语音和非特定人这三大障碍。在国家智能计算机研究开发中心 (现改名为高性能计算机研究中心) 与中国科学技术大学共同设立的人机语音通信实验室基础上组建的科大飞讯公司，技术上更着眼于合成语音的自然度、可懂度和音质，设计了基于对数数值近似 (log magnitude approximate，LMA) 声道模型的语音合成器、基于数字串的韵律分层构造、基于听感量化的语音库，以及基于汉字音、形、义相结合的音韵码，先后研制成功音色和自然度更高的 KD863 以及 KD2000 中文语音合成系统。目前，国内外已经出现了许多成熟的商业产品，如语音身份识别、人机自然语言对话、即时翻译等。

2. 手势交互

手势动作一般是伴随着语音交流而同时出现的，通常用于描述一个物体的大小和场景的变化，是对语言交互的一个补充。在人机交互中，手势识别分为两种：一种基于手写笔的二维手势识别，这种手势识别方法相对来讲实现简单，但是限制了手势的表达能力；另一种是真正的三维手势，三维手势的难点在于数据采集，当前大部分三维手势识别是基于数据手套完成的，其成本较高，交互也不自然。

3. 情感交互

表情表达了信息活动、人脸方位、心理活动和注意力方向，这些都是人类信息交流的重要手段，增强计算机的友好程度，提升其智能感知水平，因此有关人脸的研究，在新一代的人机交互中非常重要。相应的研究内容包括人脸的检测与定位、人脸的识别、人脸表情识别、脸部特征定位、人脸的跟踪、眼睛注视的跟踪以及人脸的三维重建等。

4. 动作交互

动作识别，是指对物理空间里物体的方位、运动轨迹进行记录、测量并处理分析，使之转化为计算机可以理解的数据形式，其在可穿戴式计算机、浸入式游戏以及情感计算具备巨大的应用潜力。脸部动作识别、手部动作识别以及身体姿态、步态识别对三维人体重建及虚拟现实的研究有着重要的意义。

5. 触觉交互

触觉是自然界多数生物从外界环境获取信息的重要形式之一，广义的触觉是指接触、压迫、滑动、温度和湿度等的综合感觉，可用于判断外界接触环境的信息。触觉对于虚拟现实技术中的临场感程度和交互性具有十分重要的现实意义。通过触觉界面，用户不仅能够看到物体，还能触摸和操控，产生更真实的沉浸感，在交互过程中有着不可替代的作用。

此外还存在虚拟现实交互和人脑交互等前沿的新型交互方式。新型人机交互技术的最主要特征就在于用户交互的非受限性，机器给人以最小的限制并对人的意图做出快速的响应，以人为中心，可以最大自由度地操纵机器人，如同日常生活中人与人间的交流一样自然、高效和无障碍。

这种人机交互强调两个特性：交互隐含性和交互多模态、双向性。隐含性是指用户可以将注意力最大限度地用于执行任务而无需为交互操作分心，允许使用模糊表达手段来避免不必要的认识负担，有利于提高交互活动的自然性和高效性。这是一个被动感知的主动交互方式，需要用户显示说明交互成分，仅在交互过程中隐含地标线并允许非精确的交互。交互多模态性指使用多种感知模块和效应通道(视觉、听觉、触觉)相融合的交互方式，突破传统键盘鼠标显示器通信的限制。此外，人的感觉和效应通道通常具有双向性特点，如视觉可看又可注视；手可控制又可触及；新颖的人机交互技术使用户避免生硬、频繁或耗时的通道切换，从而提高自然性和效率。例如：视觉跟踪系统可促成视觉交互的双向性；听觉通道利用三维听觉定位器实现双向交互等。

4.5.2 交互过程

1. 语音交互

语音是人类一种重要而灵活的通信模型，语音识别的任务就是利用语音学和语言学的知识，先对语音信号进行基于信号特征的模式分类得到拼音串，然后对拼音串进行处理，利用语言学知识组合成一个符合语法和语义的句子，从而将语音信号转化为计算机可识别的文本，如图 4-20 所示。语义理解是整个语音交互中最核心的部分，其主要内容是对用户意图的理解和对用户表达的语句中核心槽位的解析。

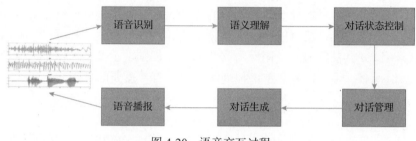

图 4-20 语音交互过程

2. 手势交互

在这种交互方式下，用户借助鼠标、手写装置及触摸屏等设备自由书写或者绘制文字和图形，计算机通过对这些输入对象的识别并理解获得执行某种任务所需要的信息，如图 4-21 所示。笔迹交互实质上是在建立由书写压力、方向、位置和旋转等信息共同组成的多维矢量序列到用户的交互意图的映射。与言语交互相比，笔迹交互以视觉形象表达和传递概念，既有抽象、隐喻等特点，还具有形象、直观等特征，有利于创造性思想的快速表达、抽象思维的外化和自然交流。

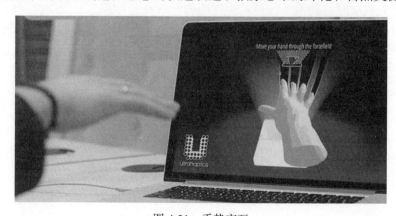

图 4-21 手势交互

3. 动作交互

动作交互采用计算机视觉作为有效的输入模态，探测、定位、跟踪和识别用户的用户交互过程中有价值的行为视觉线索，进而预测和理解用户交互意图并做出响应，如图 4-22 所示。这种技术可以支持一系列的功能：人脸检测、定位和识别；头和脸的位置和方向跟踪；脸部表情分析；视听语音识别，用于协助判断语义；眼睛注视点跟踪；身体跟踪；手势识别跟踪；步态识别等。

图 4-22　动作交互

4. 情感交互

人类相互之间的交流沟通方式是自然而富有情感的，因此人机交互过程中也希望计算机具有情感和自然和谐的交互能力。如图 4-23 所示，情感交互就是要赋

图 4-23　情感交互机器人

予计算机类似于人的观察、理解和生成各种感情特征的能力，利用各种传感器获取由人的情感所引起表情及其生理变化信号，利用情感模型对这些信号进行处理，从而理解人的情感并做出适当的响应。其重点在于创建一个能感知、识别和理解人类情感的能力，并能针对用户的情感做出智能、灵敏、友好反应的个人计算系统。情感交互能帮助我们增加使用设备的安全性，使经验人性化，使计算机作为媒介进行学习的功能达到最佳化。

5. 虚拟交互与虚拟现实

虚拟现实是采用摄像或扫描的手段来创建虚拟环境中的时间和对象，生成一个逼真的三维视觉、听觉、触觉和嗅觉等感官世界，让用户可以从自己的视点出发，利用自然的技能对这一虚拟世界进行浏览和交互，如图 4-24 所示。其特点可以概括为：沉浸感，逼真的感觉；自然的交互，对虚拟世界的操作程度和从环境得到反馈的自然程度；个人的视点，用户依靠自己的感知和认知能力全方位地获取知识、寻求解答。

图 4-24　基于虚拟现实的人机交互

6. 人脑交互与脑计算

最理想的人机交互方式是直接将计算机与用户的大脑进行连接，无需任何类型的物理动作或者解释，实现"your wish is my command"（你的愿望就是我的命令）的交互模式。脑机接口（brain-computer interface，BCI）通过测量大脑皮层的电信号来感知用户相关的大脑活动，从而获取命令或控制参数，人脑交互是一种新的大脑输出通道，一个需要训练和掌握技巧的通道。

人机交互是一个具备巨大应用前景的高新技术领域，存在诸多待解决与突破的难题。为了提升系统的交互性、逼真性和沉浸性，在新型传感和感知机理、几何与物理建模新方法、高性能计算，特别是高速图形图像处理以及人工智能、心理学、社会学等方面都有许多挑战性问题有待解决。

参 考 文 献

[1] Thrun S. Probabilistic robotics[J]. Communications of the ACM, 2002, 45(3): 52-57.

[2] Hess W, Kohler D, Rapp H, et al. Real-time loop closure in 2D LIDAR SLAM[C]//2016 IEEE International Conference on Robotics and Automation, IEEE, 2016: 1271-1278.

[3] Samuel A L. Some studies in machine learning using the game of checkers[J]. IBM Journal of Research and Development, 1959, 3(3): 210-229.

[4] Feigenbaum E A. The art of artificial intelligence: Themes and case studies of knowledge engineering[C]//International Joint Conference on Artificial Intelligence, 1977: 1014-1029.

[5] Rosenblatt F. The perceptron: A probabilistic model for information storage and organization in the brain[J]. Psychological Review, 1958, 65(6): 386-408.

[6] Widrow B. Adaptive sampled-data systems[C]//International Congress of the International Federation of Automatic Control, 1960: 406-411.

[7] Minsky M, Papert S. An introduction to computational geometry[J]. Cambridge Tiass, 1969, 479(480): 104.

[8] Rumelhart D E, Hinton G E, Williams R J. Learning representations by backpropagating errors[J]. Nature, 1986, 323(6088): 533-536.

[9] Vapnik V N. Pattern recognition using generalized portrait method[J]. Automation and Remote Control, 1963, 24(6): 774-780.

[10] Hunt E B, Marin J, Stone P J. Experiments in Induction[M]. New York: Academic Press, 1966.

[11] Quinlan J R. Interactive Dichotomizer, ID3[M]. San Francisco:Morgan Kauffmann, 1979.

[12] Hopfield J J. Neural networks and physical systems with emergent collective computational abilities[J]. National Academy of Sciences, 1982, 79(8): 2554-2558.

[13] Blei D M, Ng A Y, Jordan M I. Latent Dirichlet allocation[J]. Journal of Machine Learning Research, 2003, 3(1): 993-1022.

[14] 梁南元. 书面汉语的自动分词与一个自动分词系统——CDWS[J]. 北京航空学院学报, 1984, (4): 97-104.

[15] Vicsek T, Czirók A, Ben-Jacob E, et al. Novel type of phase transition in a system of self-driven particles[J]. Physical Review Letters, 1995, 75(6): 1226-1229.

[16] Jadbabaie A, Lin J, Morse A S. Coordination of groups of mobile autonomous agents using nearest neighbor rules[J]. IEEE Transactions on Automatic Control, 2003, 48(6): 988-1001.

[17] Olfati-Saber R. Flocking for multi-agent dynamic systems: Algorithms and theory[J]. IEEE Transactions on Automatic Control, 2006, 51(3): 401-420.

[18] Tanner H G, Jadbabaie A, Pappas G J. Flocking in fixed and switching networks[J]. IEEE Transactions on Automatic Control, 2007, 52(5): 863-868.

[19] Cucker F, Smale S. Emergent behavior in flocks[J]. IEEE Transactions on Automatic Control, 2007, 52(5): 852-862.

[20] Lin J, Morse A S, Anderson B D O. The multi-agent rendezvous problem[C]//IEEE International Conference on Decision and Control, 2003: 1508-1513.

[21] Ren W, Beard R W, McLain T W. Coordination variables and consensus building in multiple vehicle systems[C]//Cooperative Control: A Post-Workshop Volume 2003 Block Island Workshop on Cooperative Control, 2005: 171-188.

[22] Cortés J, Martínez S, Bullo F. Robust rendezvous for mobile autonomous agents via proximity graphs in arbitrary dimensions[J]. IEEE Transactions on Automatic Control, 2006, 51(8): 1289-1298.

[23] Rodriguez-Angeles A, Nijmeijer H. Cooperative synchronization of robots via estimated state feedback[C]// IEEE International Conference on Decision and Control, 2003: 1514-1519.

第5章　空中智能无人系统

空中机器人[1]是指各种搭载了 GPS、机载导航设备、视觉识别设备以及无线通信设备等，能够在一定的范围内实现无人自主飞行，完成目标探测以及定位跟踪等任务的无人机。顾名思义，无人机是指由动力驱动、机内无人驾驶、可重复使用的、可依靠机载控制器自主飞行或由人在计算机或特定遥控器的遥控下飞行的飞行器。无人机雏形的出现可追溯到意大利独立战争时期。那时，奥地利军队在热气球上安装炸弹，让其利用风力飞到意大利的军队阵地中进行轰炸，用以杀伤敌人。这是最早出现的气球炸弹。

诚然，这种气球炸弹并不属于无人机的范畴，因为它既不可重复使用，也不能自主或受控飞行。但是，它的出现却体现了人类的一种美好愿望，那就是利用灵活自主的飞行器低成本地替人类执行危险的任务。纵观无人机发展的历史，可以说现代战争是推动无人机发展的动力。而无人机对现代战争的影响也越来越大。

第一次世界大战和第二次世界大战期间，尽管出现并使用了无人机，但由于技术水平低下，无人机并未发挥重大作用。在越南战争、中东战争中，无人机已成为必不可少的武器系统。而在海湾战争、波黑战争及科索沃战争中无人机更是成了主要的侦察机种。

无人机相比于传统的载人飞行器，具有以下的优点。

(1)零伤亡。

现代科技的发展使得防空武器的性能和杀伤力日益提升，大大增加了使用载人飞行武器进行空战的风险。而无人机没有驾驶员，会在很大程度上减少未来战争中的人员伤亡，因此在军事领域具有广泛的应用前景。

(2)成本低。

无人机不用搭载驾驶员，因此无须搭建人工操作系统、生命保障系统和应急系统等，设计、研制、使用和维护的成本大大降低。一般的无人机造价只有载人飞行器的 10%甚至百分之几。

(3)机动灵活，低能耗。

无人机本身结构相比于载人机要更简单，因此尺寸小，重量轻，便于起降和控制，机动灵活。同时耗能较低，续航时间远远长于一般的载人飞行器，相比载人机具有更广阔的活动空间，能够进入恶劣的或载人机不易进入的环境中工作。

(4)隐蔽性强。

无人机的小体积也使得它的反射面积比载人机要小得多，更容易躲避雷达的检测，加之它具有独特精巧的设计且机体表面涂敷有隐身性能极好的涂料，使得它的暴露率大大减小。而机动灵活的特性也使得它可以更随意地改变飞行的速度和高度，这也增加了其隐蔽性和生存能力。

正是由于以上优点，无人机在军事侦察和攻击等军事领域，以及公共安全、农林、环保、交通、航拍等民用领域都得到了广泛的应用，无人机技术也成为当前的研究热点，具有十分广阔的发展前景。

空中机器人拓展了无人机的概念，在一定意义上可以将其看成无人机的别称。空中机器人以研究微型无人机为主要目标，代表了未来微型飞行器的发展趋势，是一种智能的微型飞行器，代表了飞行器的最高层次。

被称为空中机器人的无人机是军用机器人中发展最快的家族。近年来在军用机器人家族中，无人机是科研活动最活跃、技术进步最大、研究及采购经费投入最多、实战经验最丰富的领域。80 多年来，世界无人机的发展基本上是以美国为主线向前推进的，无论从技术水平还是从无人机的种类和数量来看，美国均居世界之首。无人机灵巧、风险小、成本低、无人员伤亡却能给对方造成巨大的威胁。采用隐形技术的无人机很难被雷达捕捉，执行任务就像空中幽灵一般来去自如。

本章主要介绍空中机器人(无人机)的有关知识，包括其发展历程、分类、相关技术、应用以及研究热点与发展前景，使读者对空中机器人有一定的了解。

5.1　无人机的分类

5.1.1　按无人机应用领域分类

无人机按照应用领域分类可分为军用无人机和民用无人机。军用无人机包括靶机、无人侦察机、无人战斗机、无人诱饵机、电子干扰无人机等。也可按任务的周期长短分为战术无人机和战略无人机。战术无人机的主要功能为侦察、搜索、目标截获、部队战役管理与战场目标和战斗损失的有效评估等，任务的周期较短；战略无人机主要承担对敌方部队动向的长期跟踪、工业情报及武器系统试验监视等，所执行的任务往往周期较长，具有长远的战略意义。在民用方面，无人机已经被运用到通信中继、公共安全、应急搜救、农业喷药、环保监测、交通管制、气象预测、影视航拍等多个领域。无人机的具体功能和应用将在 5.2 节中详细介绍。

5.1.2　按无人机机翼布局样式分类

无人机按照机翼的布局样式可分为固定翼式无人机、扑翼式无人机和旋翼式无人机三种。

1. 固定翼式无人机

固定翼式无人机也称平直翼无人机，其最大特点是机翼主体是固定的，由动力装置产生推力或拉力，由固定机翼产生升力。其中大部分无人机的外观与普通飞机的外观相似，在机身两侧中部和后部分别装有机翼和尾翼，以螺旋桨或喷气式发动机为动力，也有一部分无人机因功能需要而具有独特的外观。典型代表是图 5-1 所示的以色列 Scout、美国 Predator 等。

(a) 以色列Scout　　　　　　　　　　　(b) 美国Predator

图 5-1　典型的固定翼式无人机

接下来，以在美国海军陆战队中被广泛使用的 Dragon Eye 无人机（图 5-2）以及 Black Widow 无人机（图 5-3）为例介绍固定翼式无人机。

图 5-2　Dragon Eye 无人机

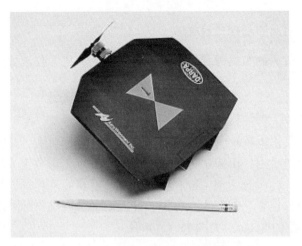

图 5-3 Black Widow 无人机

Dragon Eye 属于固定翼式无人机，主要执行军事侦察任务，是当前投入使用的最小的固定翼式无人机之一，它能提供相当于营级指挥需要的信息，首先使用在阿富汗战争中，随后在伊拉克战争被广泛使用，发挥了巨大的作用。每套 Dragon Eye 无人机系统包括 3 架无人机和 1 个地面控制站。无人机机体重 2.3kg，通过手持发射，可以重复使用，飞行高度在 91～152m，翼展长度约 1.1m，时速约 56km，执行任务的时间为 30～60min。无人机由两名士兵发射后，会按照事先编好的 GPS 路径点飞行。一旦进入目标区域，Dragon Eye 无人机就会使用自身携带的传感器收集信息并将图片传回到地面控制站。行军时，两名美海军陆战队士兵组成一个小组就能够用背包携带无人机和重 4.5kg 的地面控制站及备用电池。Dragon Eye 无人机可以被应用在城市作战环境中，通过巡逻提供额外的安全保障，也可以在执行掩护任务时为士兵指引行动路径。Dragon Eye 无人机装备的自动驾驶仪、推进系统和其他可拆换仪器设备，包括地面控制站使用的一台加固的膝上计算机，都是从普通商场采购来的现货。虽然节省了采购经费，但价格仍不菲。按照 2003 年的美国物价水平，一架 Dragon Eye 无人机花费近 4 万美元，一套 Dragon Eye 无人机系统需花费 12.5 万美元。

另一个固定翼式无人机的例子是 Black Widow 无人机，它是 AeroVironment 公司为 DARPA 的原创微型无人机技术计划研制的第一种微型无人机。原型机于 1996 年春第一次试飞，完成了 9s 的飞行，之后机型不断进行改进，到 1999 年夏季，Black Widow 无人机最终设计完成。Black Widow 无人机头部装着螺旋桨，由电动机驱动，通过一对锂电池供电，后面装有操纵面。飞翼重 50g，最大尺寸 15cm，有效飞行距离超过 1km，有效续航时间 20min，飞行高度 244m，螺旋桨效率达到 82%，最大速度约 64km/h，推进系统重 110mg，飞行控制系统(计算机、无线电接收机和 3 个基于微电机作动器)重量仅 2g。Black Widow 无人机由肩扛式容器气动发射，容器内装有控制板以及使操作员能够观察到来自摄像机图像的目镜。Black Widow 上的摄像机重 2g。1999 年，AeroVironment 公司及其研制的 Black Widow 微型无人机[2]获得《无人机》杂志第一个"无人机设计发明奖"，创造了奖牌重于无人机本身的纪录。

2. 扑翼式无人机

扑翼式无人机是以仿生学原理为基础，通过模仿飞行生物（如苍蝇、蝙蝠等）的外观而设计的无人机，这种无人机在飞行时通过机翼的上下扑动产生升力和向前的推进力，通过"翅膀"与尾翼的配合改变飞行航向，就像飞行生物一样。由于扑翼产生的动力有限，这种无人机多为微小型无人机，典型型号有 MicroBat、HummingBird、SmartBird。

MicroBat 无人机是由加利福尼亚理工学院和 AeroVironment 公司联合研制的一种仿生物扑翼式飞行器[3]，它的翼展只有 15cm，重 10g，如图 5-4 所示。其机翼由微电子机械系统技术加工制作而成，扑翼频率为 20Hz，由无线电遥控方向舵、升降舵以产生飞行推力，通过可反复充电的锂电池供电，最长的巡航时间 22min45s。MicroBat 无人机可携带微型摄像机及其下行数据链路或声学传感器，在军事侦察、目标指示等领域上有广泛的用途。

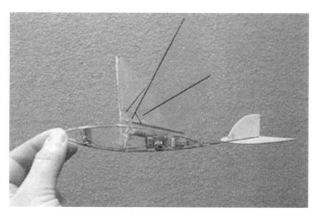

图 5-4　MicroBat 无人机

HummingBird 超微型扑翼式无人机见图 5-5[4]。该项目由 DARPA 制定，AeroVironment 公司负责研发，该公司发表声明表示，HummingBird 超微型扑翼式无人机长度不超过 7.5cm，重量只有 10g，自身携带能量，完全依靠两个翅膀的扇动获得推进力，可在空中盘旋并控制方向。HummingBird 可以 10m/s 的速度向前飞行，可抵抗 2.5m/s 的微风，室内室外均可操控，空中飞行噪声远比其他飞行器小。AeroVironment 公司表示，HummingBird 超微型扑翼式无人机是航空科技的一个里程碑，其充分利用仿生学原理，在超微型飞行器的空气动力和能量转换效率、耐力和操控性方面做出突破，提高在城市环境下的军事侦察能力。

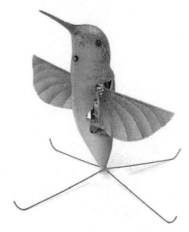

图 5-5　HummingBird 超微型扑翼式无人机

　　2011 年 4 月，一款名为"SmartBird"的仿生扑翼式飞行器在德国汉诺威工业博览会上展出，如图 5-6 所示。这款飞行器是由德国 Festo 公司研制的，灵感来源于鲱鱼银鸥，可自主进行起飞、滑翔和着陆，无须借助外部的驱动装置。它的体重只有 450g，两翼宽 1.96m，外壳采用聚氨酯泡沫和碳纤维材料构成，十分轻便，躯干内装设有充电电池、发动机、变速箱、曲柄轴和电子控制器，两翼配有双向无线信号收发装置，能对飞行进行即时调整。它的机翼由 Compact 135 无刷电机驱动，同时通过扭转伺服电机调整机翼的弯曲角度以获得所需的升力。尾巴不仅能产生浮力，也能充当起落架和方向舵的角色，就像飞机上加了垂直起飞稳定器一样，尾部细微的左右摆动会带动纵向轴旋转，从而带动躯干和两翼改变飞行方向。这只人造鸟非常符合空气动力学原理，并具有极佳的灵活性，如同真正的鸟儿一样。

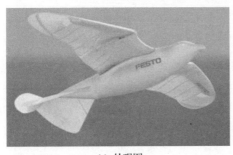

(a) 外观图　　　　　　　　　　　　　　　(b) 内部结构

图 5-6　SmartBird 外观图和内部结构

3. 旋翼式无人机

旋翼式无人机的螺旋桨安装在机身的上方，通过具有特定气动外形的机翼高速旋转获得升力并改变位置和姿态。根据旋翼机构分为变桨距旋翼式无人机和变转速旋翼式无人机。

变桨距旋翼式无人机飞行时，主要依靠安装在旋翼根部的自动倾斜器等机械结构改变旋翼产生的推力和转矩，而转速基本不变。变桨距旋翼式无人机又分为常规布局和非常规布局两种。常规布局无人机中最典型的代表是奥地利 Schiebel 公司研制的 S-100，非常规布局中典型代表为美国卡曼宇航公司研制的 K-MAX。

图 5-7 所示的 S-100 无人直升机为常规布局变桨距旋翼式无人机，包括用于提供升力的主旋翼和用于提供反扭力的尾旋翼。该无人机可以昼夜全天候使用，采用预制的同步 GPS 导航，或由地面飞行员操纵飞行，标准构型可以载重 34kg连续飞行 6h，航程 200km。S-100 的最大起飞重量为 200kg，任务载荷 50kg，续航时间 4h。据英国《防务系统日刊》2006 年 4 月 26 日报道，Schiebel 公司研制的 S-100 无人直升机通过了阿联酋的验收试验。验收试验在阿布扎比的沙漠环境下进行，气温超过 35℃，地面风速达到 46km/h。试验中，该机达到了 3962m 的飞行高度（在接近最大起飞重量的条件下），飞行速度超过 185km/h。该试验还验证了搭载一套 25kg 有效载荷续航超过 6h 的能力。

图 5-7　S-100 无人直升机

K-MAX 是美国卡曼宇航公司研制的单座单发并列双旋翼中型起重调运直升机，是目前世界上少有的采用这种双旋翼并列布局、专门为执行外部吊挂任务而设计的直升机。K-MAX 载重直升机于 1990 年开始研制，1991 年首飞，空重 2.18t，而载重达到 2.7t，是个名副其实的大力士，如图 5-8 所示。K-MAX 无人直升机采用交替双桨可以算是共轴双桨的一个变种。从正面投影来观察桨尖的运动轨迹，两个轨迹是出现交叉的。但是只要通过同步控制，算好时间差，就不会相互干扰了。最简单的例子是两片双叶桨，近距离布置，发动机轴线略有角度，呈 V 字形，两个桨同时反向旋转。当一个桨指向东西方向时，另一个桨指向南北方向，从而抵消了旋翼造成的反力。

图 5-8　K-MAX 无人直升机

变转速旋翼式无人机依靠安装在机身不同位置的多个固定旋翼提供升力，依靠改变不同旋翼的转速改变升力和转矩。由于不需要变桨距无人机复杂的机构，这类无人机机体结构非常简单，仅需要一个机架、数个安装固定旋翼的电机即可。

四旋翼飞行器是目前最为流行的变转速旋翼式无人机，也是数量最多的无人机。顾名思义，这种飞行器具有四个旋翼，四个旋翼大小相同，位置分布对称，通过调整不同旋翼之间的相对速度来调节不同位置的升力，并克服每个旋翼之间的反扭力矩，就可以控制飞行器的姿态，完成各种机动飞行。

Mesicopter 是由斯坦福大学在 NASA 的支持下为研究微型旋翼飞行器技术而设计的一款四旋翼微型无人机，如图 5-9 所示[5]。Mesicopter 的机体尺寸属于厘米级大小，有四个螺旋桨，分别由直径 3mm，重 325mg 的微型无刷电机驱动。

我国在四旋翼飞行器的研究中处于世界领先的地位，有许多高校、研究所和企业都在从事相关方面的研究，其中最具代表性的是深圳市大疆创新科技有限公司。该公司成立于 2006 年，是全球领先的无人机控制系统及无人机解决方案的研发商和生产商，主要产品是旋翼式小型飞行器以及相应的控制飞行平台和控制系统。该公司研制的"精灵 4"四旋翼式无人机如图 5-10 所示。根据 2015 年的报道，该公司占据全球消费级无人机市场 70%的份额。

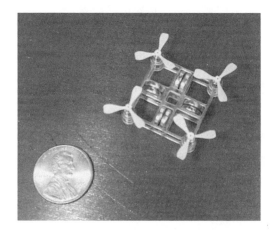

图 5-9　斯坦福大学研制的 Mesicopter 微型无人机

图 5-10　"精灵 4"四旋翼式无人机

5.1.3　按无人机的控制方式分类

1. 基站控制

基站控制式无人机也称为遥控无人机。在无人机飞行的过程中，需要地面基站的操作员持续不断地向被控无人机发出操作指令。从本质上来看，基站控制式无人机就是结构复杂的无线电控制飞行器。早期的无人机大都采用这种控制方式，由于无线电控制技术在空间上的局限性，现代无人机已经很少采用纯粹的基站控制方式来实现无人驾驶。

2. 半自主控制

20 世纪 80～90 年代出现的 Pointer、Sky Owl 无人机系统采用的是基站导航和预先设定导航程序相结合的控制方式，这是无人机半自主控制的最早形式之一。半自主无人机控制方式可以描述为：基站可随时获得无人机的控制权，并且只需在飞行过程中某些关键动作由基站发出指令，如起飞、着陆等，除了这些关键动作，无人机可以按照事先的程序设定进行飞行和执行相关动作。

3. 完全自主控制(智能控制)

完全自主控制无人机又称为智能无人机，可以在不需要人工指令的帮助下完全自主地完成一个特定任务。一个完整的智能无人机系统具备的能力包括自身状态的监控、环境信息的收集、数据的分析及做出相应的响应。

为了进一步研究无人机的自主性，NASA 飞行器系统计划(Vehicle Systems Program, VSP)高空长航时部(Department of High Altitude Long Endurance, DHALE)提出了一种更加简单实用的评价高空长航时无人机自主性的量化方法。该方法根据人在控制无人机飞行过程中所花费时间的多少来评价无人机的自主性。掌控时间越少，说明无人机自主性越高，反之亦然，如表 5-1 所示。这样划分的层次和意义更加明确，并具有更好的实际可操作性，但是仅仅根据掌控时间这一个指标划分可能会忽略一些因素。

表 5-1　NASA 对无人机飞行自主性的等级划分

等级	名称	描述	特征
0	遥控	完全遥控飞行(100%人为参与)	遥控飞机
1	简单的自动操作	在操作员监视下，依靠自控设备辅助来执行任务(80%人为参与)	自动驾驶仪
2	远程操作	执行操作员提前编写的程序任务(50%人为参与)	无人机综合管理预设航路起飞点
3	高度自动化(半自主)	具有对部分态势感知能力，可自动执行复杂任务，并对其做出常规决策(20%人为参与)	自动起飞/着陆链路中断后可继续任务
4	全自主	对本体及环境态势具有广泛的感知能力，有做全面决策的能力及权限(≤5%人为参与)	自动任务重规划
5	多无人机协同操作	数架无人机之间团队协作	合作和协同飞行

2000 年，美国提出了自主作战(autonomous operation, AO)的概念。它是由美国海军研究实验室(United States Naval Research Laboratory, NRL)和空军研究实验室(Air Force Research Laborary, AFRL)的传感器飞机项目组率先提出并推广的。对于未来的无人机，增强飞行器的信息处理能力是实现 AO 的关键。为了深入研究无人机的 AO，AFRL 又定义了自主控制等级(autonomous control level, ACL)的 10 个等级[6]，作为标准衡量无人机在自主程度方面的水平，如图 5-11 所示。

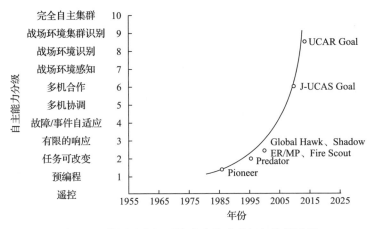

图 5-11 美军无人机系统自主能力分级与发展进程

我国学者也提出了我国无人机系统自主控制层级发展趋势图(图 5-12)和我国的无人机系统自主能力划分(如表 5-2 所示,其中无人机自主能力也划分为 10 级,但自主能力的规定有所不同)[7]。

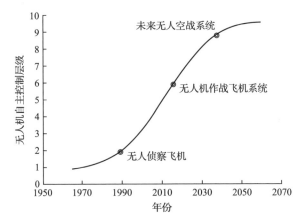

图 5-12 我国无人机系统自主控制层级发展进程

表 5-2 我国无人机系统自主能力分级

级别	定义
10	战略上,机群任务完全自主
9	战略上,机群攻击目标
8	分布式控制,探测、跟踪、攻击目标
7	多机编队,协同任务
6	多机编队,协同控制

续表

级别	定义
5	航路与任务，机上重规划
4	飞行环境自适应，地面任务重规划
3	实时故障诊断，特情处置
2	程控飞行，预先任务规划
1	远程遥控

无人机集群控制是无人机智能控制发展的高级阶段。美国最先开展无人机集群控制相关技术研究，该领域处于绝对领先的位置。在美国国防部的统一领导下，DARPA、战略能力办公室等在无人机集群控制领域开展了大量的研究和论证工作，启动了多个项目。这些项目在功能上相互独立、各有侧重，在体系上又互为补充、融合发展。

（1）Gremlins 项目：2014 年，DARPA 发布信息征询书（request for information，RFI），征求新的分布式空战能力。2015 年 8 月，DARPA 在前期工作的基础上宣布启动一个旨在实现空中可回收无人系统的 Gremlins 项目，如图 5-13 所示。该项目的目标是研究一款低成本的无人机，以鲁棒、低成本、可快速替代的方式搭载情报、监视、侦察等传感器模块和非动能有效载荷，同时开发一个无人机发射和回收装置，使得未来的作战飞机可以快速部署廉价、可重复使用的无人机群，并进行概念验证飞行演示。

图 5-13　Gremlins 项目

（2）拒止环境中的协同作战（collaborative operations in denied environment，

CODE)项目：2014 年，DARPA 提出 CODE 项目，如图 5-14 所示。该项目目标是发展一套包含编队协同算法的软件系统，可以适应带宽限制和通信干扰，减少任务指挥官的认知负担，同时能够与现有标准相兼容，并通过经济可承受的方式集成到现有平台中。CODE 项目中一个重要的关注领域是发展无人机编队等级的自主能力，包括发展和保持通用的作战环境图像，帮助构想协同行动计划，使每一个参战的无人机都能发挥最大效能。

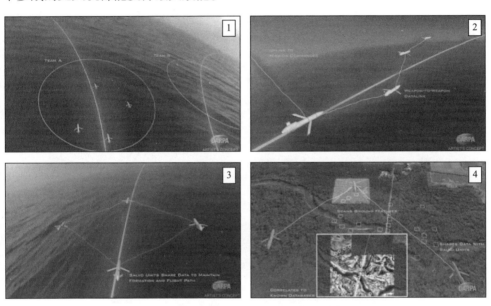

图 5-14　CODE 项目在第一阶段中开展的任务模拟

（3）Perdix 微型无人机项目：美国国防部战略能力办公室主导了 Perdix 微型无人机高速发射演示项目，如图 5-15 所示。2014 年 9 月，战略能力办公室首次利用 F-16 战机开展 Perdix 无人机空中发射试验。2015 年 6 月，战略能力办公室又在北方边界演习中，利用 F-16 战机开展了一系列 Perdix 无人机空中发射与编队试验，验证了无人机在空中相互通信并自主组成集群编队的能力。2016 年 3 月，在阿拉斯加州爱德华兹空军基地进行的最新一轮空中发射试验中，F-16 战机发射了多达 30 架无人机。2017 年 1 月，美国采用三架 F/A-18 战斗机释放出 103 架 Perdix 无人机，展示了先进的群体行为和相互协调能力，如集体决策、编队飞行等。这种微型无人机可以躲避防空系统，能用来执行侦察任务。

我国的无人机集群控制研究目前处于起步阶段，在数量上达到了世界先进水平。典型代表如广州亿航智能技术有限公司的多旋翼式无人机编队灯光秀表演，以及中国电子科技集团有限公司的小型固定翼式无人机集群飞行等，如图 5-16 和图 5-17 所示。

(a) F-18战斗机发射过程　　　　　　　　(b) 集群态势分布图

(c) 无人机实物图

图 5-15　Perdix 微型无人机项目

图 5-16　广州亿航智能技术有限公司的无人机编队灯光秀

图 5-17　中国电子科技集团有限公司的 67 架固定翼式无人机集群

5.1.4　按无人机的性能指标分类

1. 按机体重量分类

不同的无人机机体重量差别很大，按机体重量分为微型、轻型、中型和重型和超重型五个等级。

(1)微型无人机：机体重量小于 5kg，如 Dragon Eye、Black Widow、MicroBat、SmartBird、Mesicopter 等。这类无人机体积小巧、部署便捷、机动灵活、隐蔽性强，可以很好地用于军事侦察、通信、电子干扰、对地攻击以及城市监控、边境巡逻等任务，因此微型无人机是当前无人机研究的热点领域之一。美国、日本、以色列、欧洲部分国家等都在从事相关研究，并已取得了可喜的成果。

(2)轻型无人机：机体重量为 5～50kg，如 Aerosky、RPO Midget、Luna、Dragon Drone 等。

(3)中型无人机：机体重量为 50～200kg，如 Raven、Dragon Warrior、Crecerelle、Pioneer 等。

(4)重型无人机：机体重量为 200～2000kg，如 Hunter、X-50、A160、Predator、Herron 等。

(5)超重型无人机：机体重量大于 2000kg，如 Darkstar、Predator B、Global Hawk、X-45 等。

2. 按航程和续航时间划分

近程无人机：最大飞行时间小于 5h，最大航程小于 100km 的无人机，典型型号包括 Silent Eyes、FPASS(Desert Hawk)、Pointer 和 Dragon Eye 等。

中程无人机：最大飞行时间在 5～24h，最大航程在 100～1500km 内的无人机，典型型号包括 Shadow、Sperwer、Fire Scout、Crecerelle、LEWK 和 Silver Fox 等。

远程无人机：最大飞行时间大于 24h，最大航程大于 1500km 的无人机，如 A160、Global Hawk、GNAT、Herron 等。

3. 按机翼载荷量划分

机翼载荷量是指机体重量与机翼面积的比值。由小到大可分为以下三类。

低载荷：机翼载荷量小于 $50kg/m^2$，如 RPO Midget、Silver Fox、Pioneer、Luna 等。

中载荷：机翼载荷量为 50～$100kg/m^2$，如 Neptune、GNAT、Shadow、X-45 等。

高载荷：机翼载荷量大于 $100kg/m^2$，如 LEWK、Sperwer、Hunter、Global Hawk 等。

4. 按发动机类型划分

无人机使用的发动机主要有涡扇发动机、活塞发动机、转子发动机、涡轮螺旋桨发动机、电动机等。最常用的发动机类型是电动机和活塞发动机。通常，微型和轻型无人机使用电动机较多，大中型无人机和无人战斗机使用活塞发动机较多。

5.2　无人机的应用

5.2.1　无人机在军事领域的应用

无人机最初就是针对军事应用而设计的，随着无人机技术的发展，无人机性能和功能日趋强大，在军事领域当中的应用越来越广泛。目前已经有很多专门针对某一特定军事作用而设计的专用无人机问世，在军事活动中扮演着举足轻重的角色。军用无人机按用途可分为靶机、无人侦察机、无人战斗机、电子对抗无人机等，下面分别加以详细介绍。

1. 靶机

靶机是指可以模拟各种飞机和导弹的飞行状态和攻击过程的飞行器，主要是用来为各种导弹、战斗机、地面防空和雷达设施的训练和测试提供靶标[8]，以鉴定武器的性能并训练武器的操作人员，也可用于研究空战和防空战术。靶机虽然不会真正参与战争，但其作为参战武器的忠实"陪练"，作用仍是不可或缺的。无人机具有良好的飞行品质模拟性、易操作性、使用安全性和经济性，因而非常适合当作靶机。靶机是最先被重视和发展的无人机。

随着武器性能的不断提高，靶机也需要不断地更新换代，以在各种指标上尽可能接近真实的作战目标。特别是在第二次世界大战后，各军事强国为增强自己的防空力量，积极研制导弹、战斗机等各种对空作战武器，靶机也得到不断发展。由于各国研制的空战武器的性能多种多样，靶机也形成许多系列。到 2021 年，已有近 30 个国家的百余家公司研制出 300 多种型号靶机，装备使用总量达几万架。在机体尺寸上，有小型航模靶机、大中型靶机和退役飞机改成的靶机；在飞行性能上，有高空高速靶机，如 Firebee Ⅱ，飞行马赫数(Ma)为 1.5，高度达 18000m，续航时间约 74min；低空高速靶机，如 AQM-127A，飞行马赫数(Ma)超过 2.0，最低飞行高度约 9m；先进的多用途靶机，如美国的 BQM-74、英国的"小猎鹰"、法国的 C-22、意大利的 Mirach 系列等。此外，还有专门模拟反舰导弹和弹道导弹的靶机。

2015 年 3 月，由美国波音公司改装的第一架 QF-16 型靶机已经交付到廷德尔空军基地第 82 空中靶机中队，如图 5-18 所示，并正式投入使用，取代了之前服役的 QF-4 型靶机。QF-16 型靶机是由早期退役的 F-16 Fighting Falcon 战斗机改装而来，在 F-16 的基础上加装遥控飞行装置，使得它既可以以有人驾驶模式飞行又可以在某个遥控范围内实现无人驾驶飞行。此外，它还配备有一个机载记录系统，用于搜集相关数据，如报告导弹的飞行轨迹。它是一款超声速可重复使用全尺寸靶机，性能与 F-16 战斗机基本相似，保持着最大过载 9g 的高机动性，可以在测试和训练中模拟真实战争环境中的敌方四代机。

图 5-18　QF-16 型靶机

2. 无人侦察机

无人侦察机是指借助机上电子侦察设备，以获取目标信息为目的的无人机。它主要是用于战略、战役和战术侦察以及战场监视，为部队的作战行动提供情报，使战场指挥官及时掌握战场情况，制定合适的作战计划，为取得战斗的胜利奠定基础。无人侦察机成为侦察卫星和有人侦察机的重要补充和增强手段，因为它相比于侦察卫星，具有成本低、控制灵活、地面分辨率高的优点，相比于有人侦察机，它体积小，隐蔽性强，可进行昼夜持续侦察，持续时间长，很少受到天气条件的限制，且不必考虑飞行员的疲劳和伤亡等问题。特别在对敌方严密设防的危险地域实施侦察时，或在有人驾驶侦察机难以接近的情况下，使用无人侦察机就更能体现出其优越性。目前，无人侦察机已成为无人机中占比最多的机种，门类齐全并且被各军事大国大量装备，已经在实战中有大量应用。

美国 RQ-4A Global Hawk 无人机由美国 Northrop Grumman 公司研制，是当时美空军最先进的无人机[9]。如图 5-19 所示，它的机长为 13.51m，翼展为 35.4m，最大飞行速度可达每小时 644km，最大航程 24985km，可在某监视地点停留长达 42h，并进行连续不断的监视，是世界上飞行时间最长、距离最远、高度最高的无人机。

图 5-19　Global Hawk 无人机

　　美军在阿富汗战争中首次使用 Global Hawk 无人机。在整个战争过程中，Global Hawk 无人机执行了 50 次作战任务，累计飞行 1000h，提供了 15000 多张敌军目标情报、监视和侦察图像，引导攻击战斗机成功摧毁了多处重要的军事目标。在伊拉克战争中，美国空军使用两架 Global Hawk 无人机执行了 15 次作战任务，搜集了 4800 张目标图像，并使用 Global Hawk 无人机提供的目标图像情报，摧毁了伊拉克 13 个地空导弹连、50 个地空导弹发射架、70 辆地空导弹运输车、300 个地空导弹箱和 300 辆坦克，被摧毁的坦克占伊拉克已知坦克总数的 38%。据统计，在美空军进行的所有 452 次情报、监视与侦察行动中，Global Hawk 无人机的任务完成率占 5%，虽然仅仅承担了 3%的全部空中摄像任务，但提供了用于打击伊拉克防空系统的 55%的时间敏感目标数据。总之，Global Hawk 无人机为美军提升了作战能力。

　　A160T Hummingbird 无人机，如图 5-20 所示，原由 Frontier Systems 公司设计，后由波音公司于 2004 年购入，于 2002 年 6 月完成首飞。它的空重为 1134kg，机长 10.7m，旋翼直径 10.973m，最大飞行速度为 258km/h，最大航程可达 9150km。

图 5-20　A160T Hummingbird 无人机

"蜂鸟"无人机以续航时间长著称。它采用一副有利速度旋翼,可根据高度、巡航速度和总重调整其转速。该机采用了转速优化旋翼,其刚性旋翼转速调节比可达 2(飞行中的最大转速与最小转速之比),加上机体采用低阻设计,其续航能力得到显著提高,因此其能执行持久情报、监视和侦察,以及目标抓捕、定向引导、通信中继和精确补给等任务。

Aerosky 无人机如图 5-21 所示,是由以色列航空防务系统公司研制的轻型无人机。它的空重为 40kg,机长为 3.05m,翼展为 4m,最大起飞重量为 70kg。发动机采用活塞发动机,螺旋桨为双叶片推进螺旋桨。该型侦察机采用固定式三轮着陆装置,发射和回收均采用普通轮式起飞和降落方式。其设计为单翼和窄机身、推进器引擎、单或双尾桁以及 T 形尾翼单元。衍生型号有 Aerolight(A)、Aerosky(B)以及 Aerostar(C)。Aerolight 型号中还有一个摇拍-变倍-变焦光学相机,并配备有防抖、万向安装的白天/夜间 E-O/IR 传感器。该型号系列的无人机可以很好地执行侦察、监视、目标指示与采集等任务。

图 5-21　Aerosky 无人机

其他国家使用的无人侦察机包括英国的 Phoenix 无人侦察机、法德联合研制的 Luna 近程无人侦察机以及我国自主研制的"鹞鹰"系列无人侦察机,如图 5-22所示。

(a) Phoenix无人侦察机　　　　　　　　　(b) Luna无人侦察机

(c) "鹞鹰"无人侦察机

图 5-22　各国的无人侦察机

3. 无人战斗机

无人战斗机又被称为攻击无人机，是无人机技术与战斗机结合所构成的一种全新的武器系统。起初，无人战斗机主要用于防空火力压制，随着科学技术特别是自动化技术的蓬勃发展，无人战斗机的飞行稳定性和定位精确性等性能有了很大的提升，目前已经可以执行制空、近距离空中支援、纵深遮断与定点目标精确打击等多种任务。无人战斗机结构相对简单，隐身性能好，机动灵活，进行军事打击风险小，成本低，因此无人战斗机技术已受到各国的重视。

从广义上来讲，无人战斗机可分为一次性使用的无人战斗机和可重复使用的无人战斗机。一次性使用的无人战斗机攻击方式为自杀式攻击，机体安装寻的装置和战斗部，与目标共同阵亡。这种无人战斗机类似于导弹，事实上，导弹也可以看成单程的无人战斗机。典型的一次性使用的无人战斗机有德国的 DAR、PAD，美国的 XBQM-106，以及以色列的 Harpy 等。由于没有返航功能，这种无人战斗机结构也相对简单。可重复使用的无人战斗机是近年来才发展起来的。它可以携带小型和大威力的精确制导武器、激光武器或反辐射导弹，能够攻击、拦截地面和空中目标，可回收并多次使用。典型型号有美国的 Predator 系列、X-45、X-47 系列等。

X-47B 是美国为研究舰载战斗无人机技术而设计的一架试验型无人驾驶战斗机，如图 5-23 所示，由美国 Northrop Grumman 公司开发。X-47 项目开始于 J-UCAS 计划，随后成为美国海军旨在发展舰载无人飞机的 UCAS-D 计划的一部分，是人类历史上第一架无需人工干预、完全由计算机操纵的无尾翼、翼身混合式喷气无人驾驶飞机，也是第一架能够从航空母舰上起飞并自行回落的隐形无人轰炸机。X-47B 生存能力强，飞行范围广，续航时间长，配备有全球定位系统、自动巡航系统等，并且可以根据收集到的目标信息自主决定对目标的打击，是集监控、情报收集和军事打击为一体的军用智能无人机。X-47B 的研制起始于 2005 年，于 2011 年完成首飞。2013 年 5 月 14 日，X-47B 于"布什号"航空母舰(CVN-77)成功进行起飞测试，并于 1h 后降落，成功完成了一系列的地面及舰载测试，这是人类首次使用自主无人机进行舰载测试并取得成功，标志着自主飞行无人机正式登上了军事应用的舞台。2015 年 4 月 16 日，X-47B 成功完成了历史上首次空中自主加油对接的测试，再次创造了无人机应用的里程碑。

图 5-23　正在进行空中加油的 X-47B 无人机

Predator B 无人机由美国通用原子航空系统公司为美国空军、美国海军和英国皇家空军开发，属于超重型无人机，如图 5-24 所示。它重达 2223kg，最大起飞重量有 4760kg，最大飞行速度为 482km/h，最大航程 1852km。它配置一个翼下挂架，可携带一枚 AGM-114 反坦克导弹，或一枚 FIM-92E 防空导弹，是一种极具杀伤力的新型无人作战飞机，可以执行情报、监视与侦察任务。美国空军在其作战试验刚刚结束后，就决定将其投入实战，并组建了"死神"无人机攻击中队，即内

图 5-24　Predator B 无人机

华达州克里奇空军基地第42航空攻击机中队，还成立了专门的"死神"无人机工作组，开始研究战术、训练机组人员和进行实战演练。在阿富汗战争中，美国的Predator无人机发射导弹摧毁了一辆坦克，并为有人飞机指示攻击目标，开了无人机用于攻击作战的先河。

从作战任务类型来看，目前的无人战斗机类似于轰炸机，主要用于定点目标轰炸。无人战斗机发展到现在还存在诸多有待改进的方面，如自主性、稳定性以及对移动目标攻击的准确性等。无人战斗机离取代有人战斗机参与大规模实战还有一定的距离，但无人战斗机以其独有的优势已经成为很好的辅助作战装备。

4. 电子对抗无人机

电子对抗无人机按照功能可分为无人诱饵机、电子干扰无人机和反辐射无人机。在战争中，战场信息十分重要，特别是在当今时代，电子信息技术的发展使军队的电子化程度大大提高，以争夺电磁频谱控制权（制电磁权）为目的的电子信息战已然成为战争中一种主要的作战形式，电子对抗技术的发展具有重大的意义。因此，电子对抗无人机在未来战争中会有广泛的应用前景。

无人诱饵机又称飞航式雷达诱饵，是电子对抗无人机中的一种，其主要功能是诱使敌雷达等电子侦察设备开机，从而暴露其雷达的位置，获取有关信息，或者模拟显示假目标，引诱敌防空兵器射击，吸引敌火力，消耗敌人防空武器，掩护己方机群突防。随着各国雷达检测技术和防空技术的提高，单纯使用攻击性飞行武器进攻的成本与代价越来越高，研制诱饵装置势在必行。

海湾战争空中战役打响后，美国空军第4468战术侦察大队共向伊拉克目标发射了38架BQM-74C诱饵无人机，如图5-25所示，成功诱使伊拉克防空导弹雷达开机，随后发射AGM-88 HARM反辐射导弹将其摧毁。美国空军和海军同时使用的还有更为小型的ADM-141诱饵无人机，如图5-26所示。一方面这种诱饵无人机可以对伊军雷达系统实施欺骗式干扰以对己方攻击机提供掩护，另一方面可为攻击伊军雷达系统的反辐射导弹提供目标参数。

图 5-25　BQM-74C 诱饵无人机

图 5-26　ADM-141 诱饵无人机

中东战争中，以色列利用 Mastiffs 无人机诱骗叙利亚导弹阵地暴露目标后，迅速测定其位置，仅用短短 6min 就成功摧毁了叙利亚的 19 个导弹阵地。除此之外诱饵无人机还有以色列的 Delilah 诱饵机，英国的 Spectre 无人机等。2012 年 7 月，美国海军和雷神公司将小型空中发射诱饵干扰机(miniature air launched decoy，MALD)集成进美国海军的 F/A-18E/F 飞机中，如图 5-27 所示。MALD 是一种先进的、模块化、空中发射的低成本飞行器，重量不超过 300lb(1lb=0.454kg)，航程约 500n mile(1n mile≈1.852km)。MALD 通过复制美国及其盟国飞机的作战飞行剖面和信号特征来为飞机和驾驶员提供保护。

图 5-27　小型空中发射诱饵干扰机

另一种电子对抗无人机是电子干扰无人机。电子干扰无人机主要用于飞临目标区域上空，对敌方的通信指挥系统和雷达检测系统进行电子干扰，使其成为“听力障碍者”和“视力障碍者”，为己方作战机群提供掩护。如美国的 Firebee 电子无人干扰机(图 5-28)、俄罗斯的 Moskit 电子无人干扰机等。Moskit 电子无人干扰

图 5-28　Firebee 电子无人干扰机

机主要用于对无线电通信设备实施电子压制和干扰，该机主要装备了"阿米巴"或"吸血虫"噪声干扰器，以及全球导航卫星系统(global navigation satellite system, GNSS)接收机，全重 20kg。它借助安装在军用汽车底盘上的发射装置进行发射，起飞前把预定的飞行航线输入地面移动控制站的计算机和机载计算机，控制人员可根据战场事态发展随时改变无人机的飞行航线。在平原地带对超短波通信设备的压制半径不小于 10km，一个地面移动控制站可同时控制 32 架 Moskit 电子无人干扰机。

反辐射无人机是一种利用敌方雷达辐射的电磁信号发现、跟踪，以致最后摧毁雷达的武器系统。反辐射无人机的出现使敌方雷达不敢轻举妄动。实际上，反辐射无人机不仅可以攻击雷达，而且可用于攻击电子战专用飞机以及其他辐射源，它的应用大大提高了电子对抗能力，并成为当今电子对抗的重要手段。反辐射无人机通过预编程的导航路径自动飞行到目标区，用反辐射无人机上的被动导引头对敌方雷达目标进行搜索、识别、跟踪和自动寻的，由计算机控制无人机实施俯冲攻击，从而达到压制或摧毁敌方雷达辐射源的目的。这种无人机属于电子战系统中的硬杀伤武器，它攻击距离远，续航时间长，从敌方防区外发射，用途广(可压制警戒雷达、预警雷达、火控雷达、制导雷达等)，杀伤概率高，生存能力和机动能力强、价格低廉(威力相当的一架反辐射无人机价格只相当于反辐射导弹的 1/10 到 1/4)，被各国军方广泛看好。美国、德国、英国、法国、南非、以色列等国都有这种反辐射无人机，典型型号有美国的 AGM-136A 无人机、美国与德国合作生产的"大黄蜂"无人机、法国的 ARMAT 无人机、南非的 LARK 无人机及以色列的 Harpy 无人机等。

如图 5-29 所示，Harpy 反辐射无人机是由以色列航空工业公司在 20 世纪 90 年代研制的，于 1995 年完成首飞。Harpy 无人机重量为 135kg，机长 2.7m，翼展 2.1m，气动布局为后掠翼型，发动机采用 AR731 气冷活塞发动机，飞行速度

图 5-29　以色列 Harpy 反辐射无人机

处于亚声速级别，最大可达 185km/h，最大航程可达 500km。Harpy 无人机的设计目标是攻击雷达系统，机身配有红外自导弹头、优越的计算机系统、全球定位系统、确定打击次序的分类软件以及一枚 32kg 高爆炸弹头。它可以从卡车上发射，沿设计好的轨道飞向目标所在地区，可在空中盘旋，也可以自主攻击目标或返回基地。当接收到敌人雷达探测时，它将携带炸弹头撞向目标，与敌方雷达同归于尽，因此被称为"空中女妖"和"雷达杀手"。

Harpy 无人机的特点是：机动灵活，航程远，续航时间长，反雷达频段宽，智能程度高，生存能力强，可全天候使用。该无人机自从研制成功后，受到多国军队的青睐。

反辐射无人机在现阶段也存在一些弱点。首先，反辐射无人机依赖预先侦察的情报，应变能力较差。作战前需要预先载入被攻击目标的参数，参数越准确，实施打击时目标越确定，攻击效果越好。反之，目标参数误差过大，将导致无人机对目标识别失败。而这些信息都来自预先侦察的电子情报。一旦无人机升空后，目标区域的情况发生变化，将无法做出有效攻击。其次，这种无人机到达目标区域后会在上空反复盘旋以按照预先加载的雷达信息搜索目标雷达，在搜索到目标之前会一直按照固定航线盘旋或巡逻飞行，这增加了被侦察发现的可能性。再次，缺乏防御设备，自我防护能力较弱，一旦被敌方载人战斗机发现只能处于被动挨打的境地，而这也是其他军用无人机的主要弱点。

5.2.2　无人机在民用领域的应用

1. 农业喷药

农业是国家最基本最重要的产业之一，提高农业生产效率和降低农业生产成本对促进国家经济的发展具有重要的意义，而喷洒农药是农业生产中重要的工序。无人机的出现使得喷药作业由传统的人工喷药和机械装备喷药方式逐步向无人机高空喷洒作业方式转变。无人机喷药作业相对于传统的喷药作业方式有很多优点：它的作业高度低，飘移少，可空中悬停，无需专用起降机场，喷洒均匀，防治效果好，远距离遥控操作，避免了喷洒作业人员暴露于农药的危险，提高了喷洒作业安全性。同时，节省药量和水量，作业效率高，在很大程度上降低了农业生产成本，提高了生产效率，如图 5-30 所示。

日本在无人机农用方面走在世界前列。世界上第一台农用无人机出现在 1987年，Yamaha 公司受日本农业部委托，生产出 20kg 级喷药无人机 R-50，经过 20多年的发展，截止到 2014 年，日本拥有 2346 架已注册的农用无人直升机，操作人员 14163 人，成为世界上农用无人机喷药第一大国。Yamaha 公司也是世界上公认的最好的生产喷药无人机的公司。他们的产品操作简单，飞行稳定，用户只需

图 5-30　工作中的喷药无人机

拨下开关键，飞机将自主起飞，飞到定高后悬停，用户可以方便地操纵飞机的前进后退，大大降低了对农民的技术要求。同时可以在短时间内更换油箱，补充药剂，作业效率和安全性大大提高。

欧美一直在军用无人机领域处于世界领先地位，然而由于国情和政策的原因，农用无人机发展受到一定限制。在欧洲所有无人机飞行需要向欧洲航空安全局申请，执飞飞行器与操作人员需要资质认证，且质量不得超过 20kg。而美国的农业生产方式采用大农场模式。载人飞机航空喷药，无人机喷药较少，同时美国联邦航空管理局在 2015 年前禁止美国上空出现直接获取经济利益的无人机飞行，个人航模质量不得高于 20kg，飞行高度低于 140m，这些原因导致美国的农用无人机产业发展落后于日本。

我国系统研究微小型无人机航空施药喷雾技术开始于 2008 年，研究人员针对单旋翼式无人机低空低量施药技术进行研究，目前已经产生了一批具备自主研发能力的单位和自主研发的产品和成果。例如，以浙江大学、农业农村部南京农业机械化研究所、华南农业大学等单位为代表开展了航空施药技术、农用无人机平台技术、航空施药污染评价技术等的研究，并取得了包括无人驾驶自动导航低空施药技术、低量低漂移施药技术研究，在高精度 GPS 的无人驾驶自动导航低空施药技术等多项技术成果；以无锡汉和航空技术有限公司等企业为代表在引进国外微小型无人机型的基础上，开发了电动航拍系列和农业植保系列无人机型，任务载荷在 10kg、15kg、20kg，目前已基本定型，产品已经进入小批量生产等。虽然这些成果目前还存在一些有待改进的地方，距离投入大规模使用还有一定距离，但是作为农业大国，我国农用无人机技术必将受到广泛的重视，在未来的农业生产中发挥举足轻重的作用。

2. 航拍

航拍是指以无人机作为空中平台，通过机载遥感设备，如数码相机、红外扫描仪、磁测仪等，获取周边信息，通过计算机处理合成图像或视频，是无人机另一大主要民用领域。由于无人机操作简单，飞行稳定，遥感设备搭载简单，无人机被广泛应用于航拍，很多影视剧、大型仪式、户外综艺节目等都有航拍无人机参与其中。此外，以航拍无人机为基础，配合不同的机载设备和图像信息处理技术，又衍生出许多其他方面的应用，如灾害救援、环境监测等[10]。图 5-31 展示了正在进行航拍的无人机。

图 5-31　正在进行航拍的无人机

3. 灾害救援

我国国土面积广大，不同地区地质地形差异大，自然灾害种类多，灾害发生频率高，因此是世界上受自然灾害影响最为严重的国家之一。一旦发生自然灾害，迅速与灾害的第一现场取得联系，判明现场情况，查明事件原因，快速准确做出应急决策，进行紧急救援，对减少生命财产损失具有重大意义。但是，自然灾害发生后，其破坏力往往会造成一定范围内原有通信系统(包括有线和无线)的损坏，造成救援人员无法与现场取得联系。同时，灾害对道路的破坏也使得救援人员以及物资无法及时送抵灾区。无人机凭借自身的优点能够很好地解决这些问题，在灾害救援中发挥出重要作用。

(1)建立通信中继：当灾害发生导致受灾地区通信设施受到破坏时，可以在无人机安装无线电通信设备，建立临时通信中继。由于无人机机动灵活，成本较低，安装通信设备工序也并不复杂，因此可以迅速地构建应急无线局域通信网，实现灾区与救灾中心的有效联系，从而为救灾的顺利开展赢得宝贵的时间。2008 年 5月 12 日，四川汶川发生特大地震，地震使得灾区的通信设施遭到严重破坏，同时由于灾区地形复杂，气候恶劣，载人飞行器无法在灾区上空长期停留，因此外界与灾区的联系一度中断，通信联络成为抗震救灾指挥中存在的一大难题。为此空军派出一架专用无人机担负中继转讯任务。该机在灾区上空架设了一条通信桥梁，扫除了灾区的通信盲区，为抗震救灾指挥部实时指挥提供了强有力的技术支持。

（2）采集灾区信息：当自然灾害发生后，在第一时间获得灾区的受灾信息非常重要。当救援人员无法进入受灾地区时，可以在无人机上配备多媒体采集系统，采集灾区的视频、音频数据，进行编码压缩并传回指挥中心。现在的无人机能方便地使用摄像机、热像仪等各种载荷。即使是普通的民用级专业数码相机，也能安装到飞机的平台上，配合自动曝光摄影等一系列先进技术，就能自动获取高清晰数码照片。再通过后期处理，可以生成数码影像和地形图。在汶川地震中，我国技术工作组应用微型无人机遥感系统，对重灾区北川县进行了航拍。系统中的无人机主要采用玻璃钢和碳纤维复合材料加工而成，遥感系统采用 GPS 自主导航和气压定高，整个飞控系统由遥控接收机、GPS 接收板、GPS 天线、自动平衡仪、自主飞行控制系统组成。自动平衡仪通过 4 个红外感应头感知飞行姿态，自动保持飞机平稳飞行。飞控系统包含两个微型计算机，分别用于导航和运动控制。技术人员通过无线电设备向无人机发送指令，遥感系统选用高分辨率数码相机。进行拍摄时，通过人工短距离抛射的方式使无人机起飞，通过遥控使其进入自动飞行状态，并按照预先输入的飞行指令执行飞行航拍任务，拍摄频率为 4s 一次。整个航拍历时 25min，共获得 107 张高清航拍照片和 8min 的视频影像。之后对图像进行拼接处理和几何校正，就得到了灾区图像。这些图像为灾害范围、受灾面积的计算，灾害损失的评估，以及救灾的决策提供了强有力的科学依据。

4. 环境监测

传统的环境监测方式有人工调查和卫星遥感拍摄两种。人工调查虽然准确率较高，调查结果更为可靠，但是效率低下，且存在一定的危险性和不可行性。卫星遥感的方式比人工调查效率高，范围广，但是卫星影像的分辨率较低，监测时仍需要较多的人工解译与分辨，对于高精度监测场合不适用，只能对通过图像得到的环境参数进行测量。由于无人机是在低空飞行，使用无人机进行环境监测可以很好地弥补上述两种方法的不足。进行环境监测时，可以在无人机上搭载摄像头或者可感知自然环境的传感器，使其进入特定的环境中进行拍摄与感知。一方面，低空拍摄的环境影像分辨率更高，更加精确；另一方面，无人机自身也处于目标区域中，因此通过搭载的特定传感器可以感知通过图像无法感知的环境参数，如气压高度、大气温度和湿度、真空速度等。

目前无人机在环境监测方面的应用有森林资源调查、大气数据采集以及科研考察等。

进行森林资源调查时在无人机上面搭载摄像头，利用航拍采集目标林区的图像数据，之后对图像进行拼接、几何校正和区域划分，便可用于森林资源调查。用于大气数据采集时需要在无人机上搭载大气数据采集系统，这种系统通常由静压传感器、动静压差传感器、温湿度传感器、A/D 转换器、接口电路和通信模块组成，可对周围大气数据进行实时检测、解算和传送。科考方面，中国科研人员也曾在第 24 次南极考察中开展了首次极地无人机应用验证试验，在中山站以北的150m 超低空飞行了 30km，对南极浮冰区进行冰情侦察。此外，无人机在野生动物监测、土地资源和矿产资源探查等领域也逐渐发挥出重要的作用。

5. 管线巡检

无人机在电力巡线方面已进行了较长时间的应用，与人工巡线相比既可以提高效率，也可以避免野外作业的危险，相对于有人机则大大降低了成本。例如，100km 的巡线工作需要 20 个巡线人员工作一天才能完成,而一架无人机只需工作3~4h，并且无须考虑恶劣环境的影响。我国已形成华北、东北、华东、华中、西北、川渝和南方联合等跨省区电网随着电网的日益扩大，巡线的工作量也日益加大。2009 年初，国家电网有限公司正式立项研制无人直升机巡检系统。近几年，无人机在电力系统的应用从无到有，并越来越广泛。采用无人机巡线与传统巡线方式相结合的方式，已成为电力巡线的最佳解决方案。图 5-32 展示了正在进行电力线巡检的无人机。

图 5-32　电力线巡检无人机

在油气管道巡检方面，2013 年我国油气管道总长达 10 万公里。且随着 2014年中俄 4000 亿天然气供货合同的签订，我国油气管道长度预计未来几年仍将保持高速增长。按电力巡检的计算方法，预计油气管道巡检无人机约为电力巡检无人机的 1/5，即 1200 台。但区别于电力巡检无人机，由于我国油气管道线路漫长，常常需要穿越沼泽、沙漠、山岭和森林等复杂区域，需要无人机具备长航时特性。

6. 无人机快递

无人机快递系统利用无人机替代人工投送快递,旨在实现快递投送的自动化、无人化、信息化，提升快递的投递效率和服务质量，以缓解快递需求与快递服务能力之间的矛盾。本系统的实现能有效应对订单量的巨额增长，消除快递"爆仓"的危险，提升快递行业的服务质量，降低快件的延误率、损毁率、丢失率，以及快递投诉率，同时还能降低运营成本、仓库成本、人力成本等，提升行业竞争力，使快递的投送更加安全、可靠、快捷。

2013 年 6 月，美国 Matternet 公司测试了无人机网络，无人机能够携载 2kg 物体飞行 9.7km。该公司希望建立一个庞大的国际无人机运输网络和无人机配件全球供应系统，同时，还计划建立充电基站，使无人机可以沿途降落进行充电。如图 5-33 所示，2013 年 9 月，顺丰公司自主研发的用于派送快件的无人机完成了内部测试，在局部地区试运行。这种无人机采用八旋翼，下设载物区，飞行高度约 100m，内置导航系统，工作人员预先设置目的地和路线，无人机将自动到达目的地，误差在 2m 以内。

图 5-33 顺丰公司的快递运送无人机

7. 无人机消防

如图 5-34 所示，无人机消防作为一种新型工业技术，已被广泛应用于各种领域，在国内已有不少消防机构使用无人机成功进行过火场侦察监测、抛投救援物资等尝试，效果非常明显。消防无人机可以起到如下作用。

(1)灾情侦察。当灾害发生时，使用无人机进行灾情侦察，可以无视地形和环境，做到机动灵活，特别是一些急难险重的灾害现场，在侦察小组无法开展侦察的情况下，无人机能够迅速展开，能够有效规避人员伤亡，既能避免人进入有毒、易燃易爆等危险环境中，又能全面、细致地掌握现场情况，并可对灾害现场环境情况进行细化了解。

(2)监控追踪。无人机的作用不仅仅局限在灾情侦察。消防部队所面对的各类灾害事故现场往往瞬息万变，在灾害事故的处置过程中，利用无人机进行实时监控追踪，能够提供精准的灾情变化情况，便于各级指挥部及时掌握动态灾害情况，从而做出快速、准确的对策，最大限度地减少灾害损失。

（3）辅助救援。利用无人机集成或者灵活携带关键器材装备，能够为多种情况下的救援提供帮助。例如，利用无人机实现空中呼喊或者传达指令，利用无人机辅助抛绳或是携带关键器材（如呼吸器、救援绳等），利用无人机进行应急测绘等。

（4）辅助监督。利用航拍对高层及超高层建筑实现全面实时的监测、及时发现火情隐患、消防现场火情实时控制、建筑消防检查或现场火情图像存储、可将空中监控视频接入其他安防或消防监控系统、支持大容量长时间图像存储及检索调阅、支持通过智能终端远程查看及控制部分功能等。

图 5-34　正在进行高层建筑灭火演练的消防无人机

参 考 文 献

[1] Ollero A, Merino L. Control and perception techniques for aerial robotics[J]. Annual Reviews in Control, 2004, 28（2）: 167-178.

[2] Ashley S. Palm-size spy planes[J]. Mechanical Engineering, 1998, 120（2）: 74-78.

[3] Han J K, Hui Z, Tian F B, et al. Review on bio-inspired flight systems and bionic aerodynamics [J]. Chinese Journal of Aeronautics, 2021, 34（7）: 170-186.

[4] Keennon M, Klingebiel K, Won H. Development of the nano hummingbird: A tailless flapping wing micro air vehicle[C]//The 50th AIAA Aerospace Sciences Meeting Including the New Horizons Forum and Aerospace Exposition, 2012: 588.

[5] Kroo I, Prinz F, Shantz M, et al. The mesicopter: A miniature rotorcraft concept phase ii interim report[R]. Palo Alto: Stanford University, 2000.

[6] AFRL. Unmanned aircraft systems roadmap 2005-2035[R]. Arlington: Department of Defense, 2005.

[7] 王英勋, 蔡志浩. 无人机的自主飞行控制[J]. 航空制造技术, 2009, （8）: 26-31.

[8] 王道波, 任景光, 蒋婉玥, 等. 无人靶机及其自主控制技术发展[J]. 科技导报, 2017, 35（7）:

49-57.

[9] Pastor E, Pérez-Batlle M, Barrado C, et al. A macroscopic performance analysis of NASA's northrop grumman RQ-4A[J]. Aerospace, 2018, 5(1): 6.

[10] 芦艳春, 周开园, 张建杰. 无人机的发展现状及其在航空应急救援领域的应用综述[J]. 医疗卫生装备, 2023, 44(10): 108-113.

第6章 空间智能无人系统

自古以来人类便对神秘的宇宙充满遐想，随着现代科学技术的迅猛发展，人类遨游宇宙的梦想正在逐渐变为现实。1957 年 10 月 4 日，苏联发射了世界上第一颗人造地球卫星。1961 年 4 月 12 日，世界上第一名航天员加加林乘飞船在太空环地球飞行 1 圈，历时 108min 后返回地球，开创了人类载人航天的新纪元。1969 年 7 月人类首次登月成功。人类的空间活动进入了一个新的阶段。

科学技术的飞速发展，地球人口的不断增加，以及资源的日益减少，都使得人类的空间活动不再局限于单纯对太空进行探索和考察，而向着开发和利用太空的方向迈进。但是，就当前的技术水平来看，太空环境具有微重力、高真空、温差大、强辐射、照明差等特点，使宇航员在空间的作业具有较大的危险性，而且也耗资巨大。因此，随着空间技术的应用和发展以及空间机器人技术的日益完善，机器人化是实现空间使命安全、低消耗的有效途径。随着航天飞机、宇宙飞船和空间站的建立，空间机器人技术越来越受到世界各国的重视。2000 年，《中国的航天》白皮书把发展空间科学、开展以月球勘探为主的深空探测的预先研究作为今后 10 年或稍后一个时期中国航天事业的发展目标之一。因此，充分发展和利用空间机器人技术，对 21 世纪人类和平探测和利用太空有着广泛而深远的意义。

本章主要介绍空间机器人有关知识，包括空间机器人的定义和发展历程、特点和分类、关键技术及其主要应用。通过本章学习，读者对空间机器人将有一定的了解。

6.1 空间机器人的定义和发展历程

6.1.1 空间机器人的定义

从广义上讲，一切航天器都可以成为空间机器人，如宇宙飞船、航天飞机、人造卫星、空间站等。航天界对空间机器人的定义一般是指用于开发太空资源、空间建设和维修、协助空间生产和科学试验、星际探索等方面的带有一定智能的各种机械手、探测小车等应用设备。

空间机器人所从事的工作主要如下。

(1)空间站的建设：在空间站的建设中，空间机器人可以承担大型空间站中各组成部件的运输及部件间的组装等任务，尤其是在空间站的初期建造阶段。像无线电天线、太阳电池帆板等大型构件的安装以及大型构架、各舱的组装等舱外活动都离不开空间机器人的协助。例如，正在建设中的国际空间站(International Space Station, ISS)离不开空间机器人的密切合作。NASA、欧洲航天局以及俄罗斯、日本、加拿大、巴西等国的航天部门都参加了 ISS 计划，并不断开发相应的空间机器人以适应 ISS 的不同建设阶段。

(2)航天器的维护和修理：随着空间活动的不断发展，人类在太空的财产越来越多，其中大多数是人造卫星。这些卫星发生故障后，若直接丢弃将造成很大的浪费，必须设法修理后重新发挥它们的作用。由于强烈的宇宙辐射可能危害宇航员的生命，只能依靠空间机器人完成这类维修任务。空间机器人进行的维修工作主要包括以下两个方面：回收失灵的卫星和进行就地处理故障。图 6-1 为空间机器人正在维修人造卫星。

图 6-1　空间机器人正在维修人造卫星

(3)空间生产和科学试验：宇宙空间为人类提供了地面上无法实现的微重力和高真空环境，利用这一环境可以产出地面上难以生产或不能生产的产品，在太空可以进行地面上不能做的科学试验。例如，可以在空间提炼药品，为人类制造治疗疑难病症的救命药。在太空制造的某些药品比在地面上制造的同类药品纯度高5倍，提纯速度快4~8倍。在太空实验室可以进行微重力条件下的生物学、物理、化学及其他学科的研究，如在太空条件下生长出的蛋白质比地面条件下更纯净。

(4)星球探测：空间机器人可以作为探索其他星球的先行者，可以代替人类对未知星球进行先期勘查，观察星球的气候变化、土壤化学组成、地形地貌等，甚至可以建立机器人前哨基地，进行长期探测，为人类登陆做好准备。在阿波罗计划中，美国就曾多次派遣空间机器人登陆月球，进行实地考察，获得丰富的月球数据之后才有宇航员的成功登陆。1997 年，NASA 发射的"火星探路者号"宇宙飞船携带"索杰纳"空间机器人登上火星，开创了星际探索的新纪元。欧洲航天局在 2003 年实施了"火星快车"计划。NASA 也在 2003 年发射了两个漫游者机器人"勇气号"和"机遇号"到火星进行考察。

6.1.2 空间机器人的发展历程

空间机器人的发展历程在不同国家是不同的。

1. 空间机器人在美国的发展

美国从空间活动一开始，就在无人和有人航天器上不同程度地使用了空间机器人。航天飞机上的遥控机械手已成功地完成了对卫星的回收和释放任务。

1962 年，美国使用专用机器人采集了金星大气数据。1967 年，"海盗 1 号"登陆器在火星着陆，对火星土壤进行了分析，以寻找生命迹象。同年，"勘测者 3 号"航天器上的机械手在地面遥控下，对月球土壤进行了分析。以上都是空间机器人的雏形。

20 世纪 70 年代初，美国提出在空间飞行中应用机器人系统的概念，并且在航天飞机上予以实施。当初的空间机器人属于遥控机器人，由舱内宇航员通过电视画面直接遥控操作。该空间机器人可用来构造空间站的某些设备，并完成一些恶劣条件下的极限作业。

美国进行的最大的空间机器人计划为"飞行遥控机器人服务器"(fight telerobotic servicer, FTS)。戈达德太空飞行中心负责研制的飞行遥控机器人是 FTS 的核心，它具有多个视觉传感器，可以完成远距离的舱外作业，并具有较高的自主性。

NASA 的约翰逊航天中心研制的自主空间机器人，用于完成空间站内的检查、维修、装配等工作，也可以回收和维修卫星。NASA 的喷气推进实验室(Jet Propulsion Laboratory, JPL)多年来一直从事空间机器人系统和智能手抓捕研究，并执行 NASA 的遥控机器人技术计划。JPL 研制的"索杰纳"火星车如图 6-2 所示。

NASA 兰利研究中心在进行一种舱外作业机器人的研究。这种机器人的特点是其末端操作器上带有高级临场传感装置，多臂协同操作，由现场的计算机辅助设计/计算机辅助制造(computer aided design/ computer aided manufacturing, CAD/CAM)和专家系统给出指令来完成各种舱外操作。以 Martin Marietta 公司为主的美国主要空间机构共同参加的 FTS 大型研究计划原计划于 1995 年投入到"自由号"空间站上使用，后来由于经费过大而被缩减。

美国一些高等院校也正在开发空间机器人。如麻省理工学院、斯坦福大学、密歇根大学、加利福尼亚大学等都承担了 NASA 的空间机器人研究课题，并在许多方面都已做出了成绩。

图 6-2　JPL 研制的"索杰纳"火星车

2. 空间机器人在加拿大的发展

加拿大国家航天局在空间机器人项目中为美国航天飞机设计遥控机械手系统（remote manipulator system, RMS）。加拿大同时开展的项目还有针对空间站研制的移动服务中心（mobile service center, MSC），即具有双臂灵巧操作手的可移动作业中心。图 6-3 是加拿大研制的具有双臂灵巧操作手的可移动作业中心。

图 6-3　加拿大研制的具有双臂灵巧操作手的可移动作业中心

3. 空间机器人在日本的发展

日本国家空间发展局（National Space Development Agency, NASDA）致力于研

究空间机器人系统。东芝集团和电子综合技术研究所共同研制了多功能机械手，主要用于完成外舱、补给舱的组装、支持加压舱内宇航员完成各种试验任务、更换试验仪器、维修试验设备、更换和处理试验材料等。

　　日本的 JEM-RMS，即"工程试验卫星"7 号（Engineering Test Satellite VI, ETS-VI），是一个实验性的在轨操作空间机器人作业器，主要以开发空间机器人技术、空间会合对接技术，并且在空间轨道上进行试验为目的。ETS-VI 是世界上第一颗无人机器人卫星，它将完成会合、对接及各种轨道作业试验，包括在太空中完成燃料加注、轨道可更换部件（orbit replaceable unit, ORU）及电池更换、失效卫星的捕捉及对接等工作。值得强调是，ETS-VI 为保持与数据中继卫星间的通信连接，必须保持天线固定指向该卫星。另外，ETS-VI 具有较高的自主性，运用了以人工智能为核心的高技术，包括空间运动模型、捕捉目标的机械手路径规划及视觉的实时处理等技术。图 6-4 是东芝集团研制的火星探测机器人。

图 6-4　东芝集团研制的火星探测机器人

4. 空间机器人在俄罗斯的发展

　　俄罗斯一直居于世界空间大国前列，在空间机器人领域的研究方面也不落后。20 世纪 60 年代，美苏两国在空间机器人的研究方面各显其能，不相上下。但是到了 20 世纪 70 年代，美国放慢了对空间机器人的研究步伐，而苏联则一如既往，对空间机器人的研究有增无减。苏联利用空间机器人协助宇航员完成了飞行器的对接任务和燃料加注任务，令美国的空间科学家羡慕不已。但是近 20 年来，俄罗斯对空间机器人的研究有所放慢。

5. 空间机器人在欧洲的发展

　　欧洲各国在空间机器人的研究方面也取得快速进展，欧洲航天局各国相继成立空间机器人研究机构，德国于 1993 年 4 月由"哥伦比亚号"航天飞机携带发射升空的 ROTEX 空间机器人是世界上第一个远距离遥控空间机器人[1]。ROTEX 机器人装有一只具有力传感器、光学敏感器的智能手爪。ROTEX 成功地完成了如下实验：空间站的构造；替换空间站上的可更换零件 ORU；捕捉自由浮游卫星。ROTEX 采用两种遥控方式：一是近距离遥控方式，宇航员在舱内遥控搭载在飞行器上的机械手；二是操作员在地面通过监控台进行虚拟现实技术，为操作员提供良好的人机接口。图 6-5 是法国 Cybernetix 公司与法国国家空间研究中心（National Centre for Space Studies, CNES）合作研制的火星探测机器人。

图 6-5　法国 Cybernetix 公司与 CNES 合作研制的火星探测机器人

6.2　空间机器人的特点和分类

6.2.1　空间机器人的特点

因其工作环境的特殊性，空间机器人的设计要求在很多方面与其他特种机器人有很大不同。尤其是空间环境对空间机器人的设计有很多的要求。

(1) 高真空对空间机器人设计的要求。

空间的真空程度高，在低地球轨道（low earth orbit, LEO）空间的压力为 0.001Pa，而在地球静止轨道（geostationary earth orbit, GEO）空间的压力为 0.00001Pa。这样的高真空只有特殊挑选的材料才可用，需使用特殊的润滑方式，如干润滑等；更适宜无刷直流电动机进行电交换。

(2)微重力或无重力对空间机器人的设计要求。

微重力的环境中，所有的物体都需固定，物体动力学效应改变，加速度平滑，运动速度极低，启动平滑，机器人关机脆弱，对传动率要求极高。

(3)极强辐射对空间机器人的要求。

在空间站内的辐射总剂量为 10000Gy/a(1Gy=1J/kg)，并存在质子和重粒子。强辐射使得材料寿命缩短，电子器件需要保护，且需要特殊的硬化技术。

(4)距离遥远对空间机器人的设计要求。

空间机器人离地面控制站的距离遥远，传输控制指令的通信将发生延迟(称为时延)，随空间机器人离地球的远近不同，延迟时间也不相同。地球低轨道卫星服务的通信延迟时间为 4～20s，地球低轨道舱内作业的通信延迟时间为 10～20s，月球勘探的通信延迟时间为 4～8s，火星距地球 5500 万 km～4 亿 km，无线电信号由火星传到地球需要 4～20min。通信延迟包括遥控指令的延迟和遥测信号的延迟，主要由广场波速度造成。试验对空间机器人最大的影响是使连续操作闭环反馈控制系统变得不稳定(在指令反馈控制系统中，由于指令发送的间断性，时延也不会造成闭环系统的不稳定)。同时在存在时延的情况下，即使操作员完成简单工作也需要比无时延情况下长得多的时间，只是由于操作员为避免系统不稳定，必须采取"运动-等待"的阶段工作方式。

(5)真空温差大对空间机器人设计的要求。

在热真空环境下，不能利用对流散热，在空间站内部的温度范围为–120～60℃，在月球环境中的温度范围为–230～130℃，在火星环境中的温度范围为–130～20℃。在这样的温差环境中工作的空间机器人应该需要多层隔热、带热管的散热器、分布式电加热器、放射性同位素加热单元等技术。

除了以上空间环境对空间机器人设计所提出的要求，空间机器人还具有如下特点。

(1)可靠性和安全性要求高。

空间机器人产品质量保证体系要求高，需符合空间系统工程学标准，有内在的、独立于软件和操作程序的安全设计，需使用非确定性控制方法，要求内嵌分析器，产品容错性好，重要部件要有冗余度。空间机器人中的无人系统可靠性大于80%，与人协作系统可靠性大于95%。

(2)机载质量有限且成本昂贵。

按照 20 世纪末的物价，空间机器人的成本大于 20000 美元/kg，有时成本甚至成倍增加，空间机器人的高成本对应用复合材料的超轻结构设计提出了要求，例如，需要有明显的细薄设计、极高的机载质量和机器人质量比等。

(3)机载电源和能量有限。

空间机器人需要耗电极低的高效率电子元器件，计算机相关配置有限，处理器、内存等受到限制。

6.2.2　空间机器人的分类

空间机器人分类的依据不同，其分类方法也不同，空间机器人通常可以按照如下方法来划分。

1. 根据空间机器人所处的位置来划分

(1)低轨道空间机器人：离地面 300～500km 高的地球旋转轨道。

(2)静止轨道空间机器人：离地面约 36000km 的静止卫星用轨道。

(3)月球空间机器人：在月球表面进行勘探工作。

(4)行星空间机器人：主要指对火星、金星、木星等行星进行探测。

2. 根据航天飞机舱内外来划分

(1)舱内活动机器人。

(2)舱外活动机器人。

3. 根据人的操作位置来划分

(1)地上操纵机器人：从地面站控制操作。

(2)舱内操纵机器人：从航天飞机内部通过直视或操作台进行控制操作。

(3)舱外操纵机器人：舱外控制操作。

4. 根据功能和形式来划分

(1)自由飞行空间机器人。

(2)机器人卫星。

(3)空间试验用机器人。

(4)火星勘探机器人。

(5)行星勘探机器人。

5. 根据空间机器人的应用来划分

(1)在卫星服务中的应用：如对人造卫星"太阳极大使者"(Solar Maximum Mission, SMM)的急救试验，使得以观测太阳活动为目的的 4.5t 的大型卫星 SMM 恢复正常工作状态，再投入运行；对哈勃望远镜卫星的修理计划等。

(2)在空间站中的应用：包括在空间站、移动服务中心和遥控机械手系统中的应用等。

(3)试验性空间机器人：空间站上的机器人是以遥控为主，局限在空间站桁架间移动，主要用作舱外作业支援工具。随着空间机器人的发展，出现了遥控与自主相结合的像卫星那样边自由飞行边自主完成某个简单作业的卫星机器人。比较有代表性的机器人卫星为日本的 ETS-VII 和美国的 RANGER。其中，ETS-VII 进行了协调控制机械手遥控操作、轨道服务、功能协调和智能控制四种试验；而 RANGER 完成了机械臂控制、智能行为、基本作业、扩充作业和轨道会合对接等试验。

(4)行星表面探测空间机器人：对行星表面进行科学考察，包括采集土壤和岩石样本、观察行星地形地貌等任务。

6. 根据控制方式来划分

(1)主从式遥控机械手：主从式遥控机械手由主手和从手组成。从手的动作完全由操作人员通过主手进行控制，早期航天器的机器人都属于这种类型。这种遥控机械手具有严重的缺点：一方面，操作人员的劳动强度很大，短时间操作即可使操作人员疲惫不堪；另一方面，在进行操作时，控制信号的时延会带来不稳定性。主从式遥控机械手已经被遥控机器人所取代。这种机械手也有优点，在宇宙飞船、空间站外部空间距离近的地方仍可以利用其反应快、触觉真实的特点进行时间较短的操作。

(2)遥控机器人：遥控机器人是将遥控机器人和一定程度的自主技术结合起来的机器人系统，机器人远地接收操作人员发出的指令进行工作。现阶段，遥控机器人是最重要的一种空间机器人。它可以在舱内工作，也可以在舱外工作，还可安装在空间自由飞行器上派往远离空间站的地方去执行任务。

(3)自主机器人：自主机器人是一种高智能机器人，具有模式识别和作业规划能力，有似人的视觉、触觉、力觉、听觉等感知能力，能感知外界环境的变化和自动适应外界环境，自己拥有知识库和专家系统，具有规划、编程和诊断功能，可在复杂的环境中完成各种作业，如火星探测机器人就属于自主机器人。

(4)自主机器人是空间机器人的未来发展方向。随着电子学、计算机科学、人工智能等机器人技术的进一步发展，功能完善的自主式机器人必将在人类的空间活动中发挥巨大的作用，成为空间机器人中强大的一员。

6.3　空间机器人的关键技术

6.3.1　目标检测与分类

在星载计算能力和输出带宽有限的实际物理约束下，依赖于海量数据的目标检测与分类方式具有一定的保守性。此外实际的空间场景往往比公开的数据集复杂得多，构造一个能够覆盖完整样本分布的数据集需要耗费大量的在轨资源和存储空间去采集并标定数据，因此避免过拟合的小样本条件下的检测与分类机制成为一种有效的解决途径。小样本学习[2]的主要问题是，样本量的缺乏导致经验风险最小化带来的最优解与真实解之间的偏差增加。相比于小样本图像识别，小样本目标检测具有更大的挑战性。首先，相比于图像分类任务，目标检测问题不仅需要识别出目标具体的类别，还需要确定目标在图像中的精确位置。对于航天任务中所获得的图像来说，其相机特性难以实现地面同等性能。其次，空间诸多碎片也会影响目标定位精度。此外，分类任务更加关注高层语义信息的抽取工作，检测任务除了需要完成高层特征的提取，还需要低层次的像素级别的信息来帮助实现目标的定位任务。另外，在目标检测任务中，为了区分前景和背景，在学习类别的语义表示时，定义了背景类的语义表示，而在小样本目标检测场景中，由于目标域监督信息的不足，背景类的语义极易与背景产生语义混淆，特别是未见目标，大大降低了目标域的召回率。目标回归模块的特征参数很难从源域所训练的网络中获取，比起小样本图像识别，小样本目标检测更加难以利用先验知识来完成任务。

6.3.2   多模态传感器信息融合

随着在轨服务任务的复杂化，空间机器人通常携带多类型传感器以提供视觉、距离等模态信息感知环境，还需要力觉传感器等获取接触性信息感知操作物体。因此，空间机器人获取的传感器信息呈现出多模态特点。多模态数据间存在特征异构性和弱相关性。不同模态的信息通常是无结构或半结构化的，不同模态数据的底层特征因维数不同、属性不同，彼此之间无法直接参与计算，进而带来了内容上的异构性和不可比性，使得低层特征和高层语义之间存在鸿沟，增加了跨模态检索的难度。对于空间机器人系统而言，多类型传感器所获得的多模态数据具有以下特点。

（1）"污染"的多模态数据：机器人的操作环境非常复杂，因此采集的数据通常具有很多噪声和野点。

（2）"动态"的多模态数据：机器人总是在动态环境下工作，采集到的多模态数据必然具有复杂的动态特性。

（3）"失配"的多模态数据：机器人携带的传感器工作频带、采样时间具有很大差异，导致各个模态之间的数据难以"配对"。

以上这些问题为机器人多模态的融合感知带来了巨大的挑战。为了实现多种不同模态信息的有机融合，需要为它们建立统一的特征表示和关联匹配关系。此外，多模态信息融合还呈现出多层次的特点，即不同类型的传感器信息在信号使用层级上存在先后、高低之分。例如，空间机器人的关节传感器获取的位置、速度、加速度等信息可以与六维力传感器或力矩传感器信号进行特征级融合，融合后可为空间机器人的运动状态表征提供依据。除此以外，深度全局相机和手眼相机也可为机器人的运动状态的检测提供辅助信息，因此这二者需要在辅助决策层面进行融合从而为机器人自主决策提供依据。

6.3.3　智能决策

智能决策通常通过两种途径实现：一是将空间机器人星载传感器获得的信息和目标信息，与地面支持系统中的数据库和知识库进行比对，借助搜索树等推理机技术选用适当的规则，经过星上处理器或空间站的快速处理，生成相应的决策；二是通过深度学习以 DNN 模式模仿人脑处理信息和反馈机制，以多层的节点和连接，来感知不同层级的抽象特征，以不断的自我学习，完成高度抽象的人工智能任务，最后生成决策。对于在轨系统而言，以深度学习为代表的决策生成机制的主要研究点在于神经网络参数的可靠性，特别是在动态未知空间环境下的决策可靠性的评估。

为了解决空间机器人未知环境下自主决策可靠性难以评估的问题，工程上常用的解决策略是将操作员的智能投射到空间中，从而形成典型的人-机-环共融的信息物理系统。目前绝大多数的空间操作均是在遥操作模式下进行的，从安全性角度考虑保障了空间机器人在位置环境下的可靠性。根据操作员参与空间任务的程度，又可将遥操作模式分为主从式和共享式，如图 6-6 所示，其中低轨空间机器人通常采用主从式模式，此种模式下空间机器人只需严格执行地面发送的指令，而无需具备智能性。对于高轨和执行深空探测任务的空间机器人常采用共享式或遥编程模式，这是因为天地链路的大时延将导致主从式模式的失效。在共享式模

图 6-6　空间遥操作模式图

式下，操作员与空间机器人各自执行相应的操作任务，二者相互配合完成，因此该模式的任务需要空间机器人具备一定程度的自主性。而对于遥编程模式，地面将发送"更高级"的任务指令，由空间机器人自主完成某一项具体任务，因此遥编程模式的任务中空间机器人的自主决策能力更高。

空间遥操作中的一个基础问题就是如何保证操作员决策的可靠性。在主从式遥操作中，从端空间机器人的动作和行为完全依赖于主端的指令信号，因此操作员发送指令的正确性直接影响任务成败。对于共享式遥操作任务，尽管主端操作员和从端空间机器人在自主性层面解耦，然而主端行为依然会影响从端的局部任务，因此提高操作员决策的可靠性是实际遥操作任务成功的关键保障。所以，研制操作员训练模拟器对于培训操作员操控能力，特别是训练操作员心理素质、应急反应能力方面具有独特的优势。如图 6-7 所示，遥操作任务训练模拟器的基本思路与强化学习类似，通过指定任务的完成实施奖励，同时检测执行任务过程中参与者的脑电指标。在训练过程中，既需要提供参与者适当的操控环境以降低环境因素对脑电信号测量与分析产生的影响，又需要提供给参与者充足的沉浸感信息。这意味着图像、音频、视频、距离信息、触觉信息等均应在模拟器中进行融合，并基于增强现实和预测显示技术提高参与者的操作真实感。基于遥操作任务训练模拟器的另一个研究内容是如何降低参与者的精神压力和技巧需求。在一定的疲劳条件或精神压力下，操作员往往难以表现出正常的操控水准，同理可见于日常驾驶员案例中。因此，研制具有操作员辅助功能的模拟器对于培训操作员具有重要意义。降低操作员疲劳程度的有效方法是引入多人机制，即多主端操控。与共享式遥操作模式类似，多主端操控是将主端的自主决策权分配给多位操作员，最终的主端指令由多位操作员指令融合而成。由于面对同一操作状态下的操作员

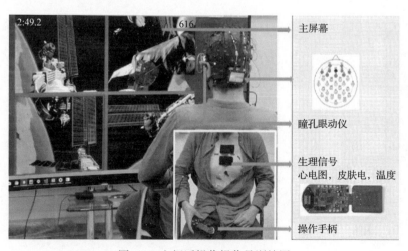

图 6-7　空间遥操作操作员训练图

的主观感受不同，需要对多位操作员、空间机器人组成的协同融合决策机制进行研究。

6.3.4　抓捕过程碰撞动力学

空间机器人在完成与目标卫星的远近距离交会动作后，将保持在一个离目标卫星距离较近且安全的位置与姿态，之后启动抓捕过程。如图 6-8 所示，整个抓捕过程可分解为四个主要阶段：第一阶段为绕飞观察阶段，即获取目标卫星的运动模式和物理信息并以此进行机械臂的轨迹规划；第二阶段为最终逼近阶段，即控制空间机器人末端执行器按照计划的抓捕位姿轨迹移动，并准备进行抓捕动作；第三阶段为实际抓取阶段，即空间机器人末端执行器开始接触目标物直到完全抓捕及锁紧目标物体；第四阶段为抓捕后系统稳定姿态及运动阶段，在此阶段对抓捕的目标物体与空间机器人作为同一系统进行运动稳定。在这四个抓捕阶段中，实际抓捕阶段由于机械臂与目标物体开始接触直到最后抓捕、锁紧，是最具风险也是最难控制的操作阶段，一旦控制不力，轻则抓不住目标，重则损坏抓捕接口硬件、碰飞目标物，甚至造成服务航天器失控。绝大部分关于空间机器人在轨抓捕的工作只研究了这一阶段以前的过程或这一阶段以后的过程，或者把这一阶段当作一个瞬间的状态变化来处理，即在同一时刻从抓住前状态跳到抓住后状态。事实上的抓取阶段是一个有一定时间的碰撞过程，其动力学特性复杂。

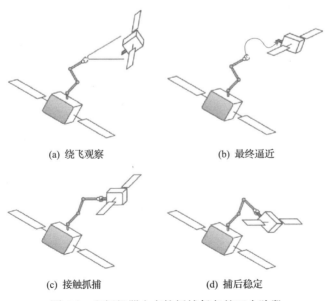

(a) 绕飞观察　　　　　　　　　　(b) 最终逼近

(c) 接触抓捕　　　　　　　　　　(d) 捕后稳定

图 6-8　空间机器人在轨抓捕任务的四个阶段

两体间局部碰撞力和参数如图 6-9 所示。根据碰撞过程特点建立一个准确的碰撞动力学模型是进行评估和理解受控抓捕过程中发生接触行为的必要条件。在一些注入大型规模空间机械臂的开发、分析和应用案例中，采用碰撞动力学进行的软件仿真往往是对机器人系统性能进行验证测试的唯一方法。在各种碰撞动力学的建模方法中，基于脉冲-动量原理的方法是较为简单并在工程应用中得到常规应用的一种，然而这类方法并不适用于机器人进行抓捕过程的场景。

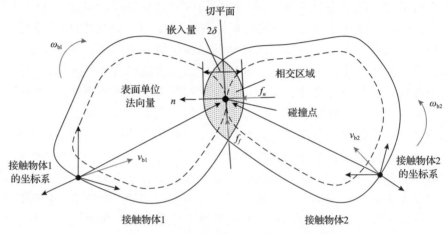

图 6-9　两体间的局部碰撞力和参数示意图

摩擦过程几乎存在于所有发生接触的对象之间。摩擦过程是非常复杂的，特别是当涉及接触对象具有复杂的几何形状时。摩擦力模型是预测空间机器人在滚动目标物体发生接触后产生的运动现象的关键。库仑摩擦模型是在工程领域中得以普遍应用处理接触问题的模型，但是该模型具有不连续性，其生成摩擦力数值在接触物体间处在相对静止黏滞阶段和接触物体存在相对滑动阶段切换下存在不连续的突变。

6.3.5　空间机器人地面验证系统

任何空间设备和其控制系统在其升空运行前必须通过足够的地面验证试验，地面验证设备需要体现空间环境下的力学环境特性，如三维失重条件等，并验证设备的操作能力。现有的空间系统地面验证设备存在模拟自由度受限、时长较短、通用性差及花费较高等问题，且形式大多为全物理仿真的单一类型。为了进行高保真的地面验证试验，需要根据系统工程思想确定平台系统的设计要求，对系统各部分的连接关系及通信形式进行设计，对相关软硬件进行详细的选型分析、系统设计和指标复核校验，对试验系统的关键技术指标和性能进行一系列的平台功能及性能测试，如图 6-10 所示。

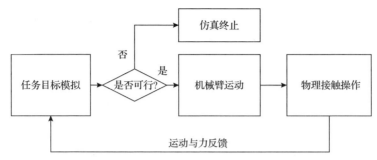

图 6-10　空间机器人地面验证系统原理

　　总体而言，操作任务验证系统平台测试的目的如下：①验证模拟机械臂的基本功能；②验证模拟机械臂的定制功能；③验证模拟机械臂在较低频率驱动时(不高于 1Hz)，能够精确地跟踪实现空间机械臂动力学仿真的输入；④验证模拟机械臂具备大负载、大运动范围的能力；⑤验证模拟机械臂具有高带宽、高精度的控制能力，并能够快速响应动力学模型的计算结果。

　　根据测试内容和指标内容可将测试项目分成基本功能测试和定制功能测试两类。基本功能测试为一般工业级产品的通用测试内容，根据项目要求包括：自由度数测试、臂展长度测试、平动工作空间测试(图 6-11)、转动动作空间测试、重复定位精度测试、力测量精度测试、最大负载测试、末端控制点负载后平动速度测试、末端控制点负载后转动速度测试、地面导轨能力测试、灵活运动空间与负载能力测试(图 6-12)。空间机器人地面验证系统实物如图 6-13 所示。

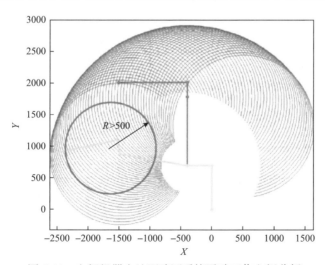

图 6-11　空间机器人地面验证系统平动工作空间分析

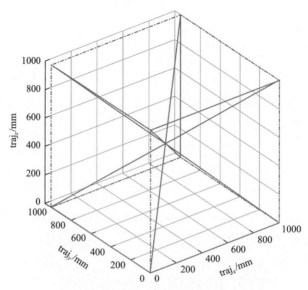

图 6-12　灵活运动空间验证轨迹曲线

图 6-13　空间机器人地面验证系统

6.3.6　强化学习在空间机器人规划和控制中的应用

强化学习[3]在机器人规划和控制中的应用是空间机器人在复杂空间任务中提高自主性的重要方法，如图 6-14 所示。强化学习算法分类如图 6-15 所示。依据空间机器人与抓捕目标的距离远近，可将抓捕任务分为轨道机动、绕飞观察、最终逼近、接触抓捕、捕后稳定等阶段。在最终逼近阶段，为了保证抓捕任务的顺利实施，特别是针对非合作目标这种抓捕条件难以预先确定的情况，空间机器人智能体需要根据目标卫星或空间碎片的运动状态和形貌特征在线规划机械臂的运动轨迹，并控制机械臂末端抵近抓捕点并满足实施接触抓捕任务的条件，为之后接触抓捕任务的开展做好准备。空间机器人与目标卫星在规划和控制任务开始时的初始状态在不同任务中有所不同，因此需要研究多任务，即目标卫星抓捕点相对空间机器人末端的位姿在强化学习算法训练的每次试验中不固定的强化学习问题。

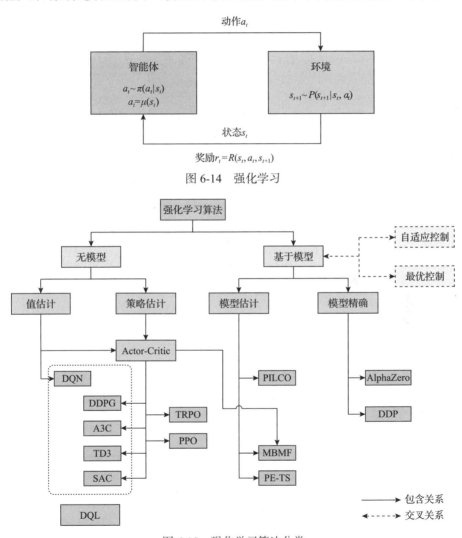

图 6-14　强化学习

图 6-15　强化学习算法分类

最终逼近阶段的规划与控制需要对空间机器人进行运动学和动力学建模。考虑自由漂浮空间机器人，即卫星的位置和姿态不受控，在采用广义雅可比矩阵来设计控制律时，由于自由漂浮空间机器人的不完整约束特性，会存在动力学奇异问题。自由漂浮空间机器人规划与控制属于非完整系统规划与控制，且在规划与控制过程中需要考虑避障、基座抗扰、路径最短、燃料最省、控制力矩受限、关节角速度受限、结构抖动抑制、终端时刻末端位置与速度约束等多种约束调整。强化学习在规划问题中可以看成非线性优化方法的一种，而在控制问题中则与最优控制和自适应控制有很大的交集。目前强化学习在机器人规划与控制问题中的应用仍属于探索阶段，且从近年来强化学习的发展来看，强化学习在空间机器人智能规划与控制领域有着巨大的应用前景，对于提高空间机器人自主性有着重要的意义。

对于抓捕静态目标多任务学习，以关节角及关节角速度为目标空间的自由漂浮空间机器人规划与控制问题的控制精度尚需完善。此外，随着关节数的增加，训练时长增长迅速，且算法的稳定性与收敛性变差。控制精度的提升与关节数的增加意味着奖励更加稀疏，智能体的学习任务也就更为困难。如何提升控制精度、缓解维数灾难、提升训练速度、稳定训练过程是重要的研究内容。

抓捕静态目标是抓捕动态目标的特例，抓捕动态目标的规划与控制问题的约束条件更多，不仅对终端时刻空间机械臂末端执行器相对目标卫星抓捕点位姿误差有更高的约束，且对终端时刻空间机械臂末端执行器相对目标卫星抓捕点的速度和角速度误差提出了要求，使问题求解更加复杂。此外，在抓捕动态目标的规划与控制问题中，目标抓捕点相对空间机器人基座卫星的位姿不仅在整个训练过程的每次试验中变化，且在每次试验内也连续变化，这使得智能体的学习任务更加复杂。

6.3.7　非合作目标的自主相对位姿测量

非合作目标自主相对位姿测量作为后续导航制导与对接抓捕的依据，是非合作在轨服务首要解决的问题。由于太空环境恶劣，在轨服务接近过程中距离变化较大，单纯依靠某一种测量设备难以胜任整个在轨服务的相对位姿测量需求。可见光相机作为航天领域常见设备，具有图像直观、体积小、质量轻、功耗低、成本低等优点。它通过被动感知由目标反射而进入相机的光线，并将其转化为不同强度的电信号，从而得到目标的高分辨率二维图像，并从图像中计算出目标的位姿。根据测量系统中相机的个数可以分为单目、双目以及多目等。单目相机缺乏深度信息，通常需要配合其他传感器或者需要有一定的先验知识；双/多目相机可以通过特征匹配三维重构的方式获得非合作目标上特征点的三维坐标。可见光相机可用于不同类型的航天器上，几乎成了在轨服务航天器上的标准设备之一，尤其在未来在轨服务航天器小型化、轻型化的趋势下将扮演更加重要的角色。可见光相机在合适光照下计算得到的目标位姿精度非常高，并且不同焦距的相机可用于不同距离下的测量。其缺点是对光照比较敏感，且受相机的标定精度影响较大。

激光雷达是一类可测量传感器与物体之间距离的主动传感器的通称。根据技术方案的不同，激光雷达可以分为扫描式、阵列式以及空间光调制式；根据使用光源的不同，又可以分为脉冲/闪光式和连续波式；根据测距原理的不同，还可以分为三角测量式、飞行时间式和压缩感知式。扫描式激光雷达通常通过机械扫描的方式获得目标不同位置的距离，并进一步得到目标的三维模型从而计算出目标相对位姿，扫描过程比较费时且无法对处于运动状态的目标进行测量。闪光式激光雷达可发射一束具有一定视场角的激光脉冲，通过时间分辨率接收器和读出集成电路(read-out integrated circuit, ROIC)对每个像素完整采样，从而一次获得目标场景的完整三维图像。激光雷达具有探测距离远、精度高、对光照不敏感的优点，但是系统结构相对复杂，且存在功耗高、体积大、质量重、成本高及分辨率低的缺点。

基于特征的位姿估计主要通过在图像中提取非合作目标上的自然特征，利用特征的几何约束来确定目标位姿，如图 6-16 所示[4]。最常用的自然特征为点特征。有一些方法虽然声称采用线特征或面特征，但要么用到目标的几何模型先验信息，要么利用面的几何约束来计算点的坐标。在没有关于目标的先验信息下，单目相机采集的图像缺乏深度信息，难以估计目标的位姿。

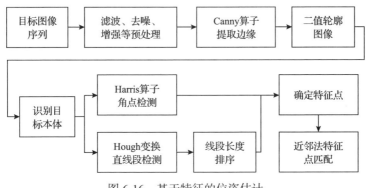

图 6-16 基于特征的位姿估计

基于模型的位姿估计则假设目标至少部分几何信息是已知的，通过利用这些已知的几何信息及其几何约束来实现对非合作目标的位姿估计，如图 6-17 所示。基于模型的位姿估计方法一般包含以下过程：①将目标模型表达为特征集合，如线、边或曲线；②在采集对的图像中提取相同的特征；③根据初始位姿估计，将模型投影到图像平面上；④根据投影和图像特征之间的最佳配准估计目标的位姿，通常通过最小二乘求解特定目标函数等方式实现。由于充分利用了目标上的几何信息，基于模型的位姿估计方法比基于特征的方法对干扰的鲁棒性要强得多，其缺点在于目标模型要已知或者可获得。

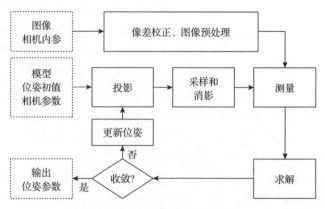

图 6-17 基于模型的位姿估计

基于三维点云特征的位姿估计分为全局特征和局部特征，它们都是通过对点云特征描述配对建立初始位姿后再用最近点迭代(iterative closest point, ICP)[5]进行优化，如图 6-18 所示。ICP 基于两个点云之间距离最近的点是对应点的假设，通过迭代求解变换参数然后对数据变换的过程直到收敛来估计最终的位姿。ICP 算法的优点是配准精度非常高，但它需要较好的初始值，且要求两个点云之间的变换不能太大，不能有太多遮挡等，否则迭代收敛过程比较费时甚至无法收敛。基于全局特征的方法是将位姿估计转化为不同视角下的点云特征搜索问题。全局特征将目标点云视为一个整体，从整体角度提取几何信息来进行比较，近似于模板匹配的过程。这样做的好处是一个点云只需要一个描述，内存占用较少，而且特征匹配的过程也相对较快。然而这类基于全局特征的方法忽略了点云的几何形状细节，通常需要事先训练目标点云特征建立特征数据库，在线位姿估计时需要对场景点云进行分割预处理，而且其位姿估计精度也依赖于特征数据库的规模，最重要的是，在接近过程中，由于视场限制等，可能只能看到部分点云，这最终会导致算法失败。

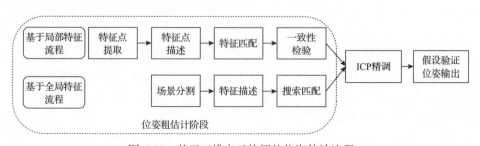

图 6-18 基于三维点云特征的位姿估计流程

基于局部特征的方法和二维图像配准过程类似，通过提取点云的关键特征并匹配来建立对应关系。它通常包括特征点提取、特征点描述、特征匹配、一致性检验等环节。特征点检测方面最简单的方法是通过点云的稀疏采样得到，也可考虑点云的几何属性来进行检测。

从测量设备角度看，可见光相机的硬件成熟且体积、质量、功耗较小，具有广泛的适用性，在目前非合作目标近距离位姿测量中仍然占主流。3D 传感器发展迅速，且具有在测量中可直接测距的优势，也逐渐被研究者所关注，但目前应用还不够成熟。具体到位姿估计方面，可见光相机中基于模型的方法利用了目标的已知信息，在实际应用中具有更强的鲁棒性，确定性方法和贝叶斯方法则各有千秋。基于三维点云特征的位姿估计中，基于特征的方法由于通过特征配对建立初始位姿，能够更好地保证结果的收敛性。从算法的自主性和鲁棒性角度来看，基于局部特征的算法更有优势。

目前的非合作目标近距离相对位姿估计技术离在轨应用仍有一定距离，主要因素如下。

(1)光照条件变化对成像的影响。相比于地面，太空中的太阳光因空气稀薄，具有强度高、方向性强等特点，而卫星表面通常包覆有多层用于热保护的绝缘材料，这些包覆材料往往具有褶皱、边缘光滑且反光性强的特点。非合作目标的这些特性使得不同特征部位的光照条件不断变化，给非合作目标的位姿估计带来了极大的挑战。

(2)接近过程目标图像的尺度变化。在服务航天器接近过程中，目标图像也会逐渐弱化，甚至超出视场范围，这种尺度的变化给非合作目标的跟踪接近也带来了难题。

(3)目标运动状态的复杂性。正常工作的航天器通常处于姿态稳定状态，而那些失效的非合作目标可能处于自旋、翻滚状态，目标运动状态的变化给位姿估计带来了困难。

(4)星载算法复杂度对实时性的影响。由于星载计算机运算处理能力有限，航天器在轨运动速度较高，如何在有限计算资源条件下实现非合作目标的实时测量也是一个需要考虑的问题。

以上挑战归结为在轨服务过程对非合作目标近距离相对位姿测量的精度、鲁棒性以及实时性提出了要求。位姿估计精度是在轨服务成功对接、精准操作的前提；位姿估计的鲁棒性是应对空间环境中的干扰、保证算法在不同条件下都可靠的保障；位姿估计的实时性对星载有限计算资源约束下算法的复杂性提出了要求。

6.3.8　空间机器人对非合作目标的自主接管

空间机器人自主接管非合作目标是实现故障航天器在轨服务和空间碎片清理

等操控的基本前提。为实现空间机器人对非合作目标的自主接管，可以采用机械臂、飞网等为主要载荷，其中空间机械臂为执行抓捕任务的主载荷，当目标的翻滚运动剧烈，特别是当章动角及角速度超出空间机械臂的捕获能力时，可采用飞网对其进行捕获。然而从维修和操作的角度来讲，空间机械臂是不可缺少的，飞网等仅作为捕获手段的备份。利用多臂空间机器人及飞网对翻滚非合作目标进行捕获的示意如图 6-19 和图 6-20 所示。

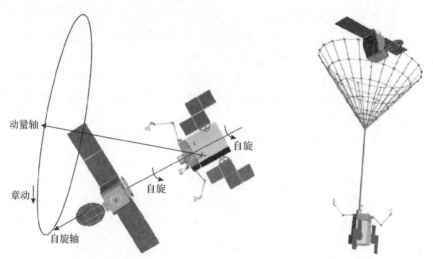

图 6-19　多臂空间机器人在轨捕获目标示意图　　　图 6-20　飞网捕获非合作目标示意图

多臂协同捕获非合作目标问题如图 6-21 所示，值得深入研究。

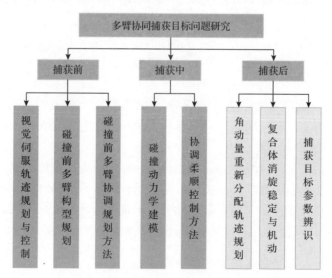

图 6-21　多臂协同捕获非合作目标问题研究

针对空间机器人对非合作目标的自主接管，存在以下技术难点。

(1)完整的抓捕及操作过程包括机械臂末端与目标接近、接触碰撞、目标锁紧、复合体稳定、复合体机动等过程，系统的构型及链接关系不固定。这意味着单一的控制方法、固定的控制律和控制参数无法满足整个过程的需要。而且，除了构型发生变化，整个系统还需要满足各种物理约束条件，如基座执行机构的能力、关节运动范围、关节驱动力矩、燃料消耗、任务时间等。

(2)系统组成复杂且存在多种层面的动力学耦合作用，为系统的稳定控制带来巨大挑战。复合体系统包括非合作目标、多个机械臂以及航天器基座，除了受轨道动力学的约束，还存在目标与机械臂之间、机械臂与基座之间的相互作用，以及柔性振动效应等。这些作用或效应涉及不同层面、不同物理要素，属于多维动力学耦合的问题。以往的研究大多只关心其中一部分（如机械臂与基座的耦合）。对于上述多维动力学耦合问题，规律难以描述，更缺乏对于耦合程度评价的方法和准则。

(3)针对非合作目标的多臂空间机器人系统设计及抓捕策略的制定缺乏充分的理论依据。影响目标是否成功捕获的因素较多，包括目标的运动特性（运动形式、运动速度）、体积、质量、惯量分布，机械臂的长度、构型及灵巧性，基座与机械臂的质量、惯量比，执行机构的控制能力，机械臂的运动轨迹（位置、速度、加速度的时间曲线）等，均对是否成功捕获目标并进行消旋产生重要影响，这些影响因素可以归纳为空间机器人抓捕目标能力的问题。而且目前对空间机器人系统的总体设计、非合作目标的抓捕和复合体系统的协同稳定控制等方面缺乏充分研究，使得多臂空间机器人系统在设计、抓捕、稳定控制的策略制定方面缺乏理论依据。

(4)受在轨感知及处理器计算能力的限制，需要在多种受限条件下实现非合作目标的快速抓捕与消旋。空间机器人仅能携带有限的传感器（如可见光相机），且传感器的精度不如地面同类传感器；另外，星载处理器的计算能力受限，输出频率极其有限。而在轨抓捕非合作目标的时间短暂，必须在极短时间内完成捕获。机械臂与基座间存在极强的耦合性，这就要求机械臂的运动对基座产生的扰动应尽量小，这在控制上就需要考虑机械臂与基座的协调，对计算能力的需求较大。

(5)非合作目标角动量大，形成的复合体系统的惯性特性可能会发生突变，导致基座原有的控制算法及执行机构布局难以满足目标消旋及复合体机动等的控制要求。抓捕后需要在轨实时辨识目标质量特性，且辨识的同时进行消旋控制，这需要克服角动量大、复合系统偏心大、基座控制能力有限等问题。传统的辨识方法，需要通过复杂的激励运动获得尽可能多的数据，然后进行离线辨识，这显然不能满足控制实时性的要求；当采用类似于自适应控制的策略，即一边估计参数一边进行控制，这只适合于参数变化幅度不大或不剧烈的场合，也无法满足非合作目标捕获及接管控制的情况。

6.3.9　空间机器人工作空间及构型优化

工作空间、可操作度、条件数、灵巧度、最小奇异值等指标对机器人构型设计、避奇异运动规划、柔顺控制等的性能评估起了很大作用，特别地对可操作度指标的应用研究是机器人领域的热点之一[6]。

根据基座是否受控，定义了空间机器人的三类、五种工作空间，如图 6-22 所示，依次是：①基座位姿受控下的基座位姿固定工作空间，是指当基座质心的位置和姿态都在受控状态下，机械臂末端所能覆盖的包络范围；②基座姿态受控下的基座姿态约束工作空间，是指当基座姿态在受控状态下机械臂末端所能覆盖的包络范围；③基座自由漂浮下的最大可达工作空间、直线路径工作空间和有保证的工作空间，如图 6-23 所示，分别指自由漂浮空间机器人的机械臂末端最大包络范围、从初始点直线达到目标点的空间区域、从初始任意姿态和任意接近路径都能够保证可达的空间区域。

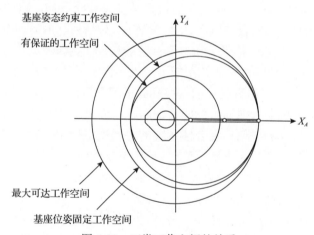

图 6-22　三类工作空间的关系

空间机器人的奇异性不仅与机器人的结构有关，还与其动力学特性有关，即空间机器人的动力学奇异，在此基础上分析了空间机器人的工作空间，定义出两类典型的工作空间类型，与路径无关的工作空间和与路径相关的工作空间，如图 6-24 所示，并进一步指出当空间机器人末端的运动轨迹在与路径无关的工作空间中时，不会遇到动力学奇异点，而当机器人末端的运动轨迹在与路径相关的工作空间中，有可能遇到奇异点。

空间机器人工作空间的分析对机器人的设计以及针对典型任务的规划和控制具有较强的指导意义。从目前研究情况来看，空间机器人的运动学和动力学参数和奇异性是影响空间机器人的工作空间划分及性能评价的主要因素之一。

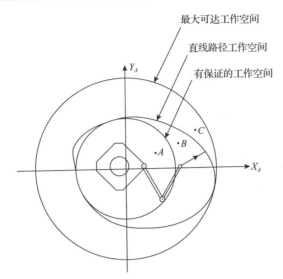

图 6-23　基座自由漂浮工作空间的关系

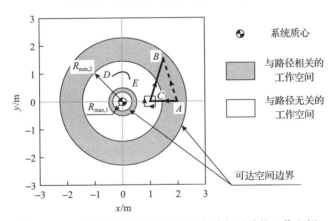

图 6-24　与路径相关的工作空间和与路径无关的工作空间

对于单臂空间机器人来说，由于机械臂与基座的耦合效应，机械臂末端的可操作度不同于地面机械臂的可操作度，而且在空间机器人的运动学和动力学参数确定的情况下，可操作度与机械臂的构型有关，能够用来评价机械臂构型配置的优劣。如图 6-25 所示，在多臂空间机器人中，通常机械臂中的一条或多条被称为任务臂，用来执行主要在轨任务，其他机械臂被称为辅助臂，用以保持基座稳定，或者协助任务臂开展视觉测量。针对复杂任务，在多臂协同作业之前，需要设计多机械臂的布局及构型的优化，然而由于机械臂与基座以及机械臂之间存在耦合关系，辅助臂的构型对任务臂的构型存在一定的影响，多机械臂的布局及构型的优化选择存在一定的难度。

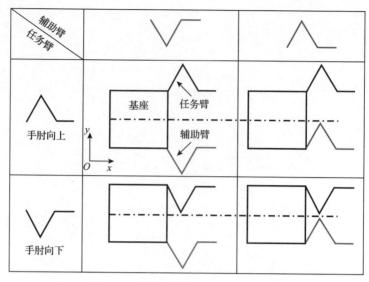

图 6-25 双臂空间机器人的不同构型

6.3.10 空间机器人容错控制研究

　　空间机器人的容错控制机制是确保机器人系统发生故障后依然能够稳定运行或者能够保持在安全工作区间内的重要保障。虽然地面重力环境下的机器人与空间机器人在基本结构以及运动学和动力学原理上具有相似性，但考虑太空环境与地面环境的巨大差异，相对于地面机器人而言，空间机器人具有更加复杂的运动学和动力学特征以及更高的控制性能要求，其容错控制难度也更大。图 6-26 展示了容错控制技术分类。

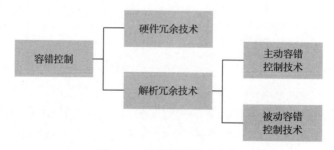

图 6-26 容错控制技术分类

　　硬件冗余技术是通过在系统中加入硬件冗余(例如，两组独立的传感器/执行器)来达到容错控制的目的，如图 6-27 所示。航天器设有硬件冗余备份，以防止故障突然发生造成不可挽回的损失。该类容错技术的主要优点是简单，相对于其余的容错控制技术需要设计复杂的控制算法，该类技术只需在系统中备份关键元器件即可，但代价是硬件及维护成本极大增加。硬件冗余技术有明显缺点，如为了确保对象在太空中长时间使用的可靠性，通常需要对其所有的传感器、关键部位的执行器以及机械臂关节进行冗余备份，但此技术却依然是最有效的。时至今日，这仍然是空间机器人等航天系统所必备的容错控制技术。目前已发射升空的空间机器人通常都会有硬件备份，占据了大量的运载火箭有效载荷，但该缺点可以通过解析冗余技术进行弥补。

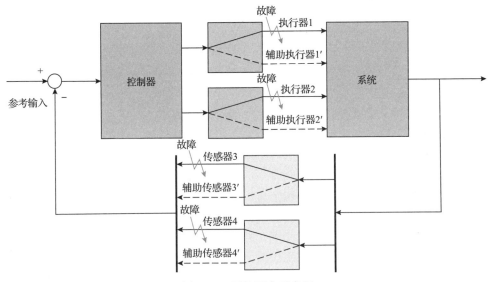

图 6-27　硬件冗余示意图

　　被动容错控制技术将故障视为系统的扰动，针对预先设定的某些类型的故障元素设计鲁棒控制器，从而使系统在给定类型的故障发生后依然保持稳定或者具有期望的性能表现，如图 6-28 所示。一旦将故障视为不确定性或者系统的扰动，那么便可以应用鲁棒控制领域的相关成果来实现上述目标。因此，可以说被动容错控制技术在系统的构造思路上是一种与鲁棒控制技术相类似的方案。其主要特点是，系统运行期间如果发生了给定类型的故障，那么被动容错控制系统不需要采取任何措施来应对故障，依靠固定的控制器依然能够保持系统稳定。

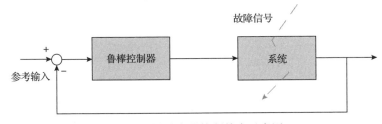

图 6-28　被动容错控制技术示意图

被动容错控制技术的优点是不需要设计故障诊断子系统或者控制器重构,并且在故障发生和系统执行相应的动作之间没有时间延迟,这一点在容错控制中非常重要。其局限性在于通常被动容错控制系统的容错能力非常有限,并且一般难以完全达到期望的性能。由于需要提前预测系统可能发生的各种类型的故障以设计控制器,当出现预测之外的故障时,系统往往不能保证可以有效处理该故障。因此,被动容错控制技术在故障程度超出预先设计范围的情形下就难以有效发挥作用了。此外,鲁棒控制需要考虑最坏的情形,因此所设计的控制器可能具有很强的保守性。

主动容错控制技术是指发生故障后,通过故障诊断子系统获取故障信息并自动调整相应的控制律以实现系统稳定或者期望的性能指标,如图 6-29 所示。一般而言,主动容错控制系统可以划分为四个典型的子系统:①可重构控制器;②故障诊断子系统;③控制器可重构机制;④参考信号调节器。而是否包含可重构控制器和故障诊断子系统是区分主、被动容错控制的最主要特征。显然,主动容错控制技术相较于被动容错控制技术而言,其控制设计算法更加复杂,实现起来也更加困难。但因为其可以更加灵活、广泛地适用于多种类型的故障系统,不必预先假定故障类型,可以使得系统具有相对良好的稳定性,最大限度地提升故障后系统的性能表现。目前的研究多集中于地面机器人,少数针对航天器的研究一般都是建立在硬件多备份(多传感器、多执行器)的假设基础上,而且缺乏对空间机器人这一特定对象的容错分析。此外,有关空间机器人的建模、控制、故障诊断以及容错控制四个主要方面的研究比较分散,实质上这四个方面是紧密相连的。例如,建模是控制的基础,而稳定控制又是后续的故障诊断及容错控制的必要条件。现有的关于机器人故障及容错的研究多关注故障发生后机器人的轨迹规划和控制策略问题,而忽略了整体考虑故障发生前后机器人的建模、控制、故障诊断及容错控制机制,即缺乏涵盖建模到容错控制整个流程的全面且系统性的论述。

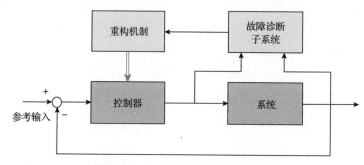

图 6-29　主动容错控制技术示意图

6.3.11　空间机器人系统故障诊断

空间机器人系统中包含的多传感器为设备运行中的数据收集提供了可能,而遥操作技术通过网络传输使得地面站操作员可以实时对系统状态进行监控，通过人工智能的方法提升了诊断技术的多样性和智能化。由于系统和空间任务的复杂程度增加，相应的组成结构和原理越来越难以表达，系统精确模型难以建立，专家知识和经验积累不足，现有故障诊断与预测方法有很多无法适用。

1. 复杂系统数据引起的数据爆炸

复杂系统会将大量数据连续不断地进行收集和记录，庞大的数据量增加了数据处理的计算量，数据隐含的逻辑关系也更难以分析，对于现有的数据驱动方法造成了冲击。如何根据样本的特性尽可能地保留有用信息，改进计算的效率是基于数据驱动算法需要进行优化的方向。

2. 系统运行工况样本不均衡影响故障诊断精度

实际任务中经常面临非均衡数据的分类问题，不同类别的数据差异非常大。在工程系统实际运行中，系统并不能均衡地工作在各类工况下，样本数据采集不能保证均衡。一般来说，系统长时间工作在正常工况下，但是故障工况下的运行时间较短，样本采样不足，对于传统的数据驱动方法，可能会导致大量的错分现象，而故障状态的错分可能会导致严重的问题。非均衡数据的分类问题中，一般将数据量较大的类别称为多数类，数据量较小的类别称为少数类。在实际非均衡问题中，多数类和少数类的数量都有可能不唯一。典型非均衡数据集分类情况如图 6-30 所示。对于非均衡数据分类问题，可以从对于样本数量进行平衡的角度处理，即设法调整样本的数据进行重新采样，尽可能使得各类别数据达到平衡。调整后的数据集满足机器学习的基本假设，分类的准确度能够得到提升。

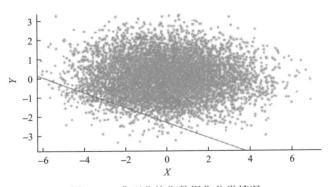

图 6-30　典型非均衡数据集分类情况

机器学习中通常认为样本数据的错分成本相同，由于这种假设的存在，会出现倾向于将模糊的样本划分为多数类的情形，学习模型对于多数类的错分率比较低。实际问题中的少数类可能包含更多需要重视的内容，针对这一问题，适当地提高少数类的错分成本以提高其重要性是对于非均衡数据的一种有效方法，即代价敏感学习方法。

3. 系统运行工况不全面影响故障诊断能力

在实际系统中，故障诊断方法需要对不同工况状态下的数据进行区分。但多数情况下，工业系统或设备的不同工况下的数据可能存在很大差异，其数据分布的不同导致传统方法中对于训练集和目标集数据分布函数相同的假设不再满足，故障诊断模型的效果会受到影响。另外，在系统实际运行或测试中，部分工况数据的采集难度较大，如何根据已有工况的数据特征去学习未知工况的数据分布模式是增加故障诊断方法在实际应用中适用性的一个重要问题。

4. 现有故障预测方法对于复杂系统预测能力欠佳

由于复杂系统的部件耦合度较高，且工作环境条件复杂，系统测量到的数据通常来说是非线性的，非线性的数据使得系统的故障预测难度增加。时间序列模型有计算复杂度低的特点，对于线性信号的预测较为准确，但是很难全面反映序列数据中存在的复杂非线性关系，相应的预测准确性较低。寻找能够良好地表征信号分布函数的方法是需要深入研究的内容，而深度学习方法可以通过多层网络结构对于复杂的非线性函数进行更好的拟合。

6.4 空间机器人的应用

空间机器人在人类开发和利用空间过程中起着巨大的作用。下面介绍两类已经得到成功应用的实例。

6.4.1 在轨服务空间机器人

在过去的 20 余年中，世界各航天强国围绕在轨服务开展了大量卓有成效的研究，针对在轨服务开展了一系列地面试验、在轨试验和技术演示验证，研究结果表明，在轨服务在技术上是可行的，并且具有巨大的发展和应用空间。从总体上说，以空间机器人为核心的在轨服务研究体现出明显的发展特征，这些特征主要体现在对在轨服务的完成应用情况上，按阶段可划分为概念设计、在轨演示验证、在轨简单应用等。

在轨服务的概念设计就是开展需求分析和相关的概念研究，并针对典型应用进行方案的初步设计。从公开的信息中可见，完成概念设计的空间机器人项目情况如表 6-1 所示。

表 6-1　完成概念设计的空间机器人项目汇总

项目名称	起止时间	效果图	项目概述
FTS	1986～1991年		FTS 项目开始于 1986 年，是美国最早开展的空间机器人有关项目。该项目的主要目的是设计能够在空间站执行典型任务的空间遥操作机器人设备，1991 年 9 月被取消。
GSV	1990～1998年		GSV 概念在 1990 年提出，按照设计，它是一个装有机器人的航天器，在发射后即在静止轨道上保持到寿命末期。GSV 将在轨道上处于"冬眠"（蛰伏/潜伏状态），等待执行任务。一旦需要执行某种服务任务，GSV 即被唤醒并机动到目标星。在 1998 年止于概念阶段。
ESS	1994～1997年		德国宇航中心在 1994 年提出了 ESS 项目。ESS 以实际故障卫星为目标，有针对性地研究了实用的在轨服务技术。
ROGER	2001年至今		ROGER 项目开始于 2001 年，主要研究卫星服务系统的可行性，用于清除同步轨道上的废弃卫星和运载器上面级。其应用包括对目标卫星的绕飞监测、交会和抓捕等。该系统具备视觉系统、抓捕与对接机构，可对合作及非合作性的目标卫星进行交会和对接操作。
FREND	2002年至今	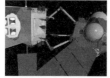	FREND 项目的目的是开发、演示、装备能够对大多数 GEO 的商业卫星进行服务的自主交会对接与捕获的空间机器人系统，主要进行方案设计和地面验证。截至 2011 年，已投入 6000 万美元，研制了 7 自由度灵巧机械臂。
DEOS	2006年至今		DEOS 项目是德国宇航中心全力实施的一项空间计划，该计划的首要目标是通过空间机械臂来捕获一个旋转的非合作目标，次要目标是能够使航天器复合体在可控状态下脱离运行轨道。
"凤凰"计划	2011年至今		"凤凰"计划旨在开发演示联合回收技术。按照"凤凰"计划的概念设计，该计划是为发展一类新的微小卫星或微纳卫星服务航天器。此类卫星能够以比较经济的方式搭乘商业卫星发射到 GEO 区域，通过 Satlet 微小卫星获取在轨退役卫星的关键部件（天线、太阳能板等），重新利用这些有价值的器件制造新的空间系统，降低新型空间设备的开发成本。

通过对在轨服务项目的概念设计，能够梳理清楚在轨服务的需求分析、主要任务目标、任务流程、所需的关键载荷及其性能指标，以及待攻关的关键技术等，

这对空间机器人的后续发展奠定了基础。从整体上说，通过概念设计，主要梳理在轨服务的关键技术，如空间遥操作、轨道机动、对接机构及在轨抓捕、空间多机械臂及软交会对接、大型部件重利用等，如图 6-31 所示。

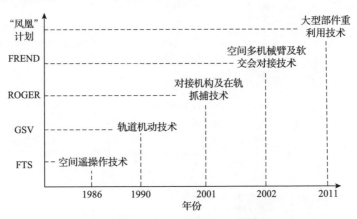

图 6-31　概念设计阶段确定的关键技术

在轨演示阶段是对在轨服务技术和能力的验证考核过程，是在轨服务发展中不可或缺的关键阶段，能够准确把握关键技术的成熟度，并验证在轨服务的能力和效果所达到的程度。目前经过在轨演示验证类空间机器人项目如表 6-2 所示。

表 6-2　在轨演示验证类空间机器人项目汇总

项目名称	发射时间	效果图	项目概述
ROTEX	1993 年		ROTEX 项目始于 1986 年，机器人于 1993 年 4 月由哥伦比亚号航天飞机携带发射升空，该系统第一次实现了远距离大时延条件下的空间机器人遥操作试验，其采用的多传感器手爪、基于预测的立体图像仿真等技术方案，代表了其后的空间机器人发展方向。
ETS-VII	1997 年		1997 年 ETS-VII 升空[7]，它在世界上首次尝试进行了无人情况下的自主交会对接和舱外空间机器人遥操作试验，开展了机械臂校准、卫星姿态与机器人运动的协调控制、机器人抓持小型物体、拨动开关、机器人柔顺控制下的销钉插孔、ORU 更换、桁架组装、借助机器人抓持目标卫星进行的交会对接试验，以及利用空间机器臂进行的抓拿浮游物体和太阳能电池单元展开等试验，于 2002 年完成使命。

续表

项目名称	发射时间	效果图	项目概述
ROKVISS	2004 年		ROKVISS 由德国宇航中心负责研制[8]，于 2004 年 12 月随俄罗斯"进步号"宇宙飞船升空，安装在 ISS 上的俄罗斯舱外进行在轨试验，主要完成了关节元件及部分遥操作技术的验证。
"轨道快车"计划	2007 年		"轨道快车"计划是美国开展的自主在轨服务空间机器人项目，重点验证了在轨燃料补给加注、在轨升级等技术。

通过对合作目标在轨服务的演示验证，基本上考核并确定了空间机械技术、近距离交会对接技术、协调控制、一体化关节、自主操作、ORU 更换技术等，如图 6-32 所示。

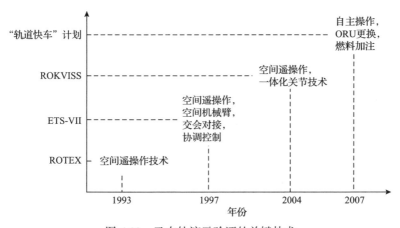

图 6-32　已在轨演示验证的关键技术

目前在轨简单应用主要是用大型空间机械臂，如航天飞机遥控机械手系统（shuttle remote manipulator system, SRMS），以及用于国际空间站的移动服务系统，即空间站远距离机械手系统（space station remote manipulator system, SSRMS）和专用灵巧机械手（special purpose dexterous manipulator, SPDM），完成对卫星的捕获和投放、辅助宇航员出舱、辅助空间站对接、货物运输、在轨燃料加注等。通过在轨简单应用，主要验证并掌握了大型机械臂技术、精细操作机械臂技术、在轨燃料加注技术等。

当前在轨实用化主要围绕在轨制造、自主装配、辅助推进、故障详查，以及大型在轨服务站建设等开展，如表 6-3 所示。尽管这些项目尚处于研究阶段，但是蕴含着大量的前沿技术，如人工智能、空间 3D 打印、轻型化机械臂、全自主在轨服务等。

表 6-3　在轨简单应用类的空间机器人项目汇总

项目名称	发射时间	效果图	项目概述
SRMS	1981 年		SRMS 于 1981 年发射升空，到 2001 年 11 月 5 日已经成功地执行多次空间装配和维修任务。
SSRMS	2001 年		SSRMS 于 2001 年 4 月安装到国际空间站，主要是以更高的运动精度来完成较为复杂的空间装配和维修任务。
SPDM	2008 年		SPDM 于 2008 年 3 月成功进行了安装及测试[9]，并与 SSRMS 结合协助航天员出舱，或者装卸和操作小型设备等与空间站维护有关的任务。
RRM	2011 年		RRM 计划从 2009 年开始实施，于 2011 年 7 月起演示了切割、拆除、收回等任务试验。RRM 与加拿大机械臂结合演示验证多种维修服务能力。

目前在轨机器人服务站仅处于概念研究阶段，在轨实用化阶段正在攻关的关键技术如图 6-33 所示。特别是当航天器具备模块化、可接受服务能力后，在轨机器人服务站将成为通信工业游戏规则改变者，而且会带来在轨服务的革命性变化。随着人工智能技术的发展，空间机器人的智能化技术极大地促进了在轨服务应用的深度发展，如表 6-4 所示。

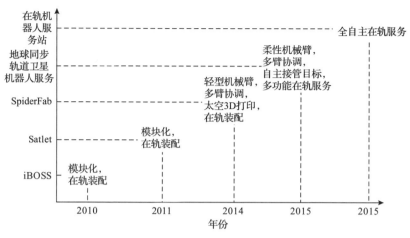

图 6-33 在轨实用化阶段正在攻关的关键技术

表 6-4 未来在轨实用化的空间机器人项目开展情况汇总

项目名称	起止时间	效果图	项目概述
iBOSS	2010 年至今		iBOSS 项目由德国宇航中心支持，将传统卫星平台分解为用于在轨服务的单个标准化的智能模块，利用在轨装配形成新的空间系统，实现卫星的模块化和可重构。
"凤凰"计划中的 Satlet	2011 年至今		DARPA 在"凤凰"计划中提出一种称为 Satlet 的细胞机器人，可以在发射大型商业卫星时将其搭载发射，通过 Satlet 与废弃卫星的天线相结合组成新的航天器系统。
SpiderFab	2014 年至今		SpiderFab 项目的核心为 6U 的微小型多臂空间机器人，运用 3D 打印技术开展在轨制造、装配，能够为大型太阳能电池板提供支持，或者在轨焊接航天器集群桁架。
地球同步轨道卫星机器人服务(RSGS)	2015 年提出		该项目是对"凤凰"计划的进一步延伸和拓展，含有两个 2m 长的 7 自由度机械臂和一个 3～4m 长的 9 自由度机械臂，能够处理如太阳能阵列、活动机构等的机械故障，提供辅助推进，详查失效航天器的故障问题等。
在轨机器人服务站	2015 年提出		2015 年 9 月，DARPA 在未来技术论坛上提出在地球同步轨道建造一个机器人服务站，为航天器提供运输、装配、升级、维修与燃料加注等任务。按照设想，该服务站属于无人照料型，主要任务均是由机器人来自主执行。

DARPA 正在实施的地球同步轨道卫星机器人服务(RSGS)计划,借助人工智能技术解决多臂自主操作、人机协同操作、自主任务管理和故障检测等,并开发地面规划训练系统,通过地面学习训练,协调执行复杂在轨任务,支持平台及有效载荷的精细操作,达到全轨道空间有效控制的目的。NASA 正在开展的低轨道重定向(Restore-L)项目,明确将人工智能作为核心,正在攻关实现自主导航、自主抓捕和人机融合智能在燃料补加中的应用。美国 ATK 公司于 2018 年宣布研制新型任务机器人飞行器(MRV),MRV 将携带多个延寿吊舱,这些吊舱具备自主接管高价值航天器,实现 5 年延寿的能力。同时美国正在大力发展空间智能制造,其中"蜻蜓"项目、多功能太空机器人精确制造与装配系统(Archinaut)项目和机器人装配与服务的商业基础设施(CIRAS)计划等重点发展增材制造、自主装配、智能测量等智能技术。欧洲航天局"清除碎片"(RemoveDEBRIS)项目在轨验证了基于图像的自主导航技术,正在研制"脑卫星"(BrainSat),另外德国拟通过"德国轨道服务任务"(DEOS)重点验证人机协同操作、自主视觉测量、灵巧抓捕等智能技术。俄罗斯利用宇宙 2499、宇宙 2504、卢奇卫星等进行多次在轨机动试验,正在验证在轨自主机动能力,计划于 2025 年前设计并建造一款轨道清理者航天器,实现轨道博弈机动、自主交会对接、机械臂抓捕等智能操作技术。日本在 2019 年 1 月发射了创新有效载荷演示卫星(RAPIS-1),对基于深度学习的图像识别算法进行验证,以期扩展人工智能技术在轨应用于碎片清理等方面。

在空间机器人的智能应用领域,美国的发展比较全面,利用项目牵引智能化技术,如图 6-34 所示。从布局上看,美国将在 2022 年形成比较完备的空间机器人智能化应用能力,将具备自主导航、目标抓捕、人机融合等智能化手段。欧洲航天局重点围绕自主导航、自主抓捕和人机协同进行研究(图 6-35),并在 2019 年验证了自主导航技术。

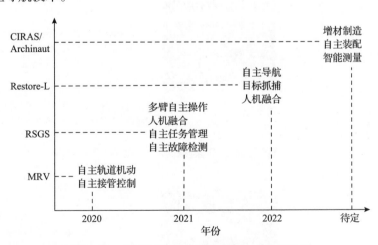

图 6-34　美国空间机器人智能化技术发展路线

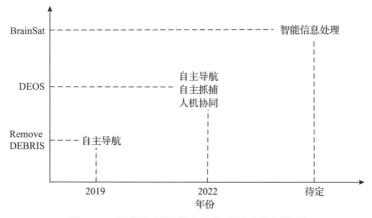

图 6-35　欧洲空间机器人智能化技术发展路线

6.4.2　行星探测智能机器人

探测空间机器人主要用于对空间星体进行科学探测，发现新现象和新物质，解释宇宙生成的奥秘。目前，人类所从事的最成功的空间探测是火星探测，并且研制并实际使用了多种火星探测空间机器人。

开发火星探测空间机器人的目标是证实火星上是否曾经存在生物，生物存在所必需的条件，寻找生物的痕迹、火星的气候特性、火星的地质特性，并为人类探测火星做准备。

飞往火星的航天器主要包括由地球飞往火星的装备、着陆装备和携带探测仪器的空间机器人，特别是着陆于火星表面的航天器如图 6-36 所示。下面介绍各个

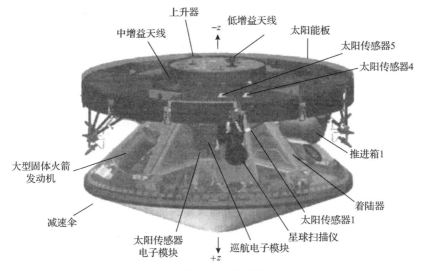

图 6-36　着陆于火星表面的航天器

主要部分的特点。

1. 气囊

气囊外壳包括 1 个降落伞减速系统、后壳电子组件和电池组、1 个惯性测量组合、3 个大型固体火箭发动机(称为火箭助减系统)、3 个小型火箭(称为横向冲击火箭系统)等，以及着陆于火星表面的航天器及其外壳，如图 6-37 所示。

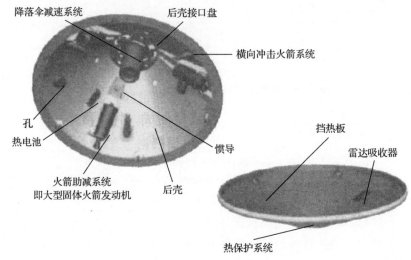

图 6-37　航天器的外壳

气囊用以确保航天器在岩石或粗糙的地形上着陆时得到缓冲，并且在着陆后能使航天器以高速在火星表面弹跳。更复杂的是，气囊必须在着陆前数秒膨胀，待安全着陆后再瘪掉。

新型火星探测器气囊使用的织物是一种称为 Vectran 的人造材料，Vectran 有几乎其他人造材料如 Kevlar 纤维 2 倍的强度，并且在低温时有更好的表现。每个探测器使用 4 个气囊，每个气囊有 6 个相互连接的圆形凸起。连接很重要，因为它通过保持气囊柔顺及对着地压力的反应来帮助减少部分着地力。气囊的织物并不是直接与探测器接触，互相交叉的绳索包裹着气囊使织物与探测器在一起。绳索使气囊成形，可使膨胀更容易。在飞行途中，气囊连同用来膨胀的 3 个气体发生器一并收藏起来。

2. 着陆器

着陆器(图 6-38)是一个牢固且轻的结构，由一个底座及三片"花瓣"组成金字塔形。着陆器结构由复合材料制成的梁和薄片组成。着陆器的梁由石墨纤维的碳基层编织成的织物制成，这种材料比铝轻，刚性比钢要高。空间机器人通过螺栓和特殊的螺母安装在着陆器内，着陆后通过小型爆炸使它松开。

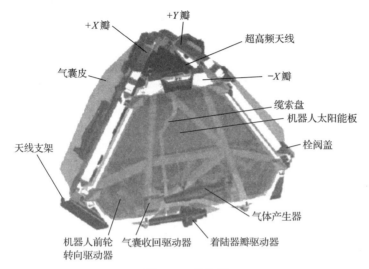

图 6-38　着陆器

3. 火星探测空间机器人

火星探测空间机器人是飞往火星的航天器的核心部分。目前，人类已经在火星上使用了多种火星探测空间机器人。图 6-39 是"海盗号"火星探测空间机器人。图 6-40 是"机遇号"火星探测空间机器人。图 6-41 是"勇气号"火星探测空间机器人。图 6-42 是"凤凰号"火星探测空间机器人。

图 6-39　"海盗号"火星探测空间机器人

图 6-40　"机遇号"火星探测空间机器人

图 6-41　"勇气号"火星探测空间机器人

图 6-42　"凤凰号"火星探测空间机器人

　　下面以"勇气号"火星探测空间机器人为例，介绍火星探测空间机器人的主要结构，如图 6-43 所示。

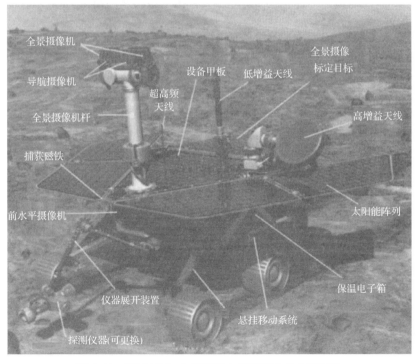

图 6-43　"勇气号"火星探测空间机器人的主要结构

"勇气号"火星探测空间机器人的主要结构介绍如下。

(1)机体：机器人的机体被称为热电子盒(warm electronics box, WEB)，如图 6-44 所示。机体是一层坚硬的外壁，它能起到保护机器人的计算机、电子系统和电池(这些都是机器人的心脏和大脑)的作用。因此，机体保护了机器人的主要器官并实现了温度控制。热电子盒被机器人装备甲板封装在顶部。这块甲板使得机器人成了一辆可以变形的小车，并为各种摄像机、天线和支撑杆提供了安装空间，使得机器人在航行过程中能够不断拍照和清晰观察火星地形。机器人绝缘性能良好的机体被涂成了金色，可以在火星温度下降到零下 96℃的时候保持热量不散失。

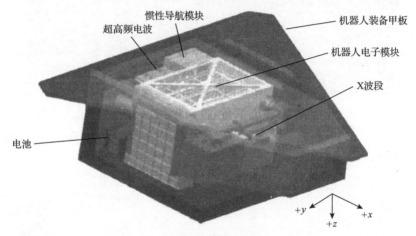

图 6-44　热电子盒

(2)控制系统：机器人的计算机安装在机体内机器人电子模块的里面。主计算机与机器人的设备和传感器通过总线来交换数据。这种总线是一种标准的工业接口总线。机器人的计算机由高端的、功能强大的计算机组成。它包括能够忍受来自空间的极端辐射环境并能在计算机掉电期间保护数据和程序不丢失，在机器人夜间关机时数据和程序也不会被清除。随机器人携带的存储器包括 128MB 具有错误检测和纠正功能的动态随机存取存储器，3MB 可擦除只读存储器，该随车携带的存储器是用于"火星探路者号"的"索杰纳"火星车容量的 1000 倍左右。机器人携带了一个惯性测量装置来提供它所在的三坐标轴的位置信息，这使得机器人能够进行精确的垂直、水平和偏航运动。该设备用在机器人航程中为安全的航行提供支持，当机器人在火星地面上探测时该设备还能够估测倾斜度。机器人控制系统还能够检测自身"健康"，计算机记录健康信号、温度和其他保持漫游者"活着"的一些数据。一旦航天器开始进入火星大气层时机器人主计算机中的软件开始更改模式。

(3)机器人的轮子：机器人有 6 个轮子，每个轮子有自己独立的电动机。它的2 个前轮和 2 个后轮还有独立的转向发动机。转向装置能控制转 360°内的任何角度。这 4 个转向轮子还可以使机器人突然转向和弯曲(呈弓形转向)。机器人一般以 10mm/s 的速度行驶。

(4)科学仪器：科学仪器主要包括磁体排列/微型热辐射分光计(Miniature Thermal Emission Spectrometer, Mini-TES)、穆斯堡尔谱分光计、射线粒子 X 射线分光仪、磨石工具等。

(5)机器人的摄像机：如图 6-45 所示，"勇气号"机器人有 9 个摄像机，包括避障摄像机(4 个)、导航摄像机(2 个)、科学探测全景摄像机(2 个)、显微镜摄像机(1 个)、测定标定对象(它以日晷的形式安装在机器人的平台上)。

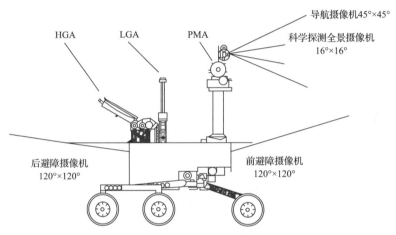

图 6-45　"勇气号"机器人上的摄像机布局

(6)机器人的"颈"和"头"：在"勇气号"机器人上看上去像颈和头的装置被称为全景摄像机桅杆头，如图 6-46 所示。它有两个作用：作为装在机器人内部的微型热辐射分光计潜望镜、全景摄像机和导航摄像机提供一个适合的高度和视界。

图 6-46　机器人上的"颈"和"头"

(7)机器人的手臂：机器人的手臂也叫工具执行装置。如图 6-47 所示。该手臂具有三个关节：肩、肘和腕。该手臂能够使工具操作延伸、弯曲和转动一定精确的夹角，并能剔除岩石表层，拍摄微小图像，并分析岩石和土壤的组成成分。装在机器人手上的 4 个工具是微型摄像机、穆斯堡尔谱分光计、射线粒子 X 射线分光仪和磨石工具。

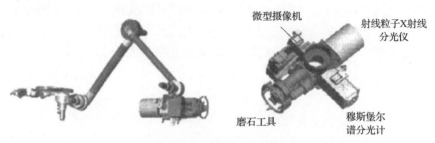

图 6-47　机器人的手臂

(8)机器人的温度控制：火星探测空间机器人最重要的器件绝对不能超过-40～40℃这个范围。通常保温的方法有以下几种：利用黄金涂料防止热量扩散(防止热量扩散的绝热材料是气溶胶)；通过加热器来保持温度；利用自动调温器和热转换器、散热管等。

火星探测空间机器人的工作过程主要包括以下步骤：①开始通信准备；②旋转太空船；③开始传输音频信号；④巡游舱脱离；⑤"勇气号"进入火星大气层；⑥展开减速伞；⑦隔热屏脱离；⑧登陆器脱离；⑨雷达系统开始工作；⑩降落成像器对火星表面拍照；⑪开始向火星环绕检测卫星进行数据传输；⑫气囊的膨胀；⑬减速火箭推进器；⑭绳索剪断和第一冲击发生；⑮登陆器翻滚直到最终完全停止；⑯通信尝试开始；⑰关键的布置开始；⑱开始向火星长期卫星传输信号；⑲休眠。

4. 空间机器人航天器

空间机器人的主要作用是对在轨卫星进行外部监视，以及进行故障诊断和维护，并可以保护己方卫星或攻击敌方卫星，代替宇航员来完成一些舱外作业。有关空间机器人航天器的研究和应用主要有以下实例。

Aero Astro 实验室在第十七届 AIAA/USU 小卫星年度会议上提出"护航者"的概念，即在发射一颗大卫星时，同时从这颗大卫星上释放出一个小卫星以监视大卫星的工作状况。这颗小卫星能够自主靠近大卫星，并且能从任意角度、任意距离处对大卫星进行拍照。

瑞典太空公司开展了一项名为 PRISMA 的太空任务，以演示编队飞行、交会对接和传感器等技术。他们在 2010 年发射一颗质量约为 150kg 的主卫星和一颗质量为 40kg 的目标卫星。

英国萨里大学的小卫星公司研制的 SNAP-1 纳卫星，重 6.5kg，能够为在轨卫星近距离拍照，于 2000 年 6 月 28 日在俄罗斯普列谢茨克航天发射基地与清华大学研制的"航天清华一号"卫星（50kg）和 Nadezhda 6 卫星一起搭载 Kosmos 3M 火箭顺利发射入轨。SNAP-1 卫星在分离 2s 后首先在 2.2m 距离处对俄罗斯的 Nadezhda 6 进行了拍照，接着又在 9m 距离处对中国的"航天清华一号"卫星进行了拍照，并把图像传回了地面。

由美国空军主要负责的试验卫星系统微小卫星演示验证项目，用于演示验证自主逼近操作技术，如在轨检查、交会和对接、重定位、逼近绕飞。该项目的第一颗卫星是由波音公司负责研制的 XSS-10，如图 6-48 所示。该星重 30.26kg，于 2003 年 1 月 29 日由 Delta-2 火箭发射入轨。在 800km 的轨道上，XSS-10 卫星 3 次逼近火箭的第二级，在 200m、100m 和 35m 的距离上分别对火箭的第二级进行了拍照，演示验证了半自主运行和近距离空间目标监视能力。由 Lockheed Martin 公司研制的 XSS-11 卫星（图 6-49）是该项目的第二颗星，也已经于 2005 年 4 月 11 由 Minotaur-1 火箭成功发射入轨。该星重约 138kg，具备在轨成像能力。图 6-50 是 XSS-11 卫星从距离 0.5km 处拍摄的 Minotaur-1 火箭的照片。截至 2005 年秋季，XSS-11 卫星绕发射装置的扩展级飞行了 75 圈。在任务期间，XSS-11 卫星计划与位于同一轨道内的 6～7 个空间物体进行自主交会，以验证其较高的自主飞行能力。

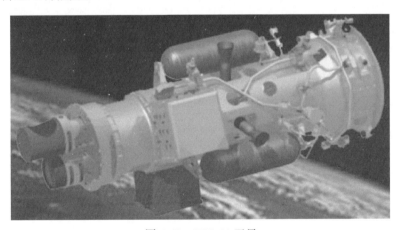

图 6-48　XSS-10 卫星

DART 是一颗为进行自主交会技术验证的演示卫星，于 2005 年 4 月 15 日在美国范登堡空军基地成功发射。DART 的任务包含四个阶段：①发射和入轨阶段；②交会阶段；③接近操作阶段；④离开和退休阶段。DART 卫星上搭载有高级视频导航传感器和防撞程序。DART 计划接近目标星 MUBLCOM 后，绕目标星进行飞行监视，同时利用星上的特殊标记进行视频导航以防止发生碰撞，如图 6-51 所示。DART 在顺利完成前两个阶段的任务后，在接近操作阶段燃料消耗比预期多，因而在未能完成第三个阶段的任务时，提前进入第四个阶段。由于 DART 卫星是一个自主卫星，无法接收地面遥控指令，卫星按预定程序运行。在第四阶段与目标星 MUBLCOM 发生碰撞。尽管卫星上有防撞程序，但是它严重依赖导航数据，由于导航数据测量的严重偏差，程序设计时并未预料到这种情况。

图 6-49　XSS-11 卫星

图 6-50　XSS-11 卫星在距离 Minotaur-1 火箭 0.5km 处拍摄的火箭

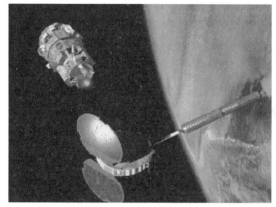

图 6-51　DART 交会对接演示

由华盛顿大学的研究人员提出的 Bandit 太空飞行监视器[10]，是大学纳星计划中重量为 25kg 的一部分，一个 1kg 的监视器从母星上分离后，可对母星进行监视。并且，这个监视器可以再返回到母星上进行补给以进行下一次任务。这是 SNAP-1 和 XSS-10 所不具备的功能。

EDAS Astrium 公司自 1998 年开始着手研制可自主飞行的多功能微小卫星平台 MICROS。它具有三轴稳定功能，质量为 7kg，直径约为 230mm。其在轨时间可达 5 年，在轨期间可以每月执行一次飞行任务，任务可持续数小时。MICROS 可以在载人航天器或国际空间站附近执行绕飞监视、辅助宇航员进行太空作业和环境监测等任务。MICROS 具有三组成像系统和环境探测系统，可以实现三轴稳定控制等特点。

由清华大学、中国航天机电集团公司与英国萨里大学联合研制的"航天清华一号"小卫星(图 6-52)于 2000 年 6 月 28 日顺利发射入轨。该星重约 50kg，具备遥测照相功能，可对地进行光学成像观测。"航天清华一号"卫星的地面分辨率为 39m。

图 6-52　"航天清华一号"小卫星

由清华大学研制的另一颗星"纳星一号"已于 2004 年 4 月 18 日 23 时 59 分在西昌卫星发射中心成功发射。该星是一颗高技术探索试验卫星，旨在通过一些关键技术的研究，开发纳型卫星平台并进行关键载荷的搭载试验，完成航天高技术飞行演示。

总之，空间机器人的应用将会随着航天技术的发展得到进一步的扩大，特别是人工智能技术将会更多地应用于空间机器人的研制中，使之具有更强大的功能，能够完成更加复杂的任务，为人类对太空的探索和发现发挥更大的作用。

参 考 文 献

[1] Hirzinger G, Brunner B, Dietrich J, et al. Sensor-based space robotics-ROTEX and its telerobotic features[J]. IEEE Transactions on Robotics and Automation, 1993, 9(5): 649-663.

[2] Lu J, Gong P H, Ye J P, et al. A survey on machine learning from few samples[J]. Pattern Recognition, 2023, 139(7): 109480-109497.

[3] 赵毓, 管公顺, 郭继峰, 等. 基于多智能体强化学习的空间机械臂轨迹规划[J]. 航空学报, 2021, 42(1): 266-276.

[4] 束安, 裴浩东, 丁雷, 等. 空间非合作目标的双目视觉位姿测量方法[J]. 光学学报, 2020, 40(17): 107-117.

[5] Besl P J, McKay N D.A method for registration of 3-D shapes[J]. IEEE Transactions on Pattern Analysis and Machine Intelligence, 1992, 14(2): 239-256.

[6] 孟光, 韩亮亮, 张崇峰. 空间机器人研究进展及技术挑战[J]. 航空学报, 2021, 42(1): 8-32.

[7] Oda M, Doi T. Teleoperation system of ETS-VII robot experiment satellite[C]//IEEE/RSJ International Conference on Intelligent Robot and Systems, 1997: 1644-1650.

[8] Schäfer B, Rebele B, Landzettel K. ROKVISS-space robotics dynamics and control performance experiments at the ISS[J]. IFAC Proceedings Volumes, 2004, 37(6): 333-338.

[9] Lemmer P, Gunkel M, Baddeley D, et al. SPDM: Light microscopy with single-molecule resolution at the nanoscale[J]. Applied Physics B, 2008, 93: 1-12.

[10] Swartwout M, Macke J, Bennett K, et al. The Bandit: An automated vision-navigated inspector spacecraft[C]//AIAA/USU Conference on Small Satellites, 2003:28.

第7章 地面智能无人系统

本章从地面智能无人系统的发展历程开始，回顾典型的地面智能无人系统，介绍其基本组成，综述其主要应用场景。

地面智能无人系统主要包括无人驾驶车、无人物流系统、智能工厂。近几年，随着人工智能、大数据、云计算等技术的快速发展，地面智能无人系统也取得了飞跃性的进展。以无人驾驶车为例，谷歌公司旗下的 Waymo 无人驾驶车公司在实际道路上的无人驾驶测试里程已经超过 1600 万公里，其无人驾驶车在美国凤凰城已得到广泛应用。在无人仓储方面，国内的京东已经构建起先进的无人仓储系统，在实际仓储管理和运行中得到广泛应用。未来，地面智能无人系统将更多地服务于人们的生活。

7.1 地面智能无人系统的发展历程

7.1.1 无人驾驶车

自动驾驶技术的开端可以追溯到 20 世纪 50 年代，GM 公司在 1956 年推出的 Firebird II 是世界上第一辆安装自动导航系统的概念车。

国外无人驾驶技术的发展早于国内。20 世纪 70 年代，以美国为首的科技发达国家率先开始进行无人驾驶车的研究。20 世纪 80 年代开始，美国著名的大学如卡内基梅隆大学、斯坦福大学、麻省理工学院等都先后加入无人驾驶车的研究工作中。其中，卡内基梅隆大学研制的 NavLab 系列智能车辆最具有代表性，如表 7-1 所示。

表 7-1 NavLab 系统的发展

NavLab 系统	NavLab-1 系统	NavLab-1 系统于 20 世纪 80 年代建成； 计算机硬件系统由 Sun3、GPS、Warp 等组成； 用于完成图像处理、传感器信息融合、路径规划以及车体控制等功能； 在典型结构化道路环境下的速度为 28km/h
	NavLab-5 系统	NavLab-5 系统于 1995 年建成； 在试验场环境道路上的自主行驶平均速度为 88.5km/h； 首次进行了横穿美国大陆的长途自主驾驶公路试验； 自主行驶里程为 4496km，占总行程的 98.1%； 车辆的横向控制实现了完全自动控制，纵向控制由驾驶员完成
	NavLab-11 系统	车体装有工业级四核计算机，处理各种传感器数据，并把信息分送到各子单元； 最高车速达到 102km/h

意大利帕尔马大学的 VISLab 一直致力于 ARGO 试验车的研制，如表 7-2 所示。

表 7-2　ARGO 试验车的发展

ARGO 试验车	1998 年	沿意大利高速公路网进行了 2000km 的长距离道路试验；试验车无人驾驶里程为总里程的 94%，最高车速达 112km/h
	2010 年	沿马可波罗旅行路线全程自动驾驶来到中国上海参加世博会，行程达 15900km；全程应用太阳能作为辅助动力源
	2013 年	在无人驾驶情况下成功识别交通信号灯、避开行人、行驶过十字路口和环岛等

1984 年，DARPA 与陆军合作，发起自主地面车辆(autonomous land vehicle, ALV)计划。1986 年，全球第一辆由计算机驾驶的汽车 NavLab-1 诞生。1998 年 ARGO 试验车进行长距离道路试验，发展历程见表 7-2。

在发展的前几十年，无人驾驶技术整体发展速度较缓慢。为了推进无人驾驶技术更快、更好地发展，DARPA 于 2004~2007 年共举办了 3 届 DARPA 无人驾驶挑战赛，如表 7-3 所示。

表 7-3　DARPA 无人驾驶挑战赛

第 1 届 DARPA	在美国莫哈韦沙漠进行。共 21 支队伍参赛，其中 15 支进入决赛。决赛中，没有一支队伍完成整场比赛。卡内基梅隆大学的 Sandstorm 行驶最远，共行驶了 11.78km
第 2 届 DARPA	共 195 支队伍申报参赛，有 5 支队伍(Stanley、Sandstorm、Highlander、Kat-5、TerraMax)通过了全部考核项目。其中，来自斯坦福大学的 Stanley 以平均速度 30.7km/h、6h53min58s 的总时长夺冠，赢得了 200 万美元
第 3 届 DARPA	比赛任务为在 6h 内完成 96km 的市区道路行驶，要求参赛车辆遵守所有的交通规则。来自卡内基梅隆大学的 Boss 以总时长 4h10min20s、平均速度 22.53km/h 的成绩获得了冠军

此后，大量新兴科技公司和传统汽车厂商开始进入无人驾驶领域，包括谷歌、奥迪、福特、沃尔沃、日产、宝马等公司。除此之外，一些专门的无人驾驶技术创业企业也大量出现，包括 nuTonomy、Zoox 等。这些企业多采用"一步到位"的无人驾驶技术发展路线，即直接研发 SAE 4 级别及以上的无人驾驶车。

与美、欧等发达国家及地区相比，我国在无人驾驶车方面的研究起步稍晚，从 20 世纪 80 年代末才开始，1.2.2 节已有详细介绍，此处不再赘述。

7.1.2　智能无人物流系统

物流及仓储系统的发展大致可以分为 4 个阶段，如图 7-1 所示。第一阶段是人工生产，主要依赖工人劳动，通过推、拉、抬、举的方法或借助简单工具，进行物流、产品转移，并采用人工方法进行数量统计。第二阶段是机械化，利用动力车、传送带、叉车、举重设备等，减轻原有工人劳动的负担，同时提升效率。第三阶段是自动化，自动存储系统、自动导引车、电子扫描仪、条形码及机器人等被运用于仓储及物流的各个环节，实现高度的自动化。第四阶段是智慧化，即整合各项传统科技与新兴科技，以互联网、大数据、人工智能等技术为支撑，实现仓储及物流系统的智慧无人化。

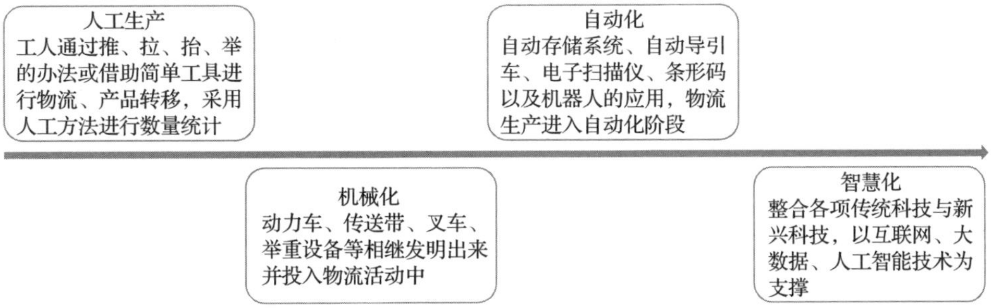

图 7-1　物流及仓储系统发展阶段

从物流业的发展来看，物流企业对物流设备的要求越来越高，这也使得物流行业从自动化迈向了智能化，当下提升制造业的智能化水平已成为全球各国的共同话题。

就智能物流的发展来看，从早期牵引式拖拉机改造的自主导引车(automated guided vehicle, AGV)，到可以在四面墙内行驶的 AGV，直至现在机场、办公室等应用 AGV 的兴起，物流行业从传统的使用大量人工劳力转变到使用 AGV 代替部分劳力，这些都使得物流行业得以多渠道发展。

AGV 是现代化仓储体系的关键设备之一，具有安全可靠、灵敏等特点，使企业在一定程度上可以降低搬运强度，提高搬运效率，实现各流程的自动化。纵观 AGV 技术的发展，在国际上主要有两种发展模式：一种是以欧美国家为代表的全自动 AGV 技术，这类技术几乎完全不需要人工干预；另一种是以日本为代表的简易型 AGV 技术或只能称其为自动导引小车(automated guided cart, AGC)，该技术追求简单实用。

AGV 最早应用于仓储业，至今已有 60 多年的历史。第一台 AGV 由美国 Barrett 电子公司于 20 世纪 50 年代初开发成功，其主要依靠牵引式小车系统来带动。在 20 世纪 50 年代末至 60 年代初，已有多种类型的 AGV 用于工厂和仓库。目前，随着技术的进步，AGV 的导引方式也更加多样化，但每一种导引方式也都是优缺点兼具，具体如表 7-4 所示。

表 7-4　AGV 导引方式及其优缺点

导引方式	优点	缺点
直接坐标	实现路径的修改，导引的可靠性好，对环境无特别要求	地面测量安装复杂，工作量大，导引精度和定位精度较低，且无法满足复杂路径的要求
电磁导引	引线隐蔽，不易污染和破损，导引原理简单可靠，便于控制和通信，对声光无干扰，制造成本较低	路径难以更改扩展，对复杂路径的局限性大
磁带导引	灵活性比较高，改变或扩充路径较容易，磁带铺设简单易行	导引可靠性受外界影响较大
光学导引	灵活性比较好，地面路线设置简单易行	对色带污染和机械磨损十分敏感，对环境要求高，导引可靠性较差，精度较低
激光导航	定位精确，地面无需其他定位设施，行驶路径灵活多变，能够适应多种环境	制造成本高，对环境要求高（光线、地面、能见度），不适合室外，易受雨雪雾影响
惯性导航	技术先进，较之有线导引，地面处理工作量小，路径灵活性强	制造成本较高，导引对精度和可靠性与陀螺仪的制造精度和后续信号处理密切相关
视觉导航	灵活性较好，地面路径设置简单易行	对色带污染和磨损较敏感，对相机的采样频率要求高

相比于原始的 AGV，现在的 AGV 产品种类多样，不仅导引方式有所不同，而且工作环境也有所拓展。近年来国际上已有多种行走机构的 AGV，如两轮差速行走机构的 AGV[1]、三轮行走机构的 AGV[2]、带舵轮的四轮行走机构的 AGV[3]等。这些不同行走机构的 AGV 所具有的特点如表 7-5 所示。

表 7-5　AGV 导引方式行走机构的优缺点

导引方式行走机构种类	优点	缺点
两轮差速行走机构的 AGV	机构简单，工作可靠，成本低	行驶时车体横向稳定性不够高
三轮行走机构的 AGV	结构简单，控制容易，工作可靠，造价低	自动运行时只能单向行驶，转弯时后轮中点轨迹偏离导引线
带舵轮的四轮行走机构的 AGV	在自动运行状态下可全方位行驶	作业环境有所限制

亚马逊公司始终走在自动化的前沿，致力于寻找机器人替代人力工作的新方式。2012 年，亚马逊公司以 7.75 亿美金收购了 Kiva Systems 公司，并将其应用到了物流仓储业中。据报道，亚马逊公司当时普通订单的交付成本为 3.5～3.75 美元，而使用 Kiva 机器人之后这一成本降低了 20%～40%。Kiva 机器人的出现，让业内外真正认识到了更高效率的仓储作业，促使 AGV 行业火热发展，走向繁荣。据不完全统计，中国前后出现了 50 余家仓储机器人公司，除了极智嘉、快仓等创业公司，海康威视、新松等老牌企业也在该领域布局。

被收购虽然是 Kiva 的终点，但对于仓储机器人公司来说，只是个开始。仓储机器人并不止于电商，还可以应用在汽车、快时尚、医药等领域。其次，其在机器形态上也有所变化，如无人叉车、智能机械臂、分拣机器人等。

此外，以 Kiva 为代表的智能物流装备对传统制造业的发展也产生了一定的影响。2017 年 3 月，美的集团提出了战略变革，其智能物流领域的布局逐渐显露。美的也对外展示了其在物流自动化产品创新上的最新成果——AIR-pick，这一产品在智能学习、顶升速度、运行能力等方面相比同类产品有了大幅提升，对提高企业的运行效率起着举足轻重的作用。

7.1.3　智能工厂

智能工厂又叫自动化工厂、全自动化工厂，是指全部生产活动由电子计算机进行控制，生产第一线配有机器人而无需配备工人的工厂。智能工厂里安装有各种能够自动调换的加工工具。从加工部件到装配再到最后一道成品检查，都可在无人的情况下自动完成。

1952 年，美国福特汽车公司在俄亥俄州的克利夫兰建造了世界上第一个生产发动机的全自动工厂。它所需的生铁及原料从一端输入，由 42 部自动机器进行 500 种不同的操作和加工，还能够把不合格的产品检查出来。

真正的智能工厂还是在机器人、计算机、电子技术等得到极大的发展之后才涌现出来的。1984 年 4 月 9 日，世界上第一座试验用的智能工厂在日本筑波科学城建成，并开始进行试运转。试运转证明，以往需要用近百名熟练工人和电子计算机控制的最新机械，花两周时间才能制造出来的小型齿转机、柴油机等，只需要用 4 名工人花一天时间就可制造出来。

最有名的是日本 FANUC 公司的一个工厂，于 20 世纪 80 年代初建立，投资数千万美元，生产制造机器人所需的部件。在工厂里，自动机械加工中心、机器人、自动运输小车，都是在无人看管情况下进行生产的。自动加工中心在控制中心的计算机控制下进行加工；自动运输车从一个装置旁边移动到另一个装置旁边，运送材料，搬运机器零件；自动装置在仓库周围悄悄地移动，机器人进行产品检查包装。在 1.6 万 m^2 的场地上，一切工作都是由计算机按程序控制的。这个工厂有 1010 台带有视觉的机器人，它们与数控机床、自动运输小车共同工作。白天工厂内有 19 名工作人员在操作室内从事作业，夜里只有两名监视员。

随着生产制造智能化改造升级的需求日益凸显，通过嵌入智能系统对现有的机械设备进行改造升级成为更加务实的选择。各国政府都非常重视对智能工厂发展的支持，并提出相应战略，如德国工业 4.0、美国工业互联网等，智能工厂正成为人工智能的重要发展及应用方向。

7.2　地面智能无人系统的基本组成

地面智能无人系统是智能无人系统中与日常生产和生活关系最密切的部分，包括智能辅助驾驶的交通工具和智能交通系统、各种形式的机器人等。

从单体来讲，自动驾驶车包括辅助驾驶、部分自动驾驶、有条件的自动驾驶、高度自动驾驶和完全自动驾驶几个阶段，实时环境中的姿态感知、智能决策、高速运动控制、精准行车图、无人系统的评价指标和评价方法，以及系统的可靠性是当前的研究热点。

地面智能无人系统(包括车辆与环境构成的智能交通系统)具有多种交通主体的智能感知、通信和信息交互、路线规划、协同安全驾驶、智能调度优化等技术，是智能无人系统与工业智能方向的结合。

自主无人轨道交通是地面智能交通系统的重要组成部分，将面向城市轨道交通、高速铁路、真空管道超高速磁悬浮列车等，研究列车自动驾驶、自主无人轨道交通系统的态势感知与运行安全控制，以及区域轨道交通的智能调度和协同运输等关键技术。

在机器人领域，复杂环境的适应能力、高机动运动能力、高效的能量利用率和仿生技术是当前研究的热点。以服务机器人为例，在非结构化环境中的实时建模、自然语言理解、情感交流、精微安全操作等问题，是实现家政服务机器人、护理机器人、微创机器人等产品应用的关键。

7.3　地面智能无人系统的主要应用

智能工厂、智能载客车、智能无人物流系统，是典型的应用场景。

7.3.1　智能工厂

人工智能的发展为人们的生活带来了许多改变，近年来，智能工厂、无人餐厅、无人便利店都在不断地刷新人们对于人工智能发展的看法。智能工厂在我国发展到成熟的阶段，在效率和作业标准飞速提升的同时，解放了劳动者的双手，让人们有机会从事非重复性机械劳动。

1. 阿里巴巴菜鸟无人仓

阿里巴巴菜鸟无人仓机器人并不需要人工干预调配，消费者下单后由系统分单给机器人。机器人既能相互协作执行同一个订单拣货任务，也能独自执行不同的拣货任务。此外，机器人能相互识别，并根据任务优先级来相互协同。

目前，机器人与拣货员搭配干活，一个拣货员 1h 的拣货数量是传统拣货员的 3 倍多。机器人接到指令后，会自行到存放相应商品的货架下，将货架顶起，随后将货架拉到拣货员跟前。完成拣货之后，机器人再将货架拖到货架区存放。当机器人缺乏电力时，它会自动归巢充电。

菜鸟计划建设国家智能物流骨干网，把中国物流成本占国内生产总值(gross domestic product, GDP) 的比重降到 5% 以下。为此，菜鸟研发了柔性自动化仓储系统，利用 AI 技术，让大量机器人在仓内协同作业，组合成易部署、易扩展、高效的全链路仓储自动化解决方案。

无人仓的背后是菜鸟多年来对柔性自动化的不断探索和思考，未来的物流将通过包括 AI 在内的技术创新打造全面智慧化自动化的物流体系，更加快速高效地满足用户需求。

2. 京东"亚洲一号"无人仓

无论是订单处理能力，还是自动化设备的综合匹配能力，"亚洲一号"无人仓都处于行业领先水平。无人仓标准的公开，对于推动行业发展，促进行业伙伴共同致力于智慧物流的建设有着极其重要的意义。

在收货存储阶段，"亚洲一号"使用的是高密度存储货架，存储系统由 8 组穿梭车立体仓库系统组成，可同时存储 6 万箱商品，可以简单理解为存储量更大的无人货架。货架的每个节点都有红外射线，这是因为在运输货物的过程中无人，需要以此确定货物的位置和距离，保证货物的有序排放。

在打包过程中，机器可以扫描货物的二维码，并根据二维码信息来进行包装和纸板的切割。两种包装在货物的包装数量上不同。其中白色袋装可以同时包装好几件商品，更加灵活。黄色箱装只能包装 1 件商品，并且是更加标准化的商品，如手机。在打包时，两种包装分为两条轨道独立运作，在去分拣中心之前汇集。

无人仓库的推出，对京东而言至关重要。当仓储全部实现无人后，货物的转运次数将降到最低，人员结构变得简单，极大提升物流效率和精度，运营成本极大降低。

3. 美的自动化空调生产线

2012 年以来美的累计投入使用了 800 多台工业机器人，自动化生产线改造费用超过 6 亿元，实现自动化生产战略转型，引领工业 4.0 时代。

美的打造了一个数字化车间。车间总体设计、工艺流程及布局均已建立了数字化模型，采用 CAD、CAM 等进行模拟仿真，通过 ERP、PDM 等实现规划、生产、运营全流程数字化管理。生产车间配置了数据采集系统和先进控制系统，生产工艺数据自动数采率达 90% 以上。

　　工厂中的机器人将货物整齐地码放到无人驾驶的货车上，在被运输到集装箱码头之后，机器人起重机再将这些货物装载到无人驾驶货轮上，进而运送到指定的地点，实现全供应链的无人化操作。

　　自动化 AGV 搬运机器人在工厂生产线基本实现了自动化运送生产物料，精准自动运送物料到目标生产线，全程无需人工，全自动底盘，最高承载 2t 以上物料，大大提升生产效率。

　　4. 上汽通用汽车金桥工厂

　　上汽通用汽车金桥工厂是号称中国最先进的制造业工厂，是中国制造的典范。

　　上汽通用金桥工厂车间内实现了 100% 焊接自动化，这里有 300 多台机器人。不过，只有十几位操作工人管理这些机器人，他们每天与机器人合作生产新车，当然他们背后有着庞大的技术和维护团队。自动化快速生产的同时还提高了产品质量。

　　在高度机械化自动化的工厂里，人仿佛成了多余的生产力，但没有人的控制终归是不可取的。不过，这也从另一个角度说明，这个工厂的自动化程度之高。工厂还引入了国际上最环保的喷漆房废气处理系统和干式文丘里等技术，喷漆房废气处理后洁净度相比传统工艺提升近 3 倍，大幅降低挥发性有机物（volatile organic compound, VOC）的排放，各项工艺的能耗也大幅降低。

　　金桥工厂的先进生产工艺、高度的机械化更多地解放了人的双手，让人能更多地投入到智力研发当中去。工厂还采用大量绿色环保设计理念与措施，应用业内领先的自动尾气收集系统和抽排设备，车辆尾气收集效果大大提升，使工厂成为名副其实的绿色工厂。

　　5. 老干妈自动化生产车间

　　老干妈生产线除了检修，全天 24h 不停运转已经有 10 年之久了，一天生产 300 万个辣椒罐。

　　辣椒罐的酱料有一层铝箔的封口膜，流水线上是用感应加热的方式密封的。将罐子拧上盖子后，感应机器只在罐口部位加热一下，就把封口膜粘住密封好了，局部的感应加热才不会损伤到内部的辣椒酱，更不会影响口感。

　　工业食物的制造，非常重要的就是标准化和稳定性。有机菜油、好辣椒、合适的油温和炒制时间等因素保证了老干妈稳定的口感。

　　6. Celluveyor 蜂窝式自动分拣

　　Celluveyor 是由六边形结构的平台组成的，每个小平台上有三个万向轮，轮子可以针对不同物品的分类向不同方向移动，多个平台用数控装置控制，只要经过识别，物品就能自动分拣，而且可以同时分拣每个物品，不需要一个个分拣，多个平台的移动方向不受其他轮子的影响。

物流的需求在不断变化，Celluveyor 的诞生有可能改变物流的发展，它更适合现有的物流行业，超强的灵活性对打造全自动化的智能仓库、工厂和装配生产线都是有意义的，Celluveyor 也不断和国际大型公司合作。相比传统的运输线，Celluveyor 的自动传送和灵活性具有优势，一个元件出现故障只要更换单个运输平台就行，在后续维修中比传统运输装置更方便容易。

Celluveyor 可以 24h 进行分拣，在速度上可以说人工是无法相比的，但这样的机器人有一个缺点，就是续航时间和成本问题，而 Celluveyor 的成本更低，占地面积非常小，速度是人工的十多倍，比机器人分拣还快，未来顺丰、京东和淘宝都会争抢这个黑科技。

7. 富士康自动化生产线

现在，富士康位于成都、深圳和郑州的工厂已经达到第二、三阶段。富士康已经拥有 10 条熄灯生产线。多年来，富士康一直在缓慢且稳步地实现生产自动化。

富士康推动"机器换人"的动力，除了来自"百万机器人"计划，还来自于利润，近年来富士康的财报已经说明问题，富士康一方面要应对订单压力，另一方面要应对人口红利。

8. 埃夫特北汽南非工厂

在全新的北汽南非工厂，埃夫特打造的焊接工艺生产线包括主焊线、分拼二级总成焊接、四门二盖安装调整等，整条生产线自动化率超过 87%，是埃夫特出口焊接生产线中使用埃夫特机器人最多的生产线。

在焊接生产线研制过程中，埃夫特突破了车身总拼定位、多车型混线生产等关键技术，其中：车身总拼定位采用升降滚床、定位夹具、定位抓手等方式对车身进行精确定位并焊接，定位精度达到±0.2mm，达到国际先进水平。

同时该线体采用中频伺服焊接、一体式焊钳、高精度夹具及检具，确保车身焊接尺寸精度达到 95%以上，焊接强度达到 100%，整体达到国际先进水平。

7.3.2　智能载客车

实时环境的姿态感知、地图表示、行人及障碍物检测、自主导航、路径规划、智能决策、高速运动控制、精准行车图、车路协同、无人系统的评价指标和评价方法及系统的可靠性是当前无人驾驶的研究热点[4]。

谷歌公司旗下的 Waymo 公司是目前全球排名第一的自动驾驶公司[5]。该公司在无人驾驶方面的测试里程已经超过 2000 万 mi。Waymo 车辆配备了传感器和软件，可以在车辆周围 360°检测数百个物体。Waymo 的目标是研制一辆完全自动驾驶的汽车，团队将把注意力转向教会汽车在城市街道上行驶并识别行人、骑车者以及数百个不同的物体和道路使用者。Waymo 将研发的重点集中在传感器、视觉处理、实时运算能力、感知精度、路径规划、安全控制以及车路协同等方面，未来将进一步研发无人卡车。近几年，新兴无人驾驶车公司如雨后春笋般迅速发展起来，如 Zoox、Nuro、AutoX 等。全球的无人驾驶测试里程正在呈现指数型的增长。

传统的汽车厂商也纷纷加入到无人驾驶车的研发行列中。GM 公司成立了专门的无人驾驶公司 Cruise，已经能够量产 L3 级别的自动驾驶车。福特、宝马、大众、丰田等也制定了无人驾驶车研发计划。

除了无人驾驶车，无人驾驶轨道交通也是地面智能无人系统的重要部分。德国西门子公司针对无人驾驶列车进行了研发，包括自动列车控制系统、信号灯控制、调度控制等。

百度是国内最早开始研发无人驾驶车的企业之一。Apollo 是百度公司向汽车行业及自动驾驶领域的合作伙伴提供的软件平台，帮助他们结合车辆和硬件系统，快速搭建一套属于自己的完整的自动驾驶系统。2018 年 12 月 28 日，百度 Apollo 自动驾驶全场景车型亮相活动现场测试区，并完成全国首例 L3 及 L4 级别等多车型高速场景自动驾驶车路协同演示。百度 Apollo3.5 可支持复杂城市道路自动驾驶，并发布了全球首个面向自动驾驶的高性能开源框架 Apollo Cyber RT。Apollo3.5 的升级将实现从简单城市道路到复杂城市道路的自动驾驶，面对窄车道、减速带、人行道、十字路口、无信号灯路口通行、借道错车行驶等多达十几种路况。在 2019 年，无人驾驶车制造商 Udelv 将使用 Apollo3.5 软件试用多达 100 辆试运货车。

阿里巴巴达摩院的机器人研究部门和智慧交通实验室致力于研究环境感知、高精度定位、决策、智能控制等领域。基于机器人技术，阿里巴巴达摩院专注于无人驾驶和无人物流的研发和应用，并致力于重塑汽车、物流、服务等传统行业的价值。阿里巴巴针对无人驾驶进行了深入的研究和开发。

无人驾驶车在物流领域也将得到广泛应用。国内互联网在线零售商京东公司将运用无人驾驶车打造智能物流体系中的智能运载装备，以无人驾驶核心技术为基础，根据不同场景的用户需求，研发并生产多种系列多种型号的无人驾驶车产品。针对物流运输和配送场景，生成无人驾驶货车和配送机器人；针对仓库、厂区、园区、社区等场景，生成安防巡检机器人；针对办公楼内场景，生成服务机器人。依托商业市场需求和用户需求，通过高效、低成本并且提升用户体验的运营模式来实现商业化运营服务。2016 年 9 月，京东正式发布无人配送车，可以实现针对城市环境下办公楼、小区等订单集中场所进行批量送货，其出色的灵活性和便捷的使用流程将大幅提升配送效率。2017 年 6 月，京东无人配送车已经在国内多所高校内进行常态化运营。同时，京东还在大型载货无人驾驶车等领域不断尝试，希望通过技术进步将人们从繁重的体力劳动中解放出来，并全面提升运营效率。菜鸟集团于 2019 年 2 月在成都发布了国内首个无人加强车未来园区。

加利福尼亚大学伯克利分校的 PATH 实验室是智能交通系统研究的领导者，致力于车路协同和整个动态驾驶任务的全自动系统研发。高级自动驾驶 DeepDrive 集中在以下几个关键研究主题：①低功耗嵌入式 Caffe 深度学习框架开发；②准确高效的行人检测；③高级自动驾驶控制策略；④场景分类和场景可供性估计。车路协同车辆物联网将所有的车辆通过网络互联，连接的车辆可以与其他车辆或交通基础设施进行通信，从只控制车速和跟车距离的自适应巡航控制系统到承担整个动态驾驶任务的全自动系统。研究内容包括协同自适应交叉巡航控制、交叉口协同避障系统控制、基于车辆数据的多模式交通信号灯控制、卡车列队协同形成高性能车流等。

美国卡内基梅隆大学致力于开发适应复杂、非结构化的室外地形的自主导航功能，终极目标是让无人驾驶车能够完全自主地在未知地形中进行长距离行驶。研究方向如下：①环境模型表示，即将多个信息源集成到一个综合的环境模型中，包括成本和障碍地图、地形类型、对象类型、风险地图等；②智能行为，即自主导航的高级行为，如特征跟踪、隐身驾驶；③危险探测和地形类型划分，即在崎岖地形，特别是负向障碍物中进行障碍物探测的先进技术，以及地形类型划分和解释的先进技术；④地图融合，即来自不同车辆和不同传感器的地图数据的融合。该区域还包括使用地图配准技术来补偿车辆之间的位置估计差异。

麻省理工学院林肯国家实验室针对大雾天气能见度较低或大雪覆盖道路的情况，提出装备雷达向下看，穿透地面进行自主定位，而不依赖视觉线索或者 GPS。

针对复杂的城市交通中部署自动化车辆的难题，密歇根大学研究建造适合自动化车辆的模范城市 MCity，并评估自动驾驶对城市规划的影响，MCity 正引领着向一个连接和自动化车辆的新世界过渡。

意大利帕尔马大学的 VISLab 是最异在车辆上使用视觉技术的实验室之一，车辆检测、障碍物检测、行人检测、车道检测、交通标志识别和地形图是当前的研究热点。

牛津大学开发了一个 Selenium 自学习系统，使用基于概率估计的数学知识，使机器人中的计算机能够解释来自传感器的数据，如照相机、雷达和激光、航空照片和运行中的互联网信息。使用机器学习技术来建立和校准数学模型，这些模型可以根据先前的经验(培训)、先前的知识(航空图像、道路规划和语义)和自动生成的 Web 查询来解释机器人的世界观，使得机器人总是能够精确地知道它们在哪里，以及它们周围的事物。虽然汽车本身只在二维空间中运动，但它可观测三维空间信息，只有当汽车运动时形成的三维印象与存储在记忆中的三维印象相匹配时，它才能为驾驶提供自主性，了解它的环境并学习驾驶。

国内无人驾驶车研究的代表性机构有清华大学苏州汽车研究院，致力于多传感器融合与环境感知、拟人化决策与系统控制、人机交互与共享驾驶技术的研发，研发了国内首个 3D 全景泊车系统，开发了车道线偏离预警系统、前向碰撞预警系统、疲劳驾驶预警系统等。

未来的轨道交通势必要向两个方向发展：一是智能化，二是低真空管道磁悬浮高铁技术。2018 年 3 月 31 日，上海首条胶轮路轨全自动无人驾驶 APM 线——浦江线正式试运营。我国已经在珠三角莞惠、佛肇两条时速 200km 的城际铁路开通了自动驾驶列车。

7.3.3　智能无人物流系统

以云计算、大数据、移动互联网等为代表的新一代信息技术革命正风起云涌，它们在各领域的应用，正无形中改变着人类的思维、生产、生活和学习方式。在物流行业，前沿技术的应用正使得物流体系操作的无人化、运营的智能化和决策的智慧化成为现实。与此同时，集预测、库存、仓储、运输、配送全链路于一体的智慧化物流体系产业蓝图也日益清晰起来。智能无人物流系统离不开自动化输送系统、自动化立体仓库、AGV 分拣机器人、电子标签系统等技术及设备，以提升货物配送效率、改善货物存储分拣环境、提升货物调配能力，也将成为智能化、自动化、现代化物流系统的研究重点。近年来，物流行业进入快速发展的智能化阶段，中国快递和物流市场空间巨大，快递量连续 5 年居世界第一，这也促使快递企业加大在物流技术、软硬件等方面的投入力度，力求取得相应进展。

1. 智能无人物流系统的关键技术

实现物流无人化需要采用多种硬件、软件以及算法，下面主要围绕无人仓、无人驾驶车、无人机三大技术领域进行介绍。

1）无人仓

无人仓是物流无人化发展的一个重点领域，也是目前最受各方关注的技术。无人仓，即以自动化物流设备替代人工完成仓库内所有作业。但现阶段真正意义上的无人仓凤毛麟角。无人仓从字面理解是无人作业的仓库，其本质是先进技术设备与智慧软件系统的结合体。无人仓并不是追求所有仓库内作业都由设备来完成，其核心在于提高整个物流系统以及作业人员的效率，同时减少人力，降低成本。

2018 年，京东物流首次公布了无人仓的世界级标准，并对无人仓相关技术进行了全面阐述。京东认为无人仓指货物从入库、上架、拣选、补货，到包装、检验、出库等物流作业流程全部实现无人化操作，是高度自动化、智能化的仓库。京东提出的无人仓建设标准包括"三极"、"五自"和"一优"原则。"三极"是极高技术水平、极致产品能力、极强协作能力；"五自"是自感知、自适应、自决策、自诊断、自修复；"一优"是成本、效率、体验的最优。从传统仓库到无人仓的终极形态，要经历 5 个层次的演变。

京东物流首席规划师、无人仓项目负责人章根云认为，无人仓的标准需从作业无人化、运营数字化和决策智能化三个层面去理解。在作业无人化方面，无人仓使用了自动立体储存、3D 视觉识别、自动包装、人工智能、物联网等各种前沿技术，实现了设备、系统之间的高效协同，要具备"三极"能力，单项核心指标、设备的稳定性、各种设备的分工协作都需要达到极致化的水平。

在运营数字化方面，无人仓需要具备自感知等能力，运营过程中，与面单、包装物、条码有关的数据信息要靠系统采集和感知，出现异常要自己能够判断。基于数据的人工智能算法需要在货物的入库、上架、拣选、补货、出库等各个环节发挥作用，同时还要随着业务量及业务模式的变化不断调整优化作业。因此，可以说算法是无人仓技术的灵魂。

在决策智能化方面，无人仓能够实现成本、效率、体验的最优，可以大幅减轻工人的劳动强度，且效率是传统仓库的 10 倍。无人仓的智慧化在于能够驱动上下游协同决策，并快速地调整决策，进而形成整个社会的、全供应链的共同协同、共同智慧化。

其实，无人仓中不同功能的各类物流设备，绝大多数都存在并使用了很多年，如 AS/RS 系统、Miniload 系统、输送机、AGV、分拣系统、拆码垛机器人等。此外，也有如 Kiva 货到人系统、机器人分拣系统等创新产品发挥着重要作用，得到越来越广泛的应用。与传统仓库不同的是，无人仓的设备之间、设备与工人之间需要依靠功能强大的软件——无人仓智能控制系统去调度与指挥，以实现紧密配合、高效协同作业。因此，数据感知技术(如同为机器设备安装了"眼睛")和人工智能算法可谓无人仓的重中之重。

2) 无人驾驶车

无人驾驶车是汽车行业以及互联网巨头都看好的方向。中通快递股份有限公司报告指出，无人驾驶干线货运场景道路环境较简单，不可控因素较少出现；"最后一公里"配送的现实刚需程度高，而且可预期安全风险较低。因此，无人驾驶技术在物流运输领域会更快落地，时机也更成熟。无人物流车受到汽车企业以及电商、快递、外卖巨头等企业的关注。

无人驾驶车的主要技术包括感知系统、决策系统、控制系统和通信系统。无人物流车主要有无人重卡、无人配送车两种类型。其中，无人配送车不仅适合开放密集的楼宇、城市中央商务区，也可以在居民社区、校园、工业园区等封闭或半封闭的环境内运行，以此减少配送员的工作量。对于无人重卡，干线和港口是两个比较理想的落地场景，目前国内已有无人重卡落地干线、港口场景的实例。

3) 无人机

根据中通报告，物流无人机拥有复杂的零部件和系统模块，核心技术包括飞控系统、导航系统、动力系统、通信链路系统。无人机的技术难点在于：自主规划路线和自动避障，同时又不偏离航线；电池的续航能力，保证无人机能够完成长时间、远距离的飞行作业；安全飞行，能够保证无人机在降雨等恶劣天气下不受影响。此外，现阶段采用无人机配送成本较高，制约了大范围应用；监管政策还不健全，使无人机送货尚处于测试阶段。

2018 年 8 月 28 日，京东发布《世界物流无人机产业发展年度报告(2017—2018)》，全面分析了 2017～2018 年全球物流无人机发展状况。该报告指出，世界物流无人机产业呈现出美国全面领先、欧洲积极跟随、中国几近同步并逐步领跑、其他国家开始布局的格局。在中国，目前物流无人机应用还处于探索阶段，难以在短期内产生巨大的经济价值，但是未来前景广阔。因此，电商、物流快递行业领先企业与专业无人机企业纷纷涉足该产业，抢占巨大的市场空间。由干线级、支线级、末端级组成的三级智能物流体系成为物流无人机产业发展方向，其中，末端级物流无人机配送产业化进程加快，支线级物流无人机将成全球竞争焦点。

在末端配送领域还有一种无人化方式也值得一提，即应用智能自提柜替代快递员送货上门。智能自提柜集成了物联网、智能识别、动态密码、无线通信等技术，能够实现快递包裹的 24h 自助存取、远程监控和信息发布等功能，既在一定程度上缓解了配送用工荒、用工贵等难题，又能根据客户的不同需求(保护隐私需求、灵活时间取件需求等)提供服务，因此在末端物流配送领域得到广泛使用。

2. 智能无人物流系统典型案例

2020 年，国内首个大件物流智能无人仓在日日顺物流(即墨)产业园正式启用。该无人仓应用关节机器人、全景智能扫描站、吸盘龙门拣选机器人等多项定制智能设备，采用 5G 和视觉识别、智能控制算法等人工智能技术，可实现 24h 不间断作业，每天自动进出库大件商品 2.4 万件，这对于整个物流行业的智能仓储来说，又向前迈出了坚实的一步，意义重大。除场景化外，从工厂端到用户端，日日顺物流在科技化、数字化领域不断探索，如其正在上线大件物流行业的首辆无人驾驶车，以实现从"仓"到"厂"的无人化高效对接；上线针对易碎或者贵重大件货物的智能循环箱，以"全程循环箱防护 + 智能芯片数据追踪"，保证产品不受损的同时实现绿色环保等。

除了传统的快递公司，百度、阿里、腾讯等科技公司也纷纷入局智慧物流领域，并积极探索自动化分拣、机器人配送等创新型应用。公开资料显示，目前京东智能控制系统反应速度为 0.017s，是人的 6 倍；其无人仓智能大脑在 0.2s 内可以计算出 300 多个机器人运行的 680 亿条可行路径，并做出最佳选择。无人仓运营效率达到传统仓库的 10 倍，仓内机器人达上千个。

从整个产业链来看，用户选购好的宝贝要经历扫描入库、货物码垛、智慧仓储、货品分拣、自动化运输等程序，而进仓并不是一件简单的事。单靠人工扫描入仓，费时耗力且效率低下。而现在全部采用数字智能化扫描，利用全景扫描技术，就可以为大件商品进行全景扫描，完整获取产品图像和各项数据资料，多件多宗商品扫描入库的效率比人工扫描大幅提升，这也是集成多种数据、软件、硬件、系统所能实现的良好效果。

如今借助射频识别（radio frequency identification, RFID）智能仓库管理已经渐渐成为一种趋势[6]。RFID 智能仓库管理能够优化库存盘点工作，更高效快速地进行仓储物品信息采集工作。值得注意的是，RFID 技术结合无人机能够很容易到达人无法进入的场地，尤其是危险系数较大的区域，且无人机在被编程后能够在固定空间内依据导航工作，这就使得仓储货物信息的采集更加高效和安全。

1）京东

京东于 2016 年提出全面向技术转型，并正式成立 X 事业部，开始自主研发物流无人化技术设备。目前，京东依托多年来自营物流拥有的深厚行业经验和丰富的应用场景，在无界零售的发展目标之下，更加积极地探索物流无人化、智能化技术的研发与应用，其物流无人科技已经完整覆盖仓、运、配整个物流环节。

在无人仓方面，2016 年，京东无人仓雏形揭开面纱；2017 年 10 月，京东推出国内首个正式投用的无人仓——昆山无人分拣中心，该项目采用了京东自主开发、集成的无人仓智能控制系统，以及高速交叉带分拣机器人、输送系统、AGV、自动卸载设备、单件分离设备等物流设备，实现了包裹从卸车、供件、分拣、装车等全流程作业的完全无人化。截至 2018 年底，京东已有 16 座"亚洲一号"投入使用，不同层级的无人仓数量达到 50 个，仓内使用的自主研发设备包括地狼、天狼、分拣 AGV、交叉带分拣机器人、AGV 叉车、机械臂等 10 余种。

在无人驾驶车方面，京东配送机器人 2016 年开始路测，2018 年 6 月在北京首次开启全场景常态化运营，目前已经成功升级到 3.5 代，在全国 20 多个城市投入城市末端"最后一公里"的配送测试运营。接下来，京东将不断进行产品与技术升级，使配送机器人在未来两到三年内实现更多的商业化应用。

2018 年，京东正式发布自主研发的 L4 级别无人重卡。据悉，未来京东无人卡车将特别专注于在高速公路上 L4 级别智能驾驶的研发和推广，在国内建立基于 L4 级别的自动驾驶重型卡车网络，承接北上广和京东七大区域中心在高速公路上的运行，完成干线上的货运中转和长途运输。

在无人机方面，2018 年 11 月，京东自主研发的首款支线无人货运飞机"京鸿"正式完成首飞。

2) 菜鸟

阿里在 2013 年 5 月牵头成立菜鸟，开始通过自建、共建、合作、改造等多种模式打造智能物流骨干网，此后阿里持续加大对菜鸟的投资。2018 年 5 月，马云在智慧物流大会上表示，未来 5 年再投入上千亿元乃至更多资金来建设国家智能物流骨干网。

在无人化物流方面菜鸟早就进行了布局。2016 年菜鸟无人仓亮相。在菜鸟无人仓中，包括立体存储仓、机器人拣选仓、机械臂拣选仓及机器人分拨区域等部分，应用了无人叉车、拣选 AGV、分拨 AGV、自动封箱机、码垛机器人等多种物流设备，在入库、拣选、打包、分拨等物流全链路都体现了柔性自动化的特点。2018 年"双十一"期间，菜鸟位于无锡的 IoT 未来园区正式投入运营，近 700 台机器人同步上线运行，而无人仓正是未来物流园区中的标配。

在无人机方面，2017 年，菜鸟无人机群组飞越近 5km 海峡为农村淘宝提供物流服务。菜鸟提出了未来的三种物流无人机应用场景：第一种是解决中远程省际物流运输的大型物流无人机；第二种是在地震、火灾等情形下适合空投的物流无人机；第三种是在海洋环境、岛屿环境、海礁环境下都可以运输的水上物流无人机。

在无人驾驶车方面，菜鸟推出了末端无人配送车菜鸟小 G、菜鸟小 G 2 代以及菜鸟小 G Plus。2018 年 5 月，菜鸟首发了两款无人驾驶产品：定位于末端低速无人配送的固态激光雷达无人物流车和高速公路上的"公路高铁"。在 2018 年 9 月，菜鸟发布了两款第四代新零售无人物流车，车上分别搭载刷脸取件柜、零售货架等。此外，2018 年菜鸟还宣布了"驼峰计划"，未来 3 年将联合合作伙伴共同推动物流无人设备量产，打造一张囊括无人驾驶车、无人机的新型立体智慧物流网络。

目前，菜鸟除了自身在物流科技方面布局，还投资了其他公司，以期扩大智能物流骨干网。菜鸟通过电子面单、物流天眼、智能语音助手和实时计算异常协同技术等技术输出，与商家及物流企业一起，进行物流数字化、智能化升级，以技术驱动创新引领行业发展。

除了京东、菜鸟，顺丰、通达系(中通、圆通、申通、韵达)、苏宁等也都看好智慧物流发展，积极布局物流无人化。可以说，这一轮物流无人化的本质是技术推动下的物流产业升级。以数字化、智能化、无人化为特征的新一轮物流技术的创新应用，将深刻影响物流行业格局。

3. 物流无人化发展趋势

物流无人化是市场需求与技术升级共同发力的结果。随着电商、传统零售向新零售转型，以及制造业智能制造的升级发展，物流体系与零售体系、智能制造深度融合，物流的重要性进一步凸显，物流无人化技术需求将从电商、物流巨头逐渐拓展到更多行业。

如今，在配送中心、分拨中心以及制造企业生产线与仓库、新零售门店、无人餐厅乃至无人码头等越来越多的场景，包括无人化仓储、无人化分拣、无人化线边库等物流环节，AGV、机器人等自动化、智能化设备得到广泛应用，助力企业改善物流运营、减少用人数量、提高物流效率、降低物流成本、增强竞争优势。特别是电商与新零售、快递、汽车、电子等行业，更希望加快引入自动化、智能化物流设备取代人工作业。

但是，受技术尚不成熟、成本有待下降、政策配套欠缺等因素影响，物流无人化尚处于起步阶段。

首先，任何技术都有其适用条件，物流自动化设备系统并不是万能的。以无人仓为例，由于物流作业环节多，现场条件复杂，物流作业对象多种多样，产品、设备、作业流程等方面难以实现标准化，完全以设备取代人力，实现仓库或工厂所有物流作业的无人化，并做到效率、质量、成本的平衡，目前还有相当的难度。现阶段，企业需要树立正确认知，片面追求物流无人化不是一个好的方式，有一些岗位人的作业效率会更高，需要减少的是人的重复性劳动。

然后，物流无人化需要大量应用高技术设备与智慧系统，实现成本较高，绝大多数企业难以承受。在京东集团副总裁、X事业部总裁肖军看来，目前中国人口基数较大，人力成本还没有成为企业面临的最大挑战，因此未来很长一段时间内，设备完全取代人工作业并非必要，人机协作仍将是物流无人化最突出的特点。他建议企业引入自动化系统时，应从局部改善开始尝试，逐渐积累经验再扩大应用范围。要实现整个物流场景的无人化，并非依赖某一种设备的开发应用，最重要的还是整体解决方案。

最后，技术有待提升。例如，无人仓的主要技术瓶颈——机器人技术、人工智能算法、精准识别技术等有待突破。此外，物流机器人作为无人仓的核心技术设备之一，要代替人工作，需要具备行走、识别和抓取的能力，目前相关技术还有待升级，同时成本仍需下降。上海欧链供应链管理有限公司首席运营官刘世宏认为，好的 AGV 产品应该可以快速部署、快速运行、快速搬迁、适应柔性化应用场景；此外，AGV 还需要与传输系统、升降机、叉车、人工实现柔性化结合。这些都是需要解决的问题。

实际上，未来以无人仓、无人驾驶车、无人机为代表的物流无人化技术，不仅会带来物流运营效率的大幅提升，还将成为推进物流业发展的新动力，使物流行业逐步由劳动密集型向技术密集型转变，整个物流产业将产生颠覆式变革。

　　一汽解放集团股份有限公司的独立董事董中浪清晰地指出，今后最好的物流公司一定是科技公司，是披着物流外衣的科技公司。未来，科技将横切物流产业，基本要素将会被重构。数据和 AI 驱动的物流资产带来运营的高效率，将彻底改变原有的物流产业格局。

参 考 文 献

[1] Chung Y, Park C, Harashima F. A position control differential drive wheeled mobile robot[J]. IEEE Transactions on Industrial Electronics, 2001, 48(4): 853-863.

[2] Saha S K, Angeles J. Kinematics and dynamics of a three-wheeled 2-DOF AGV[C]//International Conference on Robotics and Automation, 1989: 1572-1577.

[3] Potluri R, Singh A K. Path-tracking control of an autonomous 4WS4WD electric vehicle using its natural feedback loops[J]. IEEE Transactions on Control Systems Technology, 2015, 23(5): 2053-2062.

[4] Deemantha R, Hettige B. Autonomous Car: Current Issues, Challenges and Solution: A Review[C]//Proceedings of the 15th International Research Conference, 2019: 1-6.

[5] Rosenband D L. Inside Waymo's self-driving car: My favorite transistors[C]//Symposium on VLSI Circuits, 2017: C20-C22.

[6] Alwadi A, Gawanmeh A, Parvin S, et al. Smart solutions for RFID based inventory management systems: A survey[J]. Scalable Computing: Practice and Experience, 2017, 18(4): 347-360.

第8章　水中智能无人系统

海洋的面积约为 3.6 亿 km^2，约占地球表面积的 71%。海洋是人类赖以生存和发展的四大战略空间——陆、海、空、天中继陆地之后的第二空间，是能源、生物资源和金属资源的战略性开发基地，不但是目前最现实的，而且是最具发展潜力的空间。作为蓝色国土的海洋密切关系到人类的生存和发展，进入 21 世纪后，人类更加强烈地感受到陆地资源日趋紧张的压力，这是人类面临的最现实的问题。海洋即将成为人类可持续发展的重要基地，是人类未来的希望，世界各国都在大力开展探索海洋、开发海洋资源的活动。

水中智能无人系统作为一种能够通过先进的技术进行操作或管理而不需人工干预的系统，从 20 世纪后半叶诞生起，就伴随着人类认识海洋、开发海洋和保护海洋的进程不断发展。在人类争相向海洋进军但人力资源受限的 21 世纪，无人系统的技术水平也逐渐提高，在海运、探测、测绘、水文、水质监测、搜救、情报、监视侦察、反水雷战、反潜战、反水面战以及电子战等多种任务中发挥出越来越显著的效能，水中智能无人系统作为探索海洋最重要的手段必将得到空前的重视和发展。

水中智能无人系统是指可在水域环境中自主完成一项或多项任务的各类航行器、无人平台及其相关控制设备和网络等系统。按空间分布的不同，可划分为水面智能无人系统和水下智能无人系统。水面智能无人系统主要包括水面无人艇(unmanned surface vehicle, USV)[1]、水面自主船舶(maritime autonomous surface ships, MASS)、多 USV 集群系统等，其中 USV 和 MASS 在概念上无本质差异，只是后者更强调大型船舶的海运功能。水下智能无人系统主要包括各类无人水下航行器(unmanned undersea vehicle, UUV)、多 UUV 集群系统等。按系统组成层级的不同，水中智能无人系统又可划分为单体系统和集群系统。以多 USV 和多 UUV 为代表的集群系统，是在单体系统所具备的自主导航定位、自主航行、智能避障、模式识别等技术的基础上，融合集群智能控制、协同任务规划、通信网络设计等关键技术发展而来，目的是充分发挥多机协作的优势，提高系统的智能水平和自主作业能力，更好地满足智能无人系统的水中任务需求。本章通过水面无人系统、水下无人系统和水中无人集群系统三个部分对水中智能无人系统的概念、研究现状、关键技术、发展趋势等展开论述。

8.1　水面无人系统

8.1.1　概念与分类

　　以 USV 为核心的水面智能无人系统的发展与水面船舶的发展密不可分，它是水面船舶无人化、自主化发展的重要趋势。在近一两百年来，水面船舶的发展主要体现在以下几方面：①装载量不断增大，已经达到了几十万吨级；②自动化水平不断提高，无人值班机舱、自动导航、自动航线设计、自动识别系统均已得到应用；③配员减少，这得益于船舶自动化的快速发展；④安全性越来越高，这归因于船舶设计越来越科学、规章制度的不断完善和船舶救助救生技术的发展等。虽然当前船舶自动化水平较高，但船舶的正常运行始终离不开人的参与。即使是无人值班机舱，当有紧急情况发生时仍需要船员来处理。船舶驾驶虽有卫星导航、电子罗盘、电子航道图和自动舵的辅助，但驾驶台还未实现无人化。船舶无人化不仅能提高船舶的自动化和智能化水平，也能减少船舶发生危险的风险。据统计，在船舶碰撞事故中，89%～96% 的事故可归因于人的自身原因，包括明显的和潜在的原因。国内外有很多研究机构和公司进行了船舶无人化研究，USV 是研究中的热点，其在军事和民用都有广阔的应用前景。在军事方面，出于保护人身安全的目的，在执行扫雷、侦察等危险系数高的任务时 USV 具有很大的优势；在民用方面，USV 能有效减少人员费用的支出和提高船舶航行的安全性。

　　USV 作为一种水面智能任务平台，包括：

　　(1)非自主航行的遥控 USV；

　　(2)按照内置程序航行并执行任务的半自主型 USV；

　　(3)具有自主规划、自主航行、自主环境感知能力的全自主型 USV。

　　它集船舶设计、人工智能、信息处理、运动控制等专业技术于一体，研究内容涉及自动驾驶、智能避障、规划与导航、模式识别等多方面，可根据其使用功能的不同，采用不同的模块，搭载不同的传感器及设备，执行情报收集、监视侦察、扫雷、反潜、反恐、精确打击、搜寻救助、水文地理勘查、中继通信等任务。并且USV 是整合低空无人机和水下机器人跨网络的关键节点，具有广泛的应用前景。

　　在水面无人系统研究的进程中，商业运输成为 USV 在民用领域的一个焦点任务，当前广泛研究的体积小、运动灵活的 USV 尚不足以支撑水面运输需要，亟待进一步提高大型船舶的智能化水平和自主操作能力。2017 年，国际海事组织(International Maritime Organization, IMO)海上安全委员会(Marine Safety Committee, MSC)第 98 届会议针对无人船、自主船及智慧船等命名，提出了 MASS 的概念。2018 年，IMOMSC 第 99 届会议批准了 MASS 的法律监管范围框架，讨

论了自主水平分级的定义。同年，IMOMSC 第 100 届会议决定正式启动 MASS
法规的梳理工作，并公布了船舶自主化的四个层级。

(1)船舶具备自动化程序操作以及决策支持功能：海员可以实现在船操作和控
制船上系统和功能。有些操作可以是自动化的，有些可以是无人监督的，但海员
在船可随时接管。

(2)船舶具备远程遥控的功能，同时有海员在船：从其他地点控制和运营船舶，
海员在船可以操作和控制船上系统和功能。

(3)船舶具备远程遥控功能，海员不在船：从其他地点控制和运营船舶，无海
员在船。

(4)船舶完全自主：船舶操作系统可自行决策并采取行动。

可以发现，无人化、自主化和智能化水平的不同决定了平台的系统层级，而
USV 和 MASS 所采用的人工智能、数据融合、运动控制等技术并无本质区别，我
们把它们统称为水面无人船艇进行介绍。

8.1.2　研究现状

水面无人船艇的发展最早可追溯到 1898 年，当时著名发明家尼古拉·特拉斯
发明了名为"无线机器人"的遥控艇。无人船艇在实战中的首次亮相是在第二次
世界大战时期，最初只作为一次性的制导武器使用。在诺曼底登陆战役期间，盟
军曾设计出一种装载烟幕剂的可按预定航向自动驶往目的海域的 USV，以达到战
略欺骗和作战掩护的需要。第二次世界大战后期，美国海军曾通过在小型登陆艇
上加装无线电控制的操舵装置和扫雷装置，用于浅海雷区扫雷作业。在第二次世
界大战结束时，遥控 USV 被用于扫雷应用中。此后，USV 控制系统和导航技术
取得了进步，导致 USV 可以远程操作(由陆上或附近船只上的操作员操作)，USV
具有部分自主控制功能，以及完全自主运行的 USV(ASV)。20 世纪 50 年代，苏
联曾利用小型遥控 USV，向敌舰发动自杀式攻击。60 年代后期，美国将 V-8 汽油
机驱动的 7m 长玻璃钢小艇改装为"拖链式"遥控扫雷艇，以执行越南境内的扫
雷作业。70~80 年代，由于技术的限制，水面无人船艇的发展并未获得很大突破，
主要用于军事演习和火炮射击的海上靶机。90 年代，随着人们对水面无人船艇认
识的深入，水面无人船艇在反潜、反水雷、海上侦察监视、目标搜索等方面的潜
能渐渐显露出来。美国研制的"遥控猎雷作战原型艇"(remote mine-hunting
operational prototype, RMOP)在 1997 年 1 月成功以"库欣号"驱逐舰为母船进行
了海上猎雷行动演习。

进入 21 世纪，随着通信、人工智能等技术的发展，制约水面无人船艇发展的
诸多技术问题得以部分解决，各国加大了水面无人船艇的研发力度，水面无人船
艇迎来了一段高速发展期。

　　美国是全球海军实力最强大的国家，USV 发展一直受到美国海军的关注。美国海军水下作战中心联合 Radix Marine 公司、Northrop Grumman 公司和 Raytheon 公司于 2002 年起合作开发如图 8-1 所示的 Spartan Scout 号 USV，它被认为是高新技术的示范项目，其目标是研发具有模块化、可重构、多任务、高速、半自主航行的 USV。2003 年，法国和新加坡也加入其中。美国海军航空和海上作战系统中心机器人小组是 SPARTAN SCOUT 项目组的成员之一，该小组研发了测试样机和 USV 通用平台，旨在提高 USV 的载重和自主航行能力。Spartan Scout 是一艘硬壳充气船，排水量 2t，长 7m。它装备有机关枪以及各种传感器，如光电和红外监视器和水面搜索雷达，能够携带 3000lb(1361kg)的有效载荷。

图 8-1　Spartan Scout 号 USV

　　在 2007 年，美国海军海上系统司令部(Naval Sea Systems Command, NAVSEA)濒海水雷战项目执行办公室制定了《海军无人作战 USV 总体规划》，主要目的在于：①满足美国海军 USV 发展需求；②实现美国国防部 2020 年关于转变军事结构的发展目标。该计划提出，USV 需要高度自动化水平，以减少远程通信的需求和操作人员的负担。该计划对 USV 的军事任务做了如下概括：①扫雷；②反潜作战；③海事安全；④水面战争；⑤支持特种作战；⑥电子战争；⑦海事特别任务。该规划还明确了 USV 发展的 4 个级别：X Class、Harbor Class、Snorkeler Class、Fleet Class。4 个级别在长度上依次从小到大，续航力从小到大，模块从非标准级到标准级，任务从低层次到高层次，另外对布放方式和艇型的要求也不相同。

　　2011 年 9 月，美国海军研制的模块化三体无人快速侦察艇 X-2 号，既可利用风能也配备电动引擎，通过无线电和 GPS 来控制，反应灵敏，行动精确。除军方外，位于弗吉尼亚州的 UOV 公司研发了以太阳能、风能和回收动力作为能源，理论上续航能力为无限长的 UOV，适用于海洋数据的收集、测量等。成立于 20 世纪 90 年代的 Navtec 公司研发了基于喷水动力的 USV——Owl MKⅡ，如图 8-2

所示，它采用滑行艇型，喷水推进，尤其通过改进舷侧轮廓后，能显著地增强艇的隐蔽性和有效载荷能力，同时具有侧扫声呐和摄像功能，已经被应用在波斯湾。另外，美国海军还开发了一种专门应用于港口安全的小型 USV，即无人海港安全艇，该艇是 Owl MKⅡ的高级版本。

图 8-2　Owl MKⅡ号 USV

以色列同样拥有丰富的 USV 研制技术。最负盛名的是以色列国防部研发的"PROTECTOR"系列的 USV，该 USV 能在不暴露身份的情况下执行一些关键的任务，降低了船员和士兵的作战风险。如图 8-3 所示，Protector 号 USV 是一艘硬壳充气艇，船长 11m，船速可达 50kn，加载了前视红外传感器、照相机/摄像机、激光测距仪、搜索雷达、关联跟踪器等。在武器方面搭载了机枪、自动榴弹发射器、计算机火控系统等一套综合无人作战系统。Protector 号采用模块化设计，并考虑了隐身性，在建造时大量使用碳纤维及轻质复合材料取代传统的钢材料以减轻艇体重量。该艇性能优越，可满足多种任务需求，拥有广阔的应用前景。

图 8-3　Protector 号 USV

2005 年以色列 Elbit 公司推出一款 Stingary 号 USV，如图 8-4 所示，它是 Elbit

公司在无人机的基础上研发的，船型小、隐蔽性好，能够完成海岸物标识别、智能巡逻、电子战争等多项任务。

图 8-4　Stingary 号 USV

2007 年以色列国防部研发的中型 Silver Marlin 号 USV，如图 8-5 所示，通过岸边监控系统和卫星通信控制系统实现对其的监控。该 USV 能够实现船舶的自动避碰，并具有自动航行和超视距操作的功能，能携带多个传感器和武器系统，应用于执行沿海智能化巡逻任务，是防卫、反恐、扫雷、搜救和救援的重要保障。Silver Marlin 号艇长 10.6m，重 4000kg，艇体采用增强玻璃纤维材料，可携带 2500kg 的有效载荷，最大航速达 45kn，最大航程约 500n mile，续航时间 24～36h；艇上装备了一套 7.62mm 顶置遥控武器系统，可携带 690 发子弹，具有全天候作战及在行进中射击的能力。此外，艇上还有一座紧凑型多功能高级稳定系统传感器转塔，转塔上集成了 CCD 电视摄像机、第三代前视红外热成像仪、激光扫描具、激

图 8-5　Silver Marlin 号 USV

光测距仪以及激光目标照射器等。该转塔可发现 6km 外的橡皮艇、16km 外的巡逻艇和 15km 外的飞机等目标。其自动驾驶系统是一种具有先进自主决策能力的专家系统，具有自适应特点，能针对环境或任务的变化自动调整控制系统，使 USV 能够以最佳转向速度、最佳燃油消耗率航行，并采用巡航传感器和稳定系统进行精准航行与导航，防止 USV 在航行途中倾覆。

除美国和以色列外，世界其他国家也积极致力于 USV 相关问题的研究，取得了大量研究成果。

2005 年，意大利 CNR-ISSIA 研发的 Charlie 号无人双体船，如图 8-6 所示，该艇长 2.4m，宽 1.7m，并配备 GPS 及 KVH 型陀螺仪，主要用于海洋微表层取样、气候监测和鱼雷探测功能。该船电力推进系统设计为铅酸电池，配备高效的太阳能电池板，由无刷直流电机驱动，可持续工作 20 天以上。如图 8-7 所示，法国 2006年交付海军测试的 Inspector 号 USV 配备灭雷器、声呐、声呐规避器等，它可以集成到对抗系统中，部署地面和水下自主系统，如 UUV、自主水下航行器（autonomous undersea vehicle, AUV）和 USV。2007 年法国 Sirehna 公司成功研制Rodeur 号 USV，如图 8-8 所示，长 9.2m，主要执行海洋环境监测、侦察监视、反潜、猎雷等任务。

图 8-6　Charlie 号无人双体船

2013 年英国 ASV 公司成功研制 C-Enduro 号 USV，如图 8-9 所示，用来执行凯尔特海域的海洋动物科研任务。艇体采用碳纤维材质，仅重 350kg，且具有自倾覆能力。该艇集成太阳能帆板、轻柴油和风力发电机三种动力系统，能够以 7kn的航速在海上连续 3 个月不间断地执行任务。这艘 4.8m 长的自动船配备了 10 个传感器，结合了科学和水文测量设备。该船使用 L3 ASV 的专有控制系统 ASView进行操作，并配备 L3 ASV 先进的自主包，确保态势感知和智能路径规划。

图 8-7　Inspector 号 USV

图 8-8　Rodeur 号 USV

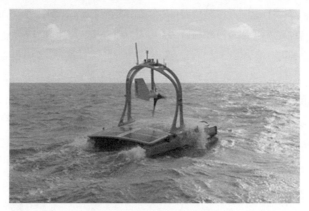

图 8-9　C-Enduro 号 USV

ASView 支持一系列自主控制模式，包括线路跟踪、站点保持和地理围栏。

2014 年 5 月，日本 EMP 公司对外宣布研制成功 Aquarius 号 USV，如图 8-10 所示。该艇长 5m，翼展最大为 8m，艇体为轻质铝合金材料，采用太阳能-电能混合动力，最大巡航速度为 6kn，主要用于执行监察港口污染、海洋地理探测、沿海边境巡逻和舰艇数据收集等任务，如果对其进行修改，其还具备执行秘密任务的

图 8-10　Aquarius 号 USV

能力。Aquarius 号 USV 设计中采用了舰船级别、具备韧性的太阳能板阵列，太阳能板横跨三体无人艇整个结构，可对舰艇内部的锂电池充电，动力也可以源自岸边的快速充电技术。为了能够运行并且执行数据收集，舰艇上搭载了较为复杂的计算机系统和各种传感器，整个系统基于 KEI 3240 平台——这是一套舰艇计算机系统。

国内 USV 起步较晚，已从最初的概念设计阶段逐渐过渡到实际运用阶段。由中国航天科工集团公司所属沈阳航天新光集团有限公司与中国气象局气象探测技术中心共同研制成功了我国首艘无人驾驶海上气象探测船——"天象一号"，如图 8-11 所示。"天象一号"探测系统由两部分组成：一是海上无人探测平台，即"天象一号"无人驾驶探测船；二是地面控制系统。该气象探测船总长 6.5m，船体用碳纤维制成，采用智能驾驶、雷达搜索、卫星应用、图像处理与传输等诸多国际前沿技术，科技含量高。该探测船有人工遥控和自动驾驶（可按预定航线行驶）两种驾驶方式，如途中遇到障碍物可通过目标搜索识别系统和处理系统进行避让航行。"天象一号"气象探测船在船体设计上有自稳定功能，可满足高度复杂海况下的工作需求。该船配备可靠的动力系统，其航程可达数百公里，一次航行可在海面作业 20 天左右，填补了我国海洋气象动态探测空白，在应对海洋突发事件和监测海洋、大型湖泊等的环境及灾害预警等方面具有重要意义。

图 8-11 "天象一号"气象探测船

如图 8-12 所示，2014 年上海大学研制的"精海"系列 USV 配备北斗导航卫星系统，可实现自主定位、航迹自主跟踪、航迹线远程动态设定、障碍物自主避碰等技术。该系列产品具有半自主、全自主完成作业使命的开放式平台系统，可以方便有效地搭载各种传感、侦察、测量等任务载荷；可通过搭载并整合水质检测仪、水面安全监察设备、海洋测绘仪等专业仪器，针对性地向不同客户提供高效便捷的应用解决方案；可以在岛礁、浅滩等常规测量船舶无法深入的、高危险性水域进行作业，可以精准地按照规划航线进行自主航行并智能躲避障碍物。

图 8-12　"精海"系列 USV

除了 USV，MASS 也是水面无人系统的重点研究内容。相比于普通意义上的 USV，MASS 更强调大型船舶在无人情况下自主完成商业海运任务。

2012 年 9 月，由 Fraunhofer CML、MARINTEK 等八家研究机构共同合作完成一项海上智能无人驾驶航行网络(maritime unmanned navigation through intelligence in networks, MUNIN)项目，项目以验证自主航行和自主船舶的可行性为目的。MUNIN 项目组以船长为 200m 的散货轮作为对象，研究内容包括船舶自主航行、引擎自动控制、岸基远程控制和物标探测，图 8-13 展示了该项目的概念图。

图 8-13　MUNIN 项目概念图

2016 年，英国 Rolls-Royce 公司(R-R 公司)发起了先进自主水上应用(advanced autonomous waterborne application, AAWA)项目，图 8-14 展示了 AAWA 项目自主航行结构图。该项目以实现自主船舶为目标，将对 R-R 公司的动力定位系统、场景感知、避碰、航路设计及优化和虚拟船长等技术进行整合，计划 2025 年实现近海航区船舶的远程控制，紧跟着将实现远洋航区船舶的远程控制和自主航行。为落实 AAWA 早期研究成果，2017 年 6 月，R-R 公司与全球拖船公司 Svitzer 合作，在丹麦哥本哈根港成功展示了全球第一艘遥控商船 Svitzer Hermod 号。该船配备的 R-R 公司动力定位系统是整个遥控系统的关键环节，主要涉及自主导航、场景感知、遥控中心和通信系统等技术。该拖船采用一套传感器，采集并整合多方数据，用于遥控人员掌握船舶及周围环境的信息。2017 年 11 月，Svitzer Hermod 号在丹麦成功进行远程遥控测试，2019 年，对远程遥控问题进行更进一步的测试。2018 年初，R-R 公司与 Finferries 联合启动了名为"更安全的自动导航船舶"（SVAN）的项目。2018 年 12 月，该项目展示了全球第一艘无人驾驶渡轮 Falco 号。该渡轮采用多传感器和人工智能技术来感知船舶周围信息，以避免发生碰撞。采用自动导航系统，可在靠泊码头时自动更改航线与航速，无需人工干预即可完成自动靠泊。

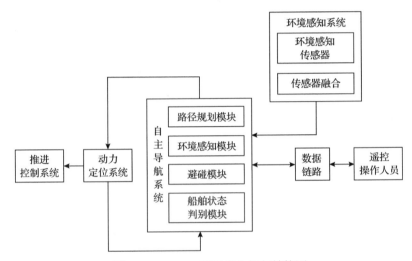

图 8-14　AAWA 项目自主航行结构图

2016 年初，为促进全球的自主交通，芬兰发起了智能船舶研发计划，旨在创造一个智能船舶运输生态环境，并在 2025 年之前创造一个完全智能的航运系统。2018 年 12 月，芬兰瓦锡兰公司宣布其 Dock to Dock 项目取得重大突破，即在完全无人干预的情况下，一艘名为"Folgefonn"的渡轮在 3 个港口之间完成了不间断的自主航行和靠泊。岸基操作人员仅需按下航行键，即可使授权航行的船舶在自主控制器的控制下按照目的港的设定目标完成自主航行。在航路设计及优化、航线生成技术方面，瓦锡兰采用航点定位和一系列航迹来控制船舶的动态定位，这些定位点和航迹可准确指引自主船舶到达目的地。该测试采用卫星导航传感器作为场景感知及反馈技术的载体。

8.1.3　关键技术

水面无人船艇涵盖的技术领域非常广泛，除了传统船舶技术，还涉及多传感器智能监控系统、自动避碰系统、高可靠高冗余数据传输系统、机电系统自动故障检测系统、自动导航系统、电子海图系统、智能机器人系统等，甚至还涉及现在最热门的物联网和大数据等技术。水面无人船艇必须能够自主进行环境探测、目标识别、自主避障、路径自主规划等，真正成为水面智能无人系统。综合国内外研究现状，目前水面无人船艇研究涉及关键技术主要有以下几个方面。

1. 航线自动生成与路径规划技术

航线自动生成与路径规划技术是自主船舶制导系统中最基础也是最重要的环节，静态的航路规划技术大致可分为两类：一类是基于电子海图的航路规划技术，通过从电子海图中提取水深、障碍物等信息划分可航区域和不可航区域，然后在可航区域中采用智能搜索算法，如 Dijkstra 算法、A*算法等寻求最短路径，常见的航路设计方法包括人工势场法、人工神经网络算法、遗传算法、模拟退火算法、粒子群优化算法和蚁群算法等。但可航区域的最短路径并不一定是实际可行的航线，例如，规划的最短路径可能在 IMO 推荐航道中逆向行驶。为了解决这一问题，催生了另一类方法——基于轨迹分析的航路规划技术，该类方法以船舶历史轨迹为基础，通过轨迹压缩、轨迹聚类等提取实际可航路径。除静态航线自动生成与路径规划技术外，还需解决基于动态环境感知的局部航线自动规划问题。

2. 通信技术

水面无人船艇的通信技术主要涉及无线电通信、光学通信、水声通信三个方面，通信技术用于实现船上的各种系统与设备、船舶与岸站、船舶与导航设备之间的信息交互，通信的内容主要有母船对水面无人船艇的指令信息、水面无人船艇实时回传的运动状态信息以及视频信息等，通信媒介在近距离可依靠甚高频通信，远距离可依靠卫星通信。在水面无人船艇的通信中重点解决超高频扩频通信与卫星通信信号的海上传输抗衰耗技术、抗多普勒频移技术和抗多种干扰技术问题。现阶段，卫星通信系统主要依赖美国的全球定位系统、欧洲航天局的伽利略导航卫星系统以及 2018 年底宣布开始提供全球服务的中国北斗导航卫星系统。其中，中国北斗导航卫星系统正在为东南沿海的船舶提供船舶监控、短消息通信及渔船港口管理等服务。移动通信网络在海事通信方面的应用主要集中在通用分组无线电服务(general packet radio service, GPRS)、宽带码分多址(wideband code division multiple access, WCDMA)及三代和四代通信技术(3G 和 4G)。GPRS 通信费用低廉且资源利用率非常高，WCDMA 广泛应用在基站网络的建设，并且可接收的信息传送速率范围从 8kbit/s～2Mbit/s。目前，5G 技术为自主船舶与岸基控制中心之间的通信提供了更大的发展空间。2017 年底，欧洲航天局与 R-R 公司签订合作意向，双方决定研发如何将太空技术应用到自主船舶的远程遥控及通信导航服务中。例如，基于卫星的定位功能，使用地球观测数据可更好地进行场景感知。

欧洲航天局正在研究的5G（S45G）卫星，旨在研究基于卫星和地面的综合5G服务，以及用于改进船岸之间的卫星通信服务，开发和验证新的船到岸综合陆基和卫星系统解决方案。

3. 自主决策与智能避障技术

数据显示，60%的海难事故都是由碰撞产生的，自主船舶在水面安全航行的关键在于迅速避障并且能够实时优化航路，1972年《国际海上避碰规则》规定的船舶避碰规定导航和避障能力对于自主船舶来说尤为重要。因此，开发碰撞和避免搁浅系统在自主船舶核心技术领域是一项占主导地位的任务。另外，为降低水面无人船艇对远程操控人员的依赖，同时扩展多水面无人船艇协同作战，需要水面无人船艇具有较高的自主决策和智能避障能力，以确保水面无人船艇可以独立地执行中长期远程探测、信息搜集等任务。自主决策与避障技术是水面无人船艇实现高智能化和全自主型的关键一步，目前已有较多科研机构对船舶智能避碰技术进行了广泛而深入的研究，包括基于"拟人"策略的船舶智能避碰决策与控制系统等。图8-15展示了船舶智能避碰决策与控制系统框图。

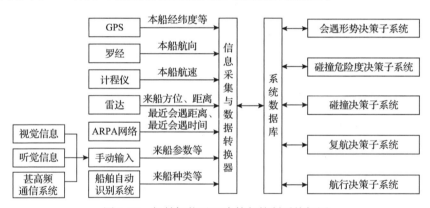

图 8-15 船舶智能避碰决策与控制系统框图

4. 目标识别与场景感知技术

目标识别与场景感知技术是实现船舶自主决策与自动避障技术的重要基础，高效的避障能力主要来自自主船舶对周围水域环境的准确感知，尤其是在交通繁忙的狭窄水域。场景感知意味着船舶可以基于各种传感设备、传感器网络和数据处理设备，以获得船舶本身及其周围环境的各种信息。自主船舶的场景感知方法主要分为雷达、声呐、视觉传感器及激光雷达等。对于体积较小的USV，受波浪等因素影响较大，6自由度运动较为剧烈，因此目标识别与场景感知技术首先要解决视频稳像问题和图像质量增强与平滑问题，其次要解决适应水天线和水岸线条件的水界线检测技术、低信噪比和动态背景条件下的目标检测技术，以及基于多源数据关联和融合的水面目标跟踪技术。雷达在海洋运输业中的应用较为广泛，以雷达图像进行环境信息反馈。2018 年 3 月，R-R 公司正式推出的罗罗智能感知（Rolls-Royce intelligent awareness）系统为第一款基于数据收集技术增强航行安全和运营效率的商用智能感知系统。该智能感知系统将安装于商船三井在日本神户（Kobe）和大分（Oita）之间运营的 165m 长客渡船 Sunflower 号上。2018 年 4 月，马士基公司宣布其开发的场景感知技术将安装在其公司一艘新造的 3600TEU 集装箱船上。该技术将是世界范围内的首次应用，类似于自动驾驶车，该自主船舶场景感知技术将基于人工智能技术，提高目标识别及追踪能力等。通过先进的传感器，不间断地采集船舶周围信息、识别和追踪潜在碰撞危险，从而实现自主船舶运行的安全与高效。

5. 智能能效控制技术

IMO 数据显示，2012 年海洋运输活动排放的二氧化碳量为 9.38 亿吨，占全球总排放量的 2.6%。如果不采取任何措施，该排放量将于 2050 年增加至 2012 年数值的 1.5～2.5 倍。2005 年及 2008 年分别提出船舶能效运营指数和船舶能效设计指数，2012 年提出船舶能效管理计划来控制二氧化碳排放。2018 年，中国船级社（China Classification Society, CCS）发布《船舶智能能效管理检验指南》，指出船舶智能能效是指通过自动对船舶状态、能耗情况进行监控及数据采集，进而对船舶能耗进行评估，并相应地提出航速、航线及纵倾优化等方案以降低船舶能耗，达到智能优化船舶能效管理的目的。2017 年，R-R 公司推出新一代智能船舶能效管理系统，该系统在降低营运成本和能耗的同时，符合环保法律的合规性；可以通过大量的船舶传感器采集数据并加密传送到专用网络平台，实现监测与优化燃油、排放及船舶性能监控等多种功能。

6. 船联网技术

相比于常规船舶，水面无人船艇与岸基控制中心需要大量数据交换，船联网技术作为物联网技术在航运业上的实例，已经逐渐应用于智能网络互联船只和岸基控制中心。如图 8-16 所示，船联网结构包括船舶、基站、气象观察站、通信卫星、浮标、无线传送、信息接收站及指令系统等。基于 GPS 和无线通信技术，船舶智能信息服务可使用电子传感设备在互联网上交换信息并实现提取、监督、利用每个节点的属性与动态信息服务平台。船联网技术将船上传感器以及其他智能传感器采集的大量信息通过卫星发送到云端及岸基控制中心。因此，船联网技术具备为导航、沟通和船舶安全提供更智能和更安全的航行环境。一艘智能船将配备众多传感器监测船舶及其功能。DNV GL 将 15000～20000 个不同传感器安装在智能船上，这些传感器将不断监测导航系统、安全系统、机械和自动化、货物及环境等。因此，通过船联网技术，船舶管理者可以准确且实时地判断船舶运行及预测交通情况，并以此为据做出应急方案并制定下一步计划，以避免灾难和财产损失。

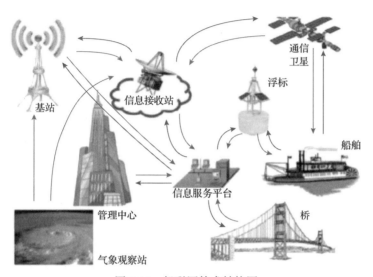

图 8-16　船联网技术结构图

7. 故障监测与诊断技术

　　故障监测与诊断技术是指设备在运行过程中，通过监测设备参数状态来及时预测潜在故障并为解决该故障提供相应依据。水面无人船艇处于远程遥控状态甚至在完全无人驾驶状态时，对于水面无人船艇的自我故障监测及诊断技术要求更为严格。区别于常规船舶，水面无人船艇的设备状态必须处于全时稳定运行状态，因此要求其状态监测技术必须能够提早发现问题。考虑以大数据为基础，构建故障数据库，通过物联网技术与岸基控制系统建立多尺度分析机制，从而预测设备的运行状态。

8.1.4　发展趋势

　　2013 年 12 月美国军方发布的《2013—2038 年无人系统一体化路线图》对水面无人船艇近期(未来 5 年)、中期(未来 10 年)、远期(未来 25 年)的技术发展重点进行了细致的说明：水面无人船艇近期的技术发展重点将围绕增强型动力系统、通信系统和传感器系统等方面，近期的能力需求是提高在本地受控区域执行特定任务的自主性并提高联网能力；中期将扩展行动范围并增加任务类型；中远期则将重点开发高效自主系统、障碍规避算法以及安全架构等；远期则可在全球自主执行任务。同时还指出，为将无人系统潜能最大化，未来各类无人系统必须实现无缝互操作能力。

随着信息技术、网络技术、人工智能的进步，综合国内外研究现状和关键技术，水面无人船艇的发展将呈现以下四个趋势。

1. 结构模块化

水面无人船艇采用模块化的结构设计，可在基本型水面无人船艇的基础上装配多种"即插即用"型任务模块。同时，通用化、标准化的平台、技术、组件、接口可有效降低无人水面艇的研制、使用风险和成本，简化后勤维修的难度，同时增强其与其他平台之间相互协调的能力。模块化设计和开放式体系结构增强了功能的多样性，同时加快了研发进度并且有效降低研发成本。无人水面艇的设计开发特点在未来也将一直保持。结构模块化要特别注意保证系统性能的高可靠性，使水面无人船艇在完成要求的任务下能安全回收。

2. 功能智能化

目前各国正在服役的水面无人船艇大都属于半自主型，要实现全自主型的水面无人船艇，必须提升水面无人船艇的自适应水平和自主决策能力，应对恶劣海况的防摇晃能力也要强，提高各功能模块的智能化水平。高度智能化的水面无人船艇可减少对远程操控人员的依赖，降低对通信带宽的要求，同时提升超视距离的执行任务能力。水面无人船艇必将朝着全自主型的方向发展。

3. 体系网络化

水面无人船艇的体系网络化一方面要实现水面无人船艇与母船、水面无人船艇之间的集成网络控制，提升水面无人船艇的协同作战、执行任务的能力；另一方面，要实现无人作战系统的集成网络化。作为未来战争中完成信息对抗、特殊作战使命的重要手段，早在 2001 年，美国海军在濒海战斗舰作战系统中就提出了利用 USV、UUV 和无人机共同构成海军无人作战体系，完成如情报收集、反潜、反水雷、侦察与探测、精确打击等作战任务。

4. 应用广泛化

水面无人船艇在军事领域已得到广泛应用，并且在转变军事结构的过程中发挥了重要作用。在军事上，水面无人船艇已可以执行扫雷、反潜作战、电子战争、支持特种作战等军事任务。近年来，水面无人船艇在民事上也有一些尝试性应用，例如，应用水面无人船艇进行气象监测。不久的将来，水面无人船艇可应用到大面积的海洋测绘和水质监测、大范围搜寻与救助中，在提升覆盖能力的同时降低劳动强度、减少作业时间，应用也逐渐由小型水面无人船艇向大型水面无人船艇过渡。

8.2　水下无人系统

8.2.1　概念与分类

水下无人系统(unmanned undersea system, UUS)是指具有自主航行能力，可完成海洋/海底环境信息获取、固定/移动目标探测、识别、定位与跟踪以及区域警戒等任务的各类 UUV、水下无人作战平台及其所必要的控制设备、网络和人员的总称。在军用领域，随着各国对战场低伤亡率的追求，水下无人系统在海上战争中发挥的作用愈发显著。相比水下有人系统，水下无人系统能够代替人执行枯燥的、恶劣的和危险的(dull, dirty, dangerous)任务，具有机动性强、适应能力和生存能力高、无人员伤亡风险、制造和维护成本低等优点，极大地扩展海军的作战能力，被视为现代海军的"力量倍增器"。在民用领域，水下无人系统从 20 世纪后半叶诞生起，就伴随着人类认识海洋、开发海洋和保护海洋的进程不断发展。专为在普通潜水技术较难到达的区域和深度执行各种任务而生的 UUV，将使海洋开发进入一个全新的时代，在人类争相向海洋进军的 21 世纪，UUV 技术作为人类探索海洋最重要的手段必将得到空前的重视和发展。

UUV 虽属于水下机器人的范畴，但与通常的仿生机器人、工业机器人不同，它并不是一个人们通常想象的具有类人形状的机器，而是一种可以在水下代替人完成某种任务的装置，在外形上更像一艘微小型潜艇，UUV 的自身形态是依据水下工作要求来设计的。生活在陆地上的人类经过自然进化，诸多的自身形态特点是为了满足陆地运动、感知和作业要求，所以大多数地面机器人在外观上都有类人化趋势，这是符合仿生学原理的。水下环境是属于鱼类的"天下"，人类身体的形态特点与鱼类相比则完全处于劣势，所以水下运载体的仿生大多体现在对鱼类的仿生上。目前 UUV 大部分是框架式和类似于潜艇的回转细长体。随着仿生技术的不断发展，仿鱼类形态甚至是运动方式的 UUV 将会不断发展。UUV 工作在充满未知和挑战的海洋环境中，风、浪、流、深水压力等各种复杂的海洋环境对 UUV 的运动和控制干扰严重，使得 UUV 的通信和导航定位十分困难，这是与地面机器人最大的不同，也是目前阻碍 UUV 发展的主要因素。

从 20 世纪 60 年代以来，以 UUV 为核心的水下无人系统经历了很大的发展，按照 UUV 与水面支持设备(母船或平台)间联系方式的不同，水下无人系统主要包括两类 UUV：一种是有缆水下航行器，习惯上把它称为遥控式潜航器(remotely operated vehicle, ROV)；另一种是无缆水下航行器，把它称为 AUV。ROV 可将人的眼睛和手"延伸"到 ROV 所到之处，信息传输实时，可以长时间在水下定点作业。但 ROV 需要由电缆从母船接收动力，并且 ROV 不是完全自主的，它需要人为干预，人们通过电缆对 ROV 进行遥控操作，电缆对 ROV 像脐带对于胎儿一样至关重要，但是由于细长的电缆悬在海中成为 ROV 最脆弱的部分，大大限制了机器人的活动范围和工作效率。AUV 自身拥有动力能源和智能控制系统，它能够依靠自身的智能控制系统进行决策与控制，可实施长距离、大范围的搜索和探测，不受海面风浪的影响，完成人们赋予的工作使命。作为新一代的水下智能无人系统，AUV 不依赖母船提供动力、机动性强、活动范围大、作业效率高等特点使其逐步成为各国研究者的主要研究对象，其各项技术得到了很好的发展，并在海洋资源勘探、侦察监视、反潜等民用和军事领域得到了很好的应用，许多国家已经把水下智能无人系统的研发提上日程。

8.2.2　研究现状

1. ROV 的研究现状

ROV 是最早得到开发和应用的 UUV，其研制始于 20 世纪 50 年代。1960 年美国研制成功了世界上第一台 ROV——CURV1。1966 年它与载人潜航器配合，在西班牙外海找到了一颗失落在海底的氢弹，引起了极大的轰动，从此 ROV 技术开始引起人们的重视。由于军事及海洋工程的需要及电子、计算机、材料等高新技术的发展，20 世纪 70 年代和 80 年代，ROV 的研发获得迅猛发展，ROV 产业开始形成。1975 年，第一台商业化的 ROV RCV-125 问世。经过半个多世纪的发展，ROV 已经形成一个新的产业——ROV 工业。全世界 ROV 的型号在 270 种以上，超过 400 家厂商提供各种 ROV 整机、零部件以及 ROV 服务。小型 ROV 的质量仅几千克，大型的超过 20t，其作业深度可达 10000m 以上。

美国的 MAX Rover 是世界上最先进的全电力驱动工作级 ROV，潜深 3000m，自重 795kg，有效载荷 90kg，推进器的纵向推力 173kg，垂向推力 34kg，横向推力 39kg，前进速度为 3kn，能在 2.5kn 的水流中高效工作。英国 Sbu-Atlantic 公司推出作业型 ROV——COMANCHE 载有 2 个具有 7 项功能的机械手，装载了 7 个推进器。如图 8-17 所示，日本海洋科学技术中心研制开发的 KAIKO 号 ROV 是目前世界上下潜深度最大的 ROV，装备有复杂的摄像机、声呐和一对采集海底样品的机械手。1995 年，该 ROV 下潜到马里亚纳海沟的最深处（11022m），创造了世界纪录。它可将一种微小的单细胞有孔虫，从马里亚纳海沟海床沉积物中拔出来。

目前，ROV 在海洋研究、近海油气开发、矿物资源调查取样、打捞和军事等方面都获得广泛的应用，是当前技术最成熟、使用最广泛、最经济实用的一类潜航器。国内从事 ROV 开发的科研机构主要是中国科学院沈阳自动化研究所、上

图 8-17　KAIKO 号 ROV

海交通大学、哈尔滨工程大学及中国船舶科学研究中心等。从 20 世纪 70 年代末起，中国科学院沈阳自动化研究所和上海交通大学开始从事 ROV 的研究与开发工作，合作研制了"海人一号"ROV，潜深 200m，能连续在水下进行观察、取样、切割、焊接等作业。此后，中国科学院沈阳自动化研究所在"海人一号"的基础上，于 1986 年开始先后研制了 RECON-IV-300-SIA-01、02、03 型 ROV，"金鱼号"轻型观察用水下机器人和"海蟹号"水下工程用六足步行机器人。1993 年11 月，我国在大连海湾进行了"8A4 水下机器人"海上试验，标志着我国在 ROV方面的研究进入了一个新的阶段。上海交通大学的产品较多，从微型的观察型ROV 到重达数吨的深水作业型 ROV，潜深从几十米到数千米不等。"海龙 II 型"作业 ROV 系统，重达 3.25t，潜深达 3500m，带缆绳管理系统(tether management system, TMS)、动力定位(dynamic positioning, DP)系统、虚拟监控系统(virtual monitor system, VMS)、2 个机械手及自动升沉补偿绞车，技术性能达到世界先进水平。

　　图 8-18 所示的"海马号"是中国自主研制的首台 4500m 级深海 ROV 作业系统，2014 年 4 月 22 日在南海完成海上试验，并通过海上验收。"海马号"项目是科技部通过 863 计划支持的重点项目，是中国自主研发的下潜深度最大、国产化率最高的ROV 系统。经过近 6 年的研发攻关，研制人员突破了本体结构、浮力材料、液压动力和推进、作业机械手和工具等关键技术，先后完成了总装联调、水池试验和海上摸底试验等工作。海试期间，"海马号"共完成 17 次下潜，3 次到达南海中央海

盆底部进行作业试验，最大下潜深度 4502m；完成水下布缆、沉积物取样、热流探针试验、海底地震仪海底布放等任务，成功实现与水下升降装置联合作业，通过了定向、定高、定深航行等 91 项技术指标的现场考核。

图 8-18　"海马号"ROV

2014 年 12 月 23 日，正在西太平洋进行科学考察活动的"科学号"科考船上搭载的"发现号"ROV 下潜至雅浦海山海域接近 4200m 深处，挑战设计极限。图 8-19 所示的"发现号"ROV 装备了温度计、生物采集器、采泥箱等，是开展深海探测研究的先进工具，"发现号"是目前我国最先进的深海科学考察设备之一，下潜深度 4500m，带有水下定位系统和深水超高清摄像系统，配备 Titan4 和 Atlas 两种机械手，能直接抓取重达 300kg 以上的生物和岩石。

图 8-19　"发现号"ROV

图 8-20 所示的"海龙三号"ROV 是充分考虑矿区勘查取样应用需求，能在海底高温和复杂地形的特殊环境下开展海洋调查和作业的最高精技术装备，它是国家重大科技专项、目前我国下潜深度最大、功能最强的 ROV，代表了国内 ROV

研发的最高水平。"海龙三号"ROV 进一步提升了标准化、模块化的水平，最大作业水深 6000m，作业功率 170hp（1hp=0.735kW），具备海底自主巡线能力以及更强的推力、高清高速和重型设备搭载能力，能够支持搭载多种调查设备和重型取样工具。与"海龙二号"ROV 相比，"海龙三号"ROV 不再使用中继器，采用脐带缆上捆绑浮球的无中继器布放方式，"海龙三号"系统由 ROV 本体、电动升沉补偿脐带绞车、止荡器、操纵控制台、动力电站组成。其中 ROV 本体重 5000kg，最大下潜水深 6000m，载荷能力 3000kg，基本尺寸：3.2m（净长）×1.9m（宽）×2.1m（净高），是目前国内下潜深度最大的 ROV。操作控制台与动力电站均集成在一个 6.6m（长）×2.5m（宽）×2.6m（高）的集装箱内。"海龙三号"ROV 的最大前进/后退速度为 3.2kn，具备 4 个水平推力器和 3 个垂向推力器。在控制功能上具备自动定向、自动定深、自动定高功能，在悬停定位与巡线控制方面，"海龙三号"ROV 具备强干扰力环境下精确定位能力，同时能对动态干扰力进行快速响应和补偿，进一步发展了 ROV 海底自主精细巡线技术，支持海底精细探测。在取样作业方面，"海龙三号"ROV 拥有一只七功能主从式机械手和一只五功能开关式机械手，满足海底多种形式的作业需求。在作业工具包方面，在"海龙二号"ROV 工具包的基础上，"海龙三号"ROV 新添了岩石切割取样器、沉积物保压取样器、沉积物取样器等工具，同时预留的各路液压电气接口能够支持搭载多种类型的调查取样设备。

图 8-20　"海龙三号"ROV

2. AUV 的研究现状

在过去的十几年中，水下技术较发达的国家如美国、日本、俄罗斯、英国、法国、德国、加拿大、瑞典、意大利、挪威、冰岛、葡萄牙、丹麦、韩国、澳大利亚等建造了数百个 AUV，虽然大部分为试验用，但随着技术的进步和需求的不断增强，用于海洋开发和军事作战的水下智能无人系统不断问世。由于水下智能无人系统具有在军事领域大大提升作战效率的优越性，各国都十分重视军事用途水下智能无人系统的研发，著名的研究机构有美国麻省理工学院 Sea Grant 的 AUV 实验室、美国海军研究生院（Naval Postgraduate School）智能水下运载器研究中心、美国伍兹霍尔海洋研究所（Woods Hole Oceanographic Institution）、美国佛罗里达大西洋大学高级海洋系统实验室（Advanced Marine Systems Laboratory）、瑞典海洋技术中心（Marine Technology Center）等。

　　图 8-21 展示了美国海军研究生院的水下机器人 NPS AUV，主要用于研究智能控制、规划与导航、目标探测与识别等技术。图 8-22 是美国麻省理工学院的 OdysseyⅣ，它可用于：①在海冰下标图，以理解北冰洋下的海冰机制；②检测大洋中脊的火山喷发；③海底资源勘探等多种用途。图 8-23 所示美国的 ABE AUV 最大潜深 6000m，最大速度 2kn，巡航速度 1kn，考察距离>30km，考察时间>50h，能够在没有支持母船的情况下，较长时间地执行海底科学考察任务，它是对载人潜航器和 UUV 的补充，以构成科学的深海考察综合体系，为载人潜航器提供考

图 8-21　NPS AUV

图 8-22　麻省理工学院 OdysseyⅣ

图 8-23　ABE AUV

察目的地的详细信息。图 8-24 展示了日本研制的 R2D4 水下机器人，长 4.4m，宽 1.08m，高 0.81m，重 1506kg，最大潜深 4000m，主要用于深海及热带海区矿藏的探察，能自主收集数据，可用于探测喷涌热水的海底火山、沉船、海底矿产资源和生物等。图 8-25 所示的远距离环境监测装置(remote environmental monitoring units，REMUS)是美国 Hydroid 公司的系列 AUV (图 8-25)。REMUS6000 AUV 工作深度为 25～6000m，是一个高度模块化的系统，代表了 AUV 的较高水平。

图 8-24　R2D4 AUV

图 8-25　REMUS6000 AUV

中国 AUV 技术的研究开始于 20 世纪 80 年代中期，主要研究机构包括中国科学院沈阳自动化研究所和哈尔滨工程大学等。中国科学院沈阳自动化研究所蒋新松院士领导设计了"海人一号"遥控 AUV 试验样机。之后 863 计划的自动化领域开展了潜深 1000m 的"探索者号"智能水下机器人的论证与研究工作，做出了非常有意义的探索性研究。哈尔滨工程大学的智水系列 AUV 已经突破智能决策与控制等多个技术难关，各项技术标准都在向工程可应用级别靠拢。哈尔滨工程大学"智水-4"AUV 在真实海洋环境下实现了自主识别水下目标和绘制目标图、自主规划安全航行路线和模拟自主清除目标等多项功能。图 8-26 所示的"潜龙一号"AUV 是中国国际海域资源调查与开发"十二五"规划重点项目之一，是中国自主研发、研制的服务于深海资源勘查的实用化深海装备。图 8-27 所示的"潜龙二号"AUV 是"十二五"国家 863 计划——深海潜水器装备与技术重大项目的课题之一，由中国大洋矿产资源研究开发协会组织实施，中国科学院沈阳自动化研究所作为技术总体单位，与自然资源部第二海洋研究所等单位共同研制。这是一套集成热液异常探测、微地形地貌探测、海底照相和磁力探测等技术的实用化深海探测系统，主要用于多金属硫化物等深海矿产资源的勘探作业。

图 8-26　　"潜龙一号"AUV

图 8-27　　"潜龙二号"AUV

8.2.3　关键技术

1. ROV 的关键技术

1）机械本体结构

机械本体结构简单紧凑，强度高。框架式 ROV 结构空间较开放，有本体质量小、实用、经济的优点。但是，框架式 ROV 的大部分执行器、传感器都裸露在作业环境中，防水能力差，防水空间也较小；硬件放置位置不合理会造成强弱电信号之间的相互干扰，而且这种干扰是持续的，不易屏蔽的。在保证强度的条件下，机械本体材料的选择、精密防水问题和框架中机构的布置问题需要加以重视。深海 ROV 系统是横跨水面和水下的复杂系统，具有与海洋环境交互的复杂动力学。深海布放机构不仅关系 ROV 水下作业的安全性，而且直接影响其水下作业的性能。根据具体的应用需求，作业型 ROV 通常具有三种典型的深海布放形式，包括直接布放、中继布放、直接布放时加装浮球，根据使用需求选择和设计布放机构尤为重要。

2）运动控制技术

在深海应用中，脐带缆的干扰是 ROV 本体实现水下航行的主要干扰力，海流的干扰又会被脐带缆进一步放大，严重影响水下操纵效果。对于精细调查任务或精细作业任务而言，深水 ROV 的精细控位和循线能力都是必要的。控制系统主要进行 ROV 姿态、运动路径和执行机构的控制，包括水面支持部分、控制主体、数据采集设备、通信设备、电源管理模块和推进系统模块。由于海洋条件的模糊性和不确定性，需要完善的控制系统来保障 ROV 在水下工作的可靠性。

3）动力传输与管理技术

对于深海作业型 ROV，脐带缆所能传输的动力是影响 ROV 性能的主要因素，如何高效使用和分配动力是深海 ROV 特有的问题。海洋内波的破坏力巨大，ROV 在海下作业时，应尽量避免至内波多发海域运行工作。同时 ROV 需要配备高效率、大功率的驱动系统来克服内波的影响，以按照既定路线航行和长时间悬停在水中作业。

4）导航与定位技术

导航与定位技术是 ROV 在水下作业时安全运行的首要保障，是一项技术难度很大的系统。目前用于水下导航的技术有引力导航系统、重力导航系统、惯性导航系统、地磁场导航系统、海底地形导航系统，以及长基线、短基线和光纤陀螺与多普勒计程仪组成的推算导航系统等。不同技术之间优缺点明显，技术的选择或者开发也是 ROV 行业的一大难题。

2. AUV 的关键技术

1) 总体及系统集成技术

设计研发通用平台、提高总体减阻效能对 AUV 的发展和应用有着重要的意义。若对 AUV 进行标准化、模块化和系列化设计，当需要搭载不同任务载荷执行不同任务时，只需在一种或较少的几种 AUV 的基础上修改，即可使之适应不同的环境和任务指标。

物体在水中运动的阻力比在空气中大 800 倍，尤其对于细长回转型 UUV，摩擦阻力占总阻力的 80% 以上。因此，减小总体阻力，特别是摩擦阻力，可以节约能源，增大航程，提高航速。减阻技术按边界层与流体接触表面的弹性大小，可分为刚性表面减阻技术和柔性表面减阻技术。刚性表面减阻技术常使用与流体接触的表面为刚性的表面减阻材料，或直接在刚性表面处添加有利于减阻的其他介质；柔性表面减阻技术采用的减阻材料与流体接触的表面为柔性，具有小的弹性模量和较大的变形能力。

此外，AUV 的可靠性、安全性、保障性、维护性、经济性、隐身性和总体设计与评估技术等都是总体技术领域值得研究的问题。

2) 能源与动力推进技术

未来 AUV 大深度、远航程、长航时的设计指标对 AUV 的能源与动力推进系统提出了更高的要求：能源系统比能更高、推进系统效率更高，使用更为安全和灵活。目前 AUV 使用的能源与动力推进系统主要有四类：电化学能源动力系统、不依赖空气推进(air-independent propulsion, AIP)、混合动力推进系统和新型动力推进系统。

(1) 电化学能源动力系统由电池提供能量，驱动电机带动推进器提供推力。由于电动推进在能量密度方面有明显优势，目前的水下航行器主要采用电动推进。能量密度大、自放电率低、温度特性好、可靠性安全性高、寿命长的电池是满足 AUV 日益提高的性能需求的重要技术途径。

(2) AIP 系统包括闭式循环柴油机系统、斯特林发动机系统和闭式循环汽轮机系统，这三种系统发展较为成熟，已成功应用于常规 AIP 潜艇。从 UUV 角度来讲，仍需对其进行小型化、低成本化研究。

(3) 混合动力推进系统结合电动力系统和热动力系统，充分发挥其各自的优势，低速巡航时使用电动力，巡航速度为 4～5kn，航程可达上千千米；高速攻击时电动力段分离，使用热动力，攻击速度为 50kn 以上，航程为 40～50km。

(4) 新型动力推进系统包括太阳能动力系统、水下仿生学特种推进技术、水下超导电磁流体推进技术、水冲压发动机推进技术、水下滑翔技术等。

3) 自主控制与智能化技术

自主智能控制技术作为实现 AUV 自主性和智能化的核心技术，对 AUV 执行任务的能力起着决定性作用，其实现将大大提高 AUV 对复杂环境的适应能力和全球海域工作能力。AUV 作为智能无人系统的重要领域之一，其自主性和智能化有望在不久的将来有巨大提升。2017 年，"长航程、智能化自治式潜水器的研制"被国家重点研发计划深海关键技术与装备重点专项列为子课题。为实现 AUV 的智能化，应主要研究海洋环境自适应控制、智能自主规划与决策、智能信息融合和智能容错控制。

(1)海洋环境自适应控制。对 AUV 来说，温度、盐度、深度和海流等是重要的海洋环境参数，它们在不同地区对应值存在一定差异。要实现 AUV 的高效全海域工作，使其在变化的参数中更快地适应新的海洋环境，更准确地调节控制策略，保证其稳定、可靠运行，AUV 对海洋环境的自适应能力至关重要。尤其对于执行深海空间复杂环境作业的 AUV，在下潜过程中盐度和温度的变化带来 AUV 浮力的改变，对 AUV 的航行状态有复杂的影响。在运行条件不断变化的过程中，控制 AUV 的航行姿态和航向，保证 AUV 在指定深度的定深航行，实现 AUV 对任务目标的跟踪和操作，需要更加智能化的海洋环境自适应控制。海洋数据过于庞大，人类尚无法完全掌握，因此 AUV 的海洋环境自适应问题亟待解决。

(2)智能自主规划与决策。AUV 的自主规划包括自主任务规划和自主路径规划。自主任务规划是根据预先设定的任务指令，以及已知的海洋环境和自身条件等信息，对任务进行理解并按一定顺序分解完成，从而满足任务要求。自主路径规划即 AUV 根据所处的环境，寻求一条路径连接起始点到终止点且能自主决策避开环境中障碍物的运动轨迹的过程，根据处理方式可分为在线规划和离线规划，又可根据环境信息的完整程度分为全局路径规划、局部路径规划和最基本的避障。在 AUV 自主规划的过程中，除 AUV 自身的众多约束和目标的约束外，还要考虑非线性非定常的复杂环境，尤其是随机因素(随机出现的动态障碍物等)对 AUV 任务和路径规划所带来的影响。为更好地应对环境对 AUV 自主规划带来的负面影响，国内外研究人员做了大量研究。如何使 UUV 在复杂环境下做出更加智能化的规划和决策，在满足约束条件的情况下通过增加可接受的计算量提高任务效率，实现多任务和复杂任务的智能规划，是未来相关学者的研究重点。

(3)智能信息融合。传感器作为获取信息的窗口，对 AUV 的自主性和智能化起到关键作用。根据多传感器信息进行计算、分析和判断的过程即数据融合。只有通过对传感器数据的融合，控制系统才能对 AUV 进行合理的决策，采取适当的控制策略和行为，AUV 的自主性和智能化才能得以实现。然而由于体积限制，AUV 能携带的传感器数目十分有限。如何通过有限的传感器类型和精度获取并挖掘更多 AUV 所需的信息是 AUV 智能信息融合的发展方向，如通过单目相机结合深度学习技术代替双目相机或深度传感器获得距离信息。相信在不久的未来，更多的智能信息融合技术会涌现出来。

(4)智能容错控制。AUV 在水下自主执行任务时，由于复杂的水下环境，部分机构或子系统出现故障的情况时有发生。容错控制的目的是在发生此类故障时保证 AUV 顺利完成任务或自行返回。因此，容错控制是保障 AUV 生存及成功完成任务的关键技术，也是实现 AUV 全球海域工作的重要保障。容错控制初期采用硬件冗余技术，当其中一个或几个失效时，可切换使用与之并联的备用系统完成后续任务。然而，这种措施在提高可靠性的同时，增加了系统的成本，加大了能源消耗。通过一定的容错控制算法对故障进行定位和诊断，进而调整控制策略是一种理想的方法。现有容错控制算法尚停留在处理简单故障的层面，更加智能、快速、准确的智能容错控制方法将在未来 AUV 领域起到重要作用。

4)导航定位技术

AUV 向长航时、远航程、大深度、全海域发展的趋势对导航定位系统的精度提出了更高的要求。水下导航与空中导航相比，具有工作时间长、环境复杂、信息源少、隐蔽性要求高等特点，技术难度更大，是影响 AUV 发展的瓶颈技术之一。

(1)航位推算技术与惯性导航技术。航位推算技术与惯性导航技术作为最常用的两种完全自主导航方法有共同的缺点，即导航误差随时间累积，一般中等导航精度为 1mi/h。航位推算与惯性导航的关键技术有载体运动状态下的初始对准技术、新型惯性器件和惯性器件误差校正技术。

(2)声学导航。声学导航有 3 种方式：①超短基线(ultra short baseline, USBL)导航，基线长度<1m，通过相位测量来进行位置解算；②短基线(short baseline, SBL)导航，基线长度为 1～50m，通过时间测量得到距离，从而解算目标位置；③长基线(long baseline, LBL)导航，基线长度为 100～6000m，通过时间测量得到距离，从而解算目标位置。

(3)水下地理信息辅助导航。水下地理信息辅助导航通过匹配算法，将测量的地理信息与先验信息进行匹配，估计 AUV 的位置。理论上可实现全球自主导航，主要作为惯性导航的辅助手段使用。常用的水下地理信息辅助导航的手段有地磁辅助导航、重力辅助导航、等深线导航和地形匹配导航。即时定位与地图构建(simultaneous localization and mapping, SLAM)方法是一种同时定位与制图方法，不需要先验的水下地理信息图，当 AUV 在水下运动时，利用相关传感器(地磁仪、重力计、声传感器)感知，提取地理信息，进行自身定位、构建、更新地理信息图，实现水下全球自主导航。

(4)组合导航。组合导航是一种"取长补短"的导航方法，能够降低难度与成本，同时提高可靠性和容错性。常见的组合导航方式包括捷联惯导+卫星导航、捷联惯导+多普勒计程仪、捷联惯导+计程仪+地理信息、捷联惯导+计程仪+卫星导航。

5) 布放与回收技术

现代化的 AUV 布放和回收要求高效率、高安全性、高自动化水平，操作简单且具备高海况作业的能力。常规 AUV 布放和回收方式可分为水面方式和水下方式。在水面上，可采用挂钩布放/回收、滑道布放/回收和中继布放/回收；在水下，可根据 AUV 外形使用潜艇鱼雷管布放/回收或潜艇外壳背负方式。其关键技术如下。

(1) 近距离精确导引对准技术。

常用的近距离精确导引技术有基于惯导+多普勒测速仪(Doppler velocity log, DVL)的导引方法和水声导引法。其中，水声导引法通过超短基线获取 AUV 与目标点的相对空间距离，采用横向跟踪控制算法导引 AUV 沿回坞站中轴线驶入回坞站中。由于声学导引精确度较低，声信号更新频率慢，近距离视觉传感器导引 AUV 回坞技术在近几年获得了较多关注。

(2) 布放/回收协调控制技术。

协调控制中的核心技术为 AUV 和回坞站的对接控制，研究重点为回坞过程中的路径规划和相应的控制算法。常用的布放/回收协调控制技术有模糊控制、基于混杂系统的控制和分层递阶控制等。为提高布放/回收协调控制技术对环境的适应性和鲁棒性，鲁棒模糊控制、自适应滑模控制等新型控制算法得到了广泛的关注。

随着无人系统和人工智能技术的蓬勃发展，AUV 的能力将进一步提高，在海洋资源开发、海洋生态保护和海洋安全领域发挥更加重要的作用。

8.2.4　发展趋势

1. ROV 的发展趋势

现阶段 ROV 的发展趋势体现在以下几个方面。

(1) 向高性能方向发展。随着计算机技术及水下控制、导航定位、通信传感技术的快速发展，ROV 将具有更高的作业能力、更高的运动性能、更好的人机界面，便于操作。

(2) 向高可靠性发展。ROV 技术经过多年的研究，各项技术正在逐步走向成熟。ROV 技术的发展将致力于提高观察能力和顶流作业能力，加大数据处理容量，提高操作控制水平和操纵性能，完善人机交互界面，使其更加实用可靠。

(3) 向低成本、小型化和自动化方向发展。为了适应 ROV 不断扩大的应用领域，ROV 技术将会向体积小、兼容性高及模块化方向发展，突破现有水下潜航体设计中的障碍。由于国际的技术合作愈加密切，高兼容性和模块化技术的应用将大幅度降低 ROV 的制造成本。先进技术的发展，特别是高效电池技术，已可以使 ROV 在特定工作区域以电池作为能源，自动化程度将逐步提高。

(4)向更大作业深度发展。地球上 97%的海洋深度在 6000m 以上，称之为深海，随着海洋油气等资源的开发日益走向深海，必然要求 ROV 向更大作业深度发展。目前世界各国都在加大力度研制潜深超过 6000m 的深水 ROV。

(5)专业化程度越来越高。任何一种 ROV 不可能完成所有的任务，它们都将只针对某个特殊的需求，配置专用设备，完成特定任务，其种类会越来越多，分工会越来越细，专业化程度会越来越高。

(6)新概念 ROV 即将出现。多媒体技术、临场感技术及虚拟现实技术等新型技术在 ROV 中的应用将产生新一代全新概念的 ROV。

2. AUV 的发展趋势

(1)整体设计的标准化和模块化。为了提升智能水下机器人的性能、使用的方便性和通用性，降低研制风险，节约研制费用，缩短研制周期，保障批量生产，智能水下机器人整体设计的标准化与模块化是未来的发展方向。在智能水下机器人研发过程中依据有关机械、电气、软件的标准接口与数据格式的要求，分模块进行总体布局和结构优化的设计和建造。智能水下机器人采用标准化和模块化设计，使其各个系统都有章可依、有法可循，每个系统都能够结合各协作系统的特性进行专门设计，不但可以加强各个系统的融合程度，提升机器人的整体性能，而且通过模块化的组合还能轻松实现任务的扩展和可重构。

(2)高度智能化。由于智能水下机器人工作环境的复杂性和未知性，需要不断改进和完善现有的智能体系结构，提升对未来的预测能力，加强系统的自主学习能力，使智能系统更具有前瞻性。目前针对如何提升水下机器人的智能水平，已经对智能体系结构、环境感知与任务规划等领域展开一系列的研究。新一代的智能水下机器人将采用多种探测与识别方式相结合的模式来提升环境感知和目标识别能力，以更加智能的信息处理方式进行运动控制与规划决策。它的智能系统拥有更高的学习能力，能够与外界环境产生交互作用，最大限度地适应外界环境，帮助其高效完成各种任务，届时智能水下机器人将成为名副其实的海洋智能机器人。

(3)高效率、高精度的导航定位。虽然传统导航方式随着仪器精度和算法优化，精度能够提高，但由于其基本原理决定的误差积累仍然无法消除，所以在任务过程中需要适时修正以保证精度。全球定位系统虽然能够提供精确的坐标数据，但会暴露目标，并容易遭到数据封锁，不十分适合智能水下机器人的使用。所以需要开发适于水下应用的非传统导航方式，如地形轮廓跟随导航、海底地形匹配导航、重力磁力匹配导航和其他地球物理学导航技术。其中海底地形匹配导航在拥有完善的并能及时更新的电子海图的情况下，是非常理想的高效率、高精度水下导航方式，美国海军已经在其潜艇和潜器的导航中积极应用。未来水下导航将结合传统方式和非传统方式，发展可靠性高、集成度高并具有综合补偿和校正功能的综合智能导航系统。

（4）高效率与高密度能源。为了满足日益增长的民用与军方的任务需求，智能水下机器人对续航力的要求也越来越高，在优化机器人各系统能耗的前提下，仍需要提升机器人所携带的能源总量。目前所使用的电池无论是体积和还是重量都占智能水下机器人体积和重量的很大部分，能量密度较低，严重限制了各方面性能的提升。所以，急需开发高效率、高密度能源，在整个动力能源系统保持合理的体积和质量的情况下，使水下机器人能够达到设计速度和满足多自由度机动的任务要求。

8.2.5　应用

海洋是生命的摇篮、资源的宝库、交通的要道，也是兵戎相见的战场。21 世纪人类将面临人口膨胀和生存空间有限的矛盾，陆地资源枯竭和社会生产需要增长的矛盾，以及生态环境恶化和人类发展的矛盾这三大挑战。占地球表面积 71% 的海洋，是一个富饶而远未得到开发的宝库。人类要维持自身的生存、繁衍和发展，就必须充分利用海洋资源，这也是人类无可回避的必然抉择。对人均资源占有率不高的我国来说，海洋开发更具有特殊意义。在海洋开发过程中，智能水下无人系统将在海洋环境的探测与建模、海洋目标的水下探测与识别、定位与传输等方面的研究中发挥重要作用。

民用方面，水下无人系统在海洋救助与打捞、海洋石油开采、水下工程施工、海洋科学研究、海底矿藏勘探、远洋作业等方面发挥着非常重要的作用。归纳起来，ROV 在民用上主要有几个方面的应用。

（1）海底安装。包括海底管道及电缆的开沟埋设，水下输油管道的连接、检测，海底安装物的维护和修理。

（2）水下钻探和建造支持。包括从视频观察、监测安装、操作支持到维修。

（3）管线检测。包括跟踪水下管线以检测漏点，确定管线的安全状态和保证安装合格等。

（4）扫查。在管线、电缆和其他离岸设备安装之前，对环境进行必要的视频和声学扫查。

（5）平台监测。监测工作平台的腐蚀、堵塞，定位破损，查找裂缝，估计海洋生物污染。

（6）码头及码头桩基、桥梁、大坝水下部分检修、冲撞破损评估，航道排障，港口作业。

（7）水下物体的定位和回收。搜寻、定位和回收打捞失事航天飞行器、舰船的残骸及其他丢失物体。

(8)通信支持。包括对海底通信电缆的埋设、监察和修理及回收等。

(9)废物清除，平台清刷，清理水库坝面、拦污栅等。

(10)科学考察、研究。包括水环境、水下生物的观测、研究，海洋考察，冰下观察，水下考古，海洋地质或地球物理学研究，深海测量，海底剖面测绘，海底取样，海洋水文研究，以及深水矿藏勘探等。

水下无人系统在军事上可用于反潜战、水雷战、情报侦察、巡逻监视、后勤支援、地形测绘和水下施工等领域。

(1)反潜战。在反潜战中，智能水下机器人可以工作在危险的最前线，它装备有先进的探测仪器和一定威力的攻击武器，可以探测、跟踪并攻击敌方潜艇。智能水下机器人可以作为水下侦察通信网络的节点，也可以作为猎杀敌方潜艇的诱饵，让己方的潜艇等大型攻击武器处在后方以增加隐蔽性。

(2)水雷战。智能水下机器人自身可以装载一到多枚水雷，自主航行到危险海域，由于智能水下机器人的目标较小，可以更隐蔽地实现鱼雷的布施，并且其上的声呐等探测装置也可协助进行近距离、高精度的鱼雷、雷场的探测与监视。

(3)情报侦察。长航时的智能水下机器人，可在高危险的战区或敏感海域进行情报侦察工作，能够长时间较隐蔽地实现情报侦察和数据采集与传输任务。

(4)巡逻监视。可以长时间在港口及附近主要航线执行巡逻任务，包括侦察、扫雷、船只检查和港口维护等任务。它可以对敌方逼近的舰艇造成很大的威胁，必要时还可以执行主动攻击、施布鱼雷和港口封锁等任务。战期还可为两栖突击队侦察水雷等障碍，开辟水下进攻路线。

(5)后勤支援。智能水下机器人可以布设通信导航节点，构建侦察、通信、导航网络。

(6)相关应用。智能水下机器人还可用于相关水下领域，如地形测绘、水下施工、物资运输和日常训练等。智能水下机器人可用于靶场试验、鱼雷鉴定等，把机器人伪装成鱼雷充当靶雷进行日常训练和试验鱼雷性能，以智能水下机器人作为声靶进行潜艇训练。

(7)军港工程的水下维护。

(8)水中试验武器装备的打捞与回收。

(9)失事潜艇的营救。

(10)通信中继。在某些通信受到限制的海域，可以利用水下机器人作为通信接口，完成指挥中心与潜艇、水面舰船之间以及与其他平台之间的通信任务。

(11)战术水文资料的搜集。对特殊海域的海洋环境资料(如潮汐、深度、海流等水文条件)和影响战术活动的因素(航运情况、渔业活动等)进行监视和数据统计，建立数据库，供战时使用。

(12)作为未来的水下无人作战平台。

8.3　水中无人集群系统

8.3.1　概念

水中无人集群系统的概念是由前述的 USV 和 UUV 单体系统扩展而来,是指由多个 USV、UUV 或 USV+UUV 相互协作完成既定任务的集群系统。智能水中无人集群系统通过大范围的水下通信网络,完成数据融合和群体行为控制,实现多平台磋商、协同决策和管理,进行群体协同作业,在军事上和海洋科学研究方面潜在的用途很大。当前,水中无人集群系统以单一无人平台为主,随着水中智能无人系统的发展和日渐成熟,它所面临的任务的难度和复杂度也有很大提升,单体系统存在载荷配置有限、任务能力偏弱、作战样式相对单一等不足,单体系统已不能满足需求的发展。这就使多平台以集群的形式互相协作执行任务成为水中无人集群系统发展的必然方向,同时也对任务规划、路径规划等关键技术提出了新的要求,并促进了集群智能、编队控制等适应集群发展方向的技术的应用。相比于单体系统,水中无人集群系统有以下突出优势。

(1)集群系统利用单体自主性能够实现集体决策以及群体级稳态。

(2)集群系统可扩展性很强,个别群内成员的增减不会对系统造成决定性影响。

(3)集群系统具有高度可扩展性和稳定性,所以集群系统鲁棒性较强。

(4)集群相比于个体最突出的特点是能够完成个体无法独自完成的任务。

通过多系统联合、能力互补,可以弥补单体系统在高度动态水域中的能力不足,应对复杂多变的海洋环境,充分发挥集群系统灵活部署快、监控范围广、作战组织灵活、抗毁重构性强等优势,实现更高的作业效率和作业范围,加强协同鲁棒性和通信能力,具备独立完成复杂任务的能力。

8.3.2　研究现状

目前,世界上主要 USV 装备研制国家都在开展 USV 集群的研究。2014 年 8 月,美国海军研究实验室将 13 艘 USV 组成编队,利用分散与自动数据融合系统(简称 DADFS)和机器人智能感知系统控制体系架构(简称 CARACaS)两款软件实现单艇接收任务指令后自主行为决策,成功发现模拟敌船并拦截。但本次试验中 USV 目标识别、护航、拦截等任务仍需人工指令,USV 集群仅实现了半自主协同作战。2016 年 10 月,美国海军研究实验室再次开展 USV 集群试验,在 16 平方海里海域内,4 艘 USV 集群成功实现自主目标的探测与识别、跟踪、巡逻,整个控制回路无需人工参与,首次真正实现了集群作战。

图 8-28 所示的 PLUSNet（persistent littoral undersea surveillance network）是由美国海军赞助的一个多机构合作项目，旨在推进沿海监控技术发展，目标是探测和跟踪燃油潜艇[2]。该项目使用固定和移动水下平台，包括具有检测系统的底部节点，具有拖曳阵列的 UUV，以及带有声学和环境传感器的水下滑翔机。节点组织成集群，与其他集群协同工作，进行大范围的行动。除检测、分类和跟踪等基础功能外，该项目还在自主性、环境适应性和网络结构三个关键技术领域取得了研究进展。

图 8-28　PLUSNet 项目概念图

CADRE（cooperative autonomy for distributed reconnaissance and exploration）系统是协调 UUV 的异构集合的框架，用于自主执行面向目标的任务，如图 8-29 所示[3]。该系统的开发旨在解决美国海军 UUV 总体规划中提出的海底搜索和调查以及通信与导航救援功能，其关键属性是可扩展性和模块化。CADRE 系统包括一

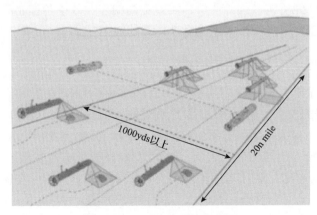

图 8-29　CADRE 系统概念图

个 AUV 和 ASV，它们自主地同时进行广域海底反水雷侦察，同时保持高精度导航和定位。多模式通信架构在 CADRE 系统中起着至关重要的作用，允许系统中的 UUV 彼此之间与各种支持平台保持联系。CADRE 系统在海底地雷对抗任务的背景下开发，因此对该系统进行了两个关键反水雷任务方案的验证：①（400～1000）yds×20n mile（1yds=0.9144m）的狭长区域；②10n mile×10nmile 的广域范围。两种方案均在保持严格的导航精度和协同定位要求的前提下进行。

WiMUST（widely scalable mobile underwater sonar technology）项目旨在设计和测试协作 AUV 系统以简化地震勘测并提供相比于现代拖缆方式的显著优势，如图 8-30 所示[4]。WiMUST 系统的主要新颖之处在于使用海洋机器人来捕获地震数据而不是传统的拖缆。项目利用 UUV 集群牵引小型孔径短拖缆。UUV 充当可重新配置的移动声学网络的感测和通信节点，并且整个系统表现为用于记录数据的分布式传感器阵列，数据通过支持船装备的声源射向海床和海底地层的强声波而获得。

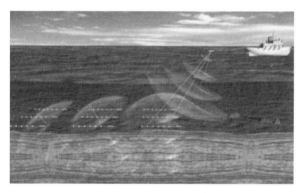

图 8-30　WiMUST 系统工作方式

由欧洲联盟资助如图 8-31 所示的研发项目 GREX 见证了多航行器协作的理论方法和实用工具的发展，弥补了概念与实践之间的差距[5]。所开发的技术一方面

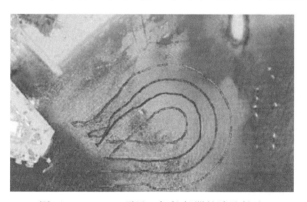

图 8-31　GREX 项目 4 架航行器的编队航迹

足够通用，以便连接预先存在的异构系统。另一方面，它足够健壮以应对由错误的通信引起的问题。2008 年夏天至 2009 年末，该项目针对"协调路径跟踪"和"合作视线目标追踪"任务进行了 3 次海上试验。航行器间使用预设的时分媒体访问(time division medium access, TDMA)同步架构交换导航数据，允许每分钟交换大约 20Bytes 的压缩数据包 5 次，同时避免数据包冲突。在有效通信条件下实现了编队航行和向指定目标聚集等任务。

2011 年，奥地利 Ganz 人工生命实验室的研究人员发布了当时世界上最大的 UUV 集群：CoCoRo AUV 集群[6]。该项目由欧洲联盟资助，由 41 个 UUV 组成，可以协同完成任务，其主要用于水下监测和搜索。该集群系统在其行为潜力方面具有可扩展性、可靠性和灵活性。研究人员通过受到行为学和心理学启发的试验来研究集体自我认知，从而允许量化集体认知。

除了以上项目，还有很多其他已经取得成功或仍在进行中的 UUV 集群项目，如美国海军资助的自主海洋采样网络(autonomous ocean sampling network, AOSN)[7]、美国新泽西海湾布设的大陆架观测系统(the New Jersey shelf observing system)[8]、欧洲联盟资助启动的 Co3-AUVs 的协同认知控制项目[9]、北约水下研究中心和麻省理工学院完成的通用海洋阵列技术声呐(generic ocean array technology sonar, GOATS)项目、英国 Nekton 研究机构开发的水下多智能体平台(underwater multi-agent platform, UMAP)等项目[10]。

8.3.3 关键技术

水中无人集群系统要求大量无人平台能够自主有序的行动，具备群体感知与智能综合、信息按需共享、群体行动规划与分配、一致性协同行动控制、群内外自主避障、人员对群内任意节点控制、组织结构柔性控制、通信网络灵活自组织等方面的能力。常见的集群方式主要有 USV 集群和 UUV 集群，除此以外还包括 USV 与 UUV 的群体协同、有人平台与无人平台的协同等，其研究内容涵盖了感知、规划与控制等各个方面的群体协同技术。

1. USV 集群的关键技术

1)集群控制系统总体架构

系统总体架构主要包括指挥中心集中控制、有中心的集群自主协同和无中心的集群自主协同等三种方式，USV 集群根据任务的选择采用某种协同控制方式进行集成。USV 集群内各平台的差异性较大，易受到通信能力、环境因素、无人平台及其载荷能力特征等方面因素制约，重点需要解决的问题主要包括：多节点集成能力(上百艘)、基于作战与海洋的不确定扰动环境的一致性安全控制、大数量多自由度运动个体在空间实时坐标转换、集成开放性、角色灵活分配、节点随机余度控制、基于通信时延及不稳定的艇群安全性控制等。总体架构主要解决 USV 协同方法、适应准则、自主控制方式、信息交互机制与内容，建立适应多种任务与环境的 USV 集群控制总体集成体系框架。

2）队形自协同控制技术

USV 集群内各平台通常为欠驱动平台系统，受风、浪、流等海洋环境以及船间效应的影响，群内各平台执行控制与规划路径存在较大的不确定扰动性，在无人系统中，平台动态控制精度与时效性最低，执行效果与规划预期存在较大偏差，需重点解决基于执行效果不确定的 USV 集群一致性协同控制问题。USV 集群自协同控制技术包括编队保持控制、避障避撞控制、队形重组控制等技术，USV 集群协同控制框架示意图如图 8-32 所示。

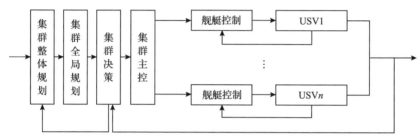

图 8-32　USV 集群协同控制框架示意图

3）集群智能决策体系

基于认知智能的 USV 集群智能决策体系的构建，主要目的为不断完善与提高 USV 集群自我认知决策能力，以提高海上无人装备自主行动决策水平，降低人为干预频率。主要技术路线为利用知识图谱和人工智能相结合的技术实现。关键技术包括海上无人装备知识图谱构建技术、大规模分布式 DNN 战场感知体系构建技术、基于深度学习的目标行为自主意图预测技术、基于多模数据的战场态势智能生成技术、基于深度强化学习的智能决策技术。主要技术途径为梳理已有的感知、指挥决策、行动控制等知识，通过知识挖掘的方法，提取对 USV 集群分类有价值的数据；利用"云"端层级推理、深度学习和迁移学习的方法，实现对场景的层次化特征感知和分布式层级推理；构建基于对抗条件的虚拟 USV 集群训练试验环境，通过强化学习的方式，不断提升 USV 集群决策能力，最后通过海上试验场训练和实战数据采集的方式，逐步提高 USV 集群智能化水平。

4）高度人机协同作业

人机协同作业技术研究的目的为丰富海上行动战术战法、协调执行机构空间搭配、提升分布式探测与执行能力、降低作业行动损耗。在对无人/有人系统协同探测、目标打击等任务中任务使命需求和作战样式分析的基础上，建立指挥中心、有人系统、无人系统之间的指挥控制体系结构，研究 USV 集群自主控制等级、自主可控与安全机制、基于人员局部遥控的集群自适应协同控制、有人/无人系统间协同机制和鲁棒性交互策略、智能化有人/无人协同作战辅助决策支持、人机融合智能显控优化等方面技术，构建高效灵活的有人/无人协同作战机制。

2. UUV 集群的关键技术

1) 集群智能控制

集群智能控制算法是集群系统的核心技术，是控制各个单体活动并能将它们联系起来形成一个系统合作执行任务的关键。受自然界群体行为的启发，已有很多智能控制算法被提出，但是由于海底复杂环境和恶劣通信条件的限制，很多算法不能直接被移植到 UUV 集群应用当中。因此，现有智能算法在海洋环境的应用以及适用 UUV 集群的新智能控制算法的开发仍是未来 UUV 集群发展的关键所在。目前主流的 UUV 集群智能控制算法包括：针对海洋环境和特定任务，将已有智能控制算法进行改进，比较常用的集群控制算法有蚁群算法、人工势场法、粒子群算法；另外，也一直有学者利用强化学习和机器学习等方法进行集群控制应用方面的研究。UUV 集群发展相对较晚，改进已有算法是一种效率较高的方法，但不应该局限于此。海洋环境的复杂性给 UUV 的研究增加了很多限制和挑战，同时也为 UUV 研究创造了更多的可能性，在参考已有研究成果的同时应该根据具体情况和相关理论知识探索更适合的智能控制算法。

2) 通信网络

远距离通信、大容量通信、高质量通信、强抗干扰性和保密性是对 UUV 通信系统的基本使用要求。目前 UUV 的主要通信方式有光缆通信、卫星通信、无线电通信和水声通信。其中水声通信由于其衰减慢可实现远距离水下通信的特点最适用于 UUV 集群中成员间的相互通信。但是水声通信存在带宽有限和传输速度慢且信道不稳定等缺点，存在通信延迟和数据丢包等问题。因此，在特定的环境条件限制以及没有更好的通信手段的情况下，通信网络的合理设计是一种提高水下 UUV 集群间相互通信效率和可靠性，从而更好地协作完成任务的可行方法。针对水声通信的各种缺点和海洋中的客观不利条件，在已有的硬件条件基础上，仍可对通信效果进行可观的改善，达到节约能耗、减少数据丢包通信延迟带来的影响等目的，主要方法有改变通信拓扑、设计更高效的通信协议、改变通信模式等。

3) 任务分配

任务分配是随着集群技术发展最早被研究的技术之一，任务分配的研究对象日益复杂，分配的任务也多样化。现阶段任务分配方法根据对应集群的控制方式不同主要分为集中式任务分配和分布式任务分配两种。

(1) 集中式任务分配。这种分配方式需要各 UUV 将自身环境信息与执行任务的代价函数信息传输给控制中心，控制中心权衡各 UUV 和任务情况进行合理分配。这种方式高度依赖通信，且作为控制中心的 UUV 计算负担重。

(2)分布式任务分配。这种分配方式并不是将决定权完全交给单体 UUV，而是给各个成员一定的自主决策权力，成员可根据局部信息按某些规则进行局部任务分配，有对通信依赖小、执行速度快的特点，但由于成员不能掌握整体信息，各 UUV 间可能存在竞争关系。

任务分配的核心目的是将集群的优势最大化，通过合理分配任务给不同的执行者，使任务执行时间最少或能耗最小。集中式任务分配理论上可以通过通信协商找到最合理的分配方式，但是通信本身不可靠，且通信本身也会浪费掉一些时间和能量；与此相比分布式任务分配虽然不能得到最优解，但是优势是能够根据局部信息更快地作出反应。因此，在应用时通常是根据实际需求将两种方法结合起来，才能发挥比较理想的效果。

多 UUV 协作过程中，需能够自主进行任务分配。巡航过程中，UUV 通过与其他平台的信息交互，使多个平台之间保持一定的距离航行，并随时共享相互间的探测信息，当 UUV 探测到环境信息变化需要改变队形时，UUV 能够通过相互之间的协调来自主完成队形变换。当对目标进行协同攻击时，UUV 之间能够根据指定的方式对所分配的目标实施打击。

4)协同导航与定位技术

高精度的导航定位是多 UUV 系统完成任务的基础。通过 UUV 间导航信息的共享，即多 UUV 间的协同导航，在提高系统整体导航定位精度的同时，既可降低导航定位成本，还可摆脱基阵/母船的束缚，使用区域灵活。目前，协同导航与定位主要有领航跟随式和分布式两种。领航跟随式协同导航与定位中，领航 UUV 配置高精度导航传感器，跟随 UUV 配置低精度导航传感器，领航 UUV 的数量一般为 2～4 个，理论上跟随 UUV 数量不受限制；跟随 UUV 一般需与领航 UUV 通信，并且领航 UUV 间需要具备配合能力。分布式协同导航与定位中，每个 UUV 具有相同的导航传感器配置与同等地位，一般要求 UUV 与多个邻居通信，由于目前世界先进的美国伍兹霍尔海洋研究所研制的水声通信系统 Modem 较可靠的通信率也只有 32Bytes/10s，故适合于 UUV 数量较少的场合。

5)编队控制技术

某些多 UUV 任务中，UUV 以编队形式集体移动。编队控制就是控制一组 UUV 在任务需要时沿着所需路径移动的技术，同时保持所需的队形，并适应环境约束，如障碍物、有限的空间、洋流和通信约束。对空中飞行器的编队控制的研究相比于水下 UUV 编队要成熟，但是由于水下特殊环境的限制，空中飞行器编队控制算法不能直接移植到多 UUV 控制中，因此多 UUV 编队控制技术是集群研究的焦点之一。目前主要的编队控制方法分为虚拟结构方法、领航者-跟随者方法和人工势场法[11]。

(1)虚拟结构方法。为了在多个机器人之间形成并保持某种几何形状,引入了形成的刚性结构作为参考,其中机器人的整体表现得如同嵌入刚性结构中的粒子,这种方法就是虚拟结构(virtual structure, VS)法。虚拟结构按预定轨迹航行,反复计算 UUV 与虚拟结构的误差并进行调整,同时保持各 UUV 之间的刚性几何关系,直到 UUV 到达所需队形。

(2)领航者-跟随者方法。在领航者-跟随者方法中,基本思想是领航者跟踪预定义的参考轨迹,跟随者根据预定义的方案跟踪领航者的状态。其最大优点是易于理解和实现,但是,跟随者对领航者没有明确的反馈意见,领航者的失败将导致整个编队的失败。

(3)人工势场法。该方法的基本思想是航行器在力场中移动,其类似于由正电荷和负电荷产生的电场。要到达的位置对航行器产生吸引力,障碍产生排斥力,使得航行器可以沿着潜在场地的方向移动。

未来,随着人工智能、大数据、知识图谱、云计算和宽带无线通信技术的发展,水中无人集群系统协同能力将在知识获取、环境感知、自我学习与认知决策、大批量高维无人装备协同控制等方面得到快速发展,将逐步从集群协同自控制能力发展到智能群体控制能力,并逐步满足未来海上军用、民用需求,具备实际应用能力。

参 考 文 献

[1] Liu Z X, Zhang Y M, Yu X, et al. Unmanned surface vehicles: An overview of developments and challenges[J]. Annual Reviews in Control, 2016, 41: 71-93.

[2] Grund M, Freitag L, Preisig J, et al. The PLUSNet underwater communications system: Acoustic telemetry for undersea surveillance[C]//Oceans, 2006: 1-5.

[3] Willcox S, Goldberg D, Vaganay J, et al. Multi-vehicle cooperative navigation and autonomy with the bluefin CADRE system[C]//International Federation of Automatic Control Conference, 2006: 20-22.

[4] Abreu P, Antonelli G, Arrichiello F, et al. Widely scalable mobile underwater sonar technology: An overview of the H2020 WiMUST project[J]. Marine Technology Society Journal, 2016, 50(4): 42-53.

[5] Kalwa J. Final results of the European project GREX: Coordination and control of cooperating marine robots[J]. IFAC Proceedings Volumes, 2010, 43(16): 181-186.

[6] Schmickl T, Thenius R, Moslinger C, et al. CoCoRo—The self-aware underwater swarm[C]// IEEE Conference on Self-Adaptive and Self-Organizing Systems Workshops, 2011: 120-126.

[7] Ramp S R, Davis R E, Leonard N E, et al. Preparing to predict: The second autonomous ocean

sampling network(AOSN-II)experiment in the Monterey Bay[J]. Deep Sea Research Part II: Topical Studies in Oceanography, 2009, 56(3/4/5): 68-86.

[8] Glenn S M, Schofield O M E. The new jersey shelf observing system[C]//Oceans, 2003: 1680-1687.

[9] Birk A, Pascoal A, Antonelli G, et al. Cooperative cognitive control for autonomous underwater vehicles(CO$_3$ AUVs): Overview and progresses in the 3rd project year[J]. IFAC Proceedings Volumes, 2012, 45(5): 361-366.

[10] Schulz B, Hobson B, Kemp M, et al. Field results of multi-UUV missions using ranger micro-UUVs[C]//Oceans, 2003: 956-961.

[11] 张伟, 王乃新, 魏世琳, 等. 水下无人潜航器集群发展现状及关键技术综述[J]. 哈尔滨工程大学学报, 2020, 41(2): 289-297.

第9章 医用智能无人系统

随着社会进步和生活水平的不断提高，人类对自身疾病的诊断、治疗、预防以及卫生健康给予越来越多的关注，医疗已成为当前社会大众普遍关心的热点问题。关注的焦点在于优质医疗资源利用不充分、分布不平衡以及与之相对应的疾病诊断、治疗水平参差不齐的问题，而医用智能无人系统的开发应用则可以使优质医疗服务朝着大众化、精准化和精细化发展，是解决民生医疗途径的重要途径。

人们尝试将传统医疗器械与信息、微电子、新材料、自动化、精密制造、机器人等技术有机结合，以提高医疗诊断的准确性和治疗的质量。在这种情况下，以医用机器人为代表的医用智能无人系统得到了迅速的发展，已成为当今世界发展速度最快、贸易往来最活跃的高科技产业之一。

医用机器人技术是集医学、生物力学、机械工程学、材料学、计算机科学、机器人技术等诸多学科于一体的新型交叉研究领域，已经成为国际机器人领域的一个研究热点。目前，先进机器人技术在医疗外科手术规划模拟、微损伤精确定位操作、无损伤诊断与检测、新型手术医学治疗方法等方面得到了广泛的应用，这不仅促进了传统医学的革命，也带动了新技术、新理论的发展。与人相比，机器人不仅具有定位准确、运行稳定、灵巧性强、工作范围大、不怕辐射和感染等优点，而且可以实现手术最小损伤，提高疾病诊断和手术操作精度，缩短治疗时间，降低医疗成本。许多发达国家纷纷设立专项计划，研究和开发医用机器人，并将研究成果迅速转化为产品，形成新的产业，应用于远程医疗、康复工程、卫生健康等方面，其发展速度远远超过一般工业机器人。

与此同时，医疗领域的数字化信息化进程不断向纵深方向推进，并逐渐向智慧医疗阶段迈进。智慧医疗是以人工智能为核心，以大数据、云计算、物联网等前沿技术为工具，提供高水平的个性化、规范化系统医疗服务。当前，以机器学习为代表的人工智能技术已广泛应用于医学疾病诊断和治疗，如医疗影像智能读片、疾病自动诊断、个性化诊疗方案制定及精准用药等。IBM 公司的 Watson 智能医疗系统可对医疗图像进行快速读片并诊断，进而规划出个性化的诊疗方案，其对肺癌、直肠癌以及结肠癌的诊断吻合度已达到权威治疗方案的 90%，然而诊断时间却缩短了 78%，极大程度上提升了诊断的效率。智能化用药系统可以针对患者特征和病史情况提供个性化的用药指南，对症下药，精细用药，保证在恰当的病情阶段使用最合适的药品和药量，杜绝药品乱用、滥用现象，有效降低抗生素的用量，减少药物综合不良反应，同时降低医疗成本。

1. 医用智能无人系统的特点

医用无人系统与普通无人系统不同,主要区别在所操作的对象和工作环境中。医用系统的对象主要是患者,关注的是人的生命,所以对其精度、稳定性及患者的安全性方面有很高的要求。非医用无人系统的初衷就是利用人工智能来替代人为操作,通过将机器与人从物理空间上进行隔离来规避潜在风险,进而实现保护人的目的。而医用无人系统与此不同,其诊断治疗的对象就是人本身,只有人和机器处于同一个空间内才能发挥功能,因此其安全及控制策略与其他无人系统存在较大差异。医用无人系统和非医用无人系统在以下方面具有显著的区别。

(1)直接与人(患者、护理人员等)进行交互。

(2)病理信息复杂多样,作业内容变化无常。

(3)不能发生误动作,对诊断的准确率要求苛刻。

(4)医用无人系统的使用者大多是非专业人员。

因此,将非医用无人系统简单地扩展到医疗领域是极其危险的。以医疗影像处理为例,智能医疗影像技术是基于自然图像检测技术处理发展而来的,但两者间也存在较大的不同。自然图像的目标检测由于需要检测的类别很多,往往要求更深的网络结构提升对目标特征的表示能力,更快的检测速度增加商用实时性,更好的检测效果实现目标的全覆盖式检测。而医学图像的目标检测大都是针对某一特别的类别,如结核、肿瘤等一些细粒度类别的目标,更关注异常组织的检测准确率。医学图像的检测难点在于目标样本复杂多样化,目标尺寸、形状、位置变化较大,目标外观随环境发生改变,以及目标与非目标间的差异性较小。而对于医疗机器人而言,其工作空间和灵活性比工业机器人要求更高,增加机器人的自由度是一种直接的方法,然而冗余的自由度配置方案更容易引发软件错误和控制系统的故障,导致异常动作,机器人发生干涉和冲突的危险性也就随之升高。因此,有人提出从机构上来限制机器人的工作空间,以保证安全的建议。不过,这样做的后果可能限制了机器人固有长处的发挥,造成设计的失误,或者丧失了机器人动作的柔软性和多样性的特点。这些彼此矛盾的要求凸显出机构分析的重要意义。总之,对于安全来说,极其重要的一点是应该根据现场的实际使用条件保证设计的安全。除了安全性,医用机器人还具有定位准确、状态稳定、可以实现手术微创、缩短医疗时间、降低医疗成本等特点,能大大提高手术的质量。

2. 医用智能无人系统的分类

随着社会快速步入老龄化、人们对医疗期望的提高以及患者对生活质量要求的提高,对医用无人系统开发的期待也愈发强烈,主要集中在以下几个方面。

(1)实现精准的医疗诊断。临床医学图像工作复杂性较高，而医疗数据中超过90%的数据来源于医学影像，大数据量的人工判别不精确，易造成漏判、错判、误判，同时医疗影像行业从业人员缺口较大，并且放射科医生普遍缺乏全面的医学知识与技能，对病情的理解可能存在偏差，造成诊断失误的结果。因此，智能化影像分析及诊断技术的发展，能够大幅度减少放射科医生的重复工作量，降低人为操作造成的误诊率，提升工作效率及诊断准确率。

(2)实现安全和正确的治疗。近年来，微创外科手术在外科各个领域发展很快。微创外科手术就是将手术钳、电手术刀等器械穿过很小的切口插入腹腔，从体外操作器械完成手术的全过程。由于能最大限度地缩小患者的创口，缩短住院时间，促进术后恢复，所以微创手术在很多医学治疗领域备受青睐。另外，无论是高龄患者还是一般患者，都需要实施像细小血管对接、显微外科手术这样一些超越人手技能的医疗操作，所以从增强人的能力来看，医疗手术还需要有精密定位技术。

(3)确保医疗人员的安全。最近感染程度很高的部门(如化验检查)对机器人技术的呼声甚高。例如，艾滋病之类的治疗，不但难度大，而且必须防止血液等活体试样的感染，因为它们的致死率很高。再如，最近流行的在X射线支持下边观察边手术的介入放射学(interventional radiology)治疗，这种方式虽然有助于提高治疗的正确性和安全性，但医生在手术过程中容易遭受大量的辐射。所以，要求开发一种能够在这种环境下发挥治疗作用的器械，以确保医疗人员的安全。

(4)自助支援和提高患者生活质量。随着世界许多国家快速步入高龄社会，为了维护社会的活力，提高生活质量，维持高龄者的健康和身体机能是必不可少的。矛盾的是随着年龄的增加，身体机能的降低又是不可避免的。因此，对开发防止感觉机能、行走能力下降的训练器械，或者补偿衰老肌体功能的器械出现需求。尤其当身体的某一部分机能恶化后(如卧床不起、缺乏社会交流能力)，会造成老年人身体机能和精神的急剧下降。因此，非常有必要开发基于机器人应用技术的自助支援器械。

(5)实现人性化的医疗环境。护理人员数量的严重不足使近年来医疗人员的负担大大增加。这样一来，要想实现与患者人性的互动，给予对方精神安慰的人性化医疗环境就变得越来越困难。如果把机器人引入到医疗现场，让机器人代替医护人员完成部分工作，而让医护人员去完成那些必须由人完成的工作，将有利于让有限的人力专注于更加重要的事情。应该指出，引入机器人技术绝不是让人与患者分离，而是构建更为协调的医疗福利环境。

(6)医学教育的支援。为了改进医疗技术培训，引入具有虚拟现实感的机器人技术可以在教育仿真系统中发挥重要作用。近年来，由于动物保护意识的增强，医疗培训体制被要求最大限度地减少动物试验，在这个方面同样期待机器人技术的应用。

综上所述，医用智能无人系统的应用领域分类如表 9-1 所示。

表 9-1 医用智能无人系统的应用领域分类

应用领域	装置示例
检查、诊断	基于图像诊断确定病灶位置的装置、确定诊断探头位置的装置、生理检查支援系统
治疗	手术支援机器人、显微外科支援机器人、放射线治疗标的定位装置等
医院内部间接作业	检验样本输送装置、食物输送机器人、药品分发机器人
康复支援	步行训练支援装置、韧性训练支援装置
自立支援	步行支援装置、动力装置、饮食支援机器人
护理支援	转移支援装置、环境控制装置
医学教育培训	心肺移植仿真、内窥镜操作仿真、内窥镜下的手术仿真
生物科学支援	显微受精支援系统、细胞操作系统

3. 智能医疗诊断

如上所述，医疗数据中超过 90%的数据来自于医学影像，因此要实现医疗诊断的智能化就必须实现医学图像处理的智能化。传统的人工判别方法的不足是，从业人员知识水平和诊断经验参差不齐，导致判别不精确，易产生漏判、错判、误判的情况。近年来，随着深度学习技术在数据分析领域，尤其是图像处理领域的快速应用，其已成为计算机视觉领域中领先的机器学习工具。深度学习是人工神经网络的改进，由更多网络层组成，允许更高层次包含更多抽象信息进行数据预测，因此可从原始图像中获得中级和高级抽象特征，用于医学影像处理。智能医疗诊断系统是基于智能化的医疗影像分析技术，结合其他病理特征数据，并以医生的知识和诊断经验建立专家知识库，设计机器推理准则，从而形成从病理数据输入到病情结果输出的高度智能化系统。

智能化医疗诊断系统拓宽了其在临床的应用范围，涵盖了疾病筛查、早期诊断、预防预测、疗效评估和质量检测等多个方面。智能化医疗诊断系统的发展加快了远程会诊在基层医院的应用，对解决基层医院就诊率低、优质医生资源匮乏和医生就诊压力大等问题具有重要意义。

4. 医学图像处理技术

医学图像处理[1]的对象是各种不同成像机理的医学影像，临床广泛使用的医学成像种类主要有 X 射线计算机断层成像（X-ray computed tomography, X-CT）、核磁共振成像（nuclear magnetic resonance imaging, NMRI）、核医学成像（nuclear medicine imaging, NMI）和超声成像（ultrasonic imaging, UI）四类。在目前的影像医疗诊断中，主要是通过医生观察一组二维切片图像去发现病变，由于医生的知识水平和诊断经验差异，易发生漏判、错判、误判的情况。利用计算机图像技术对二维切片图像进行分析和处理，可实现对人体器官、软组织和病原体的自动分割和分类处理等，辅助医生对病变的区域进行定性甚至定量分析，提升医疗诊断的准确性。目前，医疗图像处理系统不仅可以识别病变，而且可判断病变性质，并通过不断学习影像大数据、影像知识库，形成不同疾病差异化判别的标准。医学图像处理主要集中在病变检测、图像分割、图像配准及图像融合四个方面。

1）病变检测

计算机辅助病变检测是医学图像分析的一个核心模块，在标准方法中，一般通过监督方法或者经典图像处理技术，如滤波或数字形态学等，来检测候选病变位置。病变位置检测是分阶段的，并且由大量人工定义的特征描述符进行表征，最终使用分类器将特征向量映射到候选者实际病变的概率。采用深度学习的直接方法是训练 CNN 操作一组以病变为中心的图像数据候选病变。

2）图像分割

医学图像分割是根据区域间的相似或不同把图像分割成若干区域的过程，主要是将各种细胞、组织和器官的图像作为处理的对象。传统的图像分割方法可分为基于区域的分割方法和基于边界的分割方法。基于区域的分割是依据图像的局部空间特征，如灰度、纹理和其他统计像素分布的均匀性等；基于边界的分割是借助梯度信息确定目标的边界。近年来，图像分割技术得到了快速发展，如基于统计学的方法、基于模糊理论的方法、基于神经网络的方法、基于小波分析的方法、基于动态轮廓模型的方法、组合优化模型的方法等。目前研究的热点是一种基于知识的分割方法，即将先验知识融入图像分割过程，从而约束计算机的分割边界，舍弃异常分割结果，使得分割结果合理化。图 9-1 展示了脑区域分割结果。

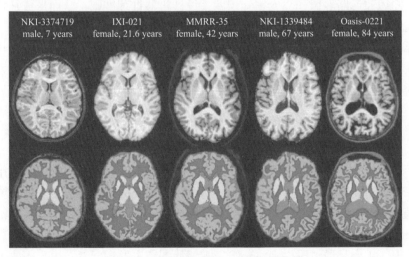

图 9-1　医学图像分割——脑区域分割

医学图像分割具有以下特点：现有任何一种单独的图像分割算法都无法对一般图像取得满意的结果，更加注重多种分割算法的有效结合；由于人体结构的复杂性和功能多样性，虽然有一些研究工作可以自动分割出所需要的器官、组织或者病变区域的方法，但目前的商用软件一般无法完成全自动的分割，还需要解剖学方面的人工干预。在无法完全由计算机完成图像分割任务的情况下，人机交互式分割方法逐步成为研究重点。

3) 图像配准

图像配准是图像融合的前提，也是决定图像融合技术发展的关键。在临床诊断中，单一模态的图像数据不能提供足够的诊断信息，通常需要将多种模式或同一模式的多次成像通过配准融合来实现信息互补。医学图像配准包括图像的定位和转换、通过空间坐标变换使两幅图对应点实现空间位置和解剖位置的完全一致。图 9-2 说明了二维图像配准的概念。图(a)为质子密度加权成像，图(b)是纵向弛豫加权成像，两幅图存在方位上以及内容上的差异。图(c)给出了两幅图之间像素点的对应映射关系，如果这种映射是一一对应的，或者至少在医学诊断上感兴趣区域的那些点能够准确或近似准确地对应起来，就称为配准。图(d)给出了图(a)和图(b)的配准图像，其像素空间位置已经近似一致。

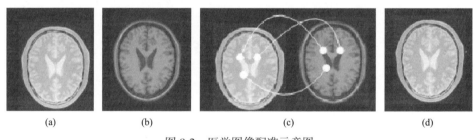

(a)　　　　　　　(b)　　　　　　　(c)　　　　　　　(d)

图 9-2　医学图像配准示意图

根据配准基准的特性，将图像配准的方法分为基于外部特征的图像配准方法和基于图像内部特征的图像配准方法，后者由于其无创性和可回溯性，已成为配准算法的研究中心。近年来，一些学者将信息学的理论和方法应用到图像配准上面，例如，应用最大化的互信息量作为配准准则进行图像的配准，基于互信息的弹性形变模型，提升了算法性能。与此同时，配准对象也从二维图像发展到三维多模图像的配准，一些新的算法，包括基于小波变换算法、统计学参数绘图算法等，在图像配准领域也不断扩展。

4) 图像融合

图像融合的目的是通过对多模图像间冗余数据的处理来提高图像的可读性，对多幅图像间的互补信息进行处理来提高图像的清晰度。融合图像的创建分为图像数据的融合与融合图像的可视化两部分。图像数据融合主要有以像素为基础的方法和以图像为基础的方法。前者对图像进行逐像素点处理，通过对多幅图像对应像素点加权，进行灰度取大或者取小等操作，算法实现简单，但是融合效果较差，会出现一定程度的模糊。后者通过对多幅图像分别进行特征提取、目标分割等处理，然后将不同模态图像的关键信息重新组合，生成融合后的图像，该算法原理复杂，但实现效果较好。融合图像的显示方法有伪彩色显示法、断层显示法和三维显示法等。伪彩色显示法通常以灰度色阶显示的某个图像为基准，同时将另外需要叠加的图像使用彩色色阶显示。断层显示法可以将融合后的三维数据以横断面、冠状面和矢状面断层图像同步显示，便于观察空间立体特征。三维显示法则是将融合后的数据以三维图像的形式进行显示，能够更直观地观察病灶的空间解剖位置，在外科手术设计制定中具有重要的意义。

图 9-3 展示了医学图像配准与融合过程。

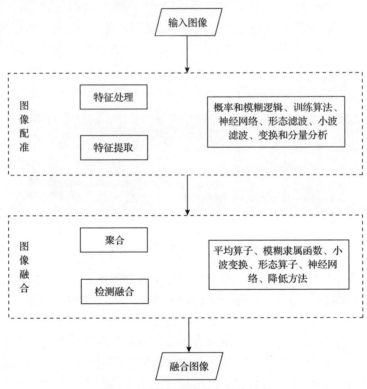

图 9-3　医学图像配准与融合过程

在图像融合技术研究中，小波变换、基于有限元分析的非线性配准及人工智能技术在图像融合中的应用将是研究的热点和方向。另外，随着三维显示技术的发展，专门针对三维图像的融合和信息表达技术，也将是图像融合研究的一个重点。

9.1　智能诊断系统

智能诊断系统是通过机器学习、理解、推理等人工智能方法对结构化多样的医疗数据及相关专业知识进行分析推理，从而辅助医生进行疾病的诊断决策或风险预测。该系统主要包含四个部分：①医疗数据采集与获取，并进行预处理，重构和分析非结构化医疗数据，使其成为结构化可快速提取的信息；②专家知识库的建立，在医生专业知识及诊断经验的基础上，使用规则或者模糊逻辑方法建立人工知识库，同时结合机器学习的方法，利用大量诊断数据训练诊断映射网络，学习症状与病情间的潜在关联性；③推理模型，在病理数据的基础上，利用专家知识库中形成的推理规则，选取适当的推理模型，得出最终的病情状况，使该系统具有诊断能力，产生病情分析报告和辅助方案，以帮助医生诊断；④系统分析，对诊断结果进行评价并反馈给诊断系统进行参数模型优化。智能诊断系统按照知识库及推理机制的类型可分为模糊规则诊断系统和基于机器学习的诊断系统。前者可被应用于一些不宜量化的信息，如患者的主观感受、病情的严重程度等，另外模糊规则诊断系统还可以从相关领域的人类专家提取规则，在没有充足数量样本的前提下也能较好地完成工作。基于机器学习的诊断系统通过大量样本来训练专家知识库和推理模型，再利用训练好的模型进行疾病的诊断。

智能诊断系统结构如图 9-4 所示，首先通过体检得到患者的生理参数，医生通过询问患者病情，将所有信息输入计算机系统进行数据的预处理。在医疗病理知识库的基础上，计算机根据输入信息进行推理，模仿医生诊断的思维来确定病情，最终列举给医生患者的患病情况。最终医生根据计算机提供的病情，结合自己的判断，得出最终的诊断结果。

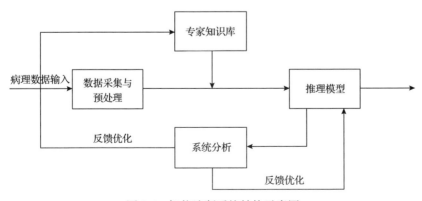

图 9-4　智能诊断系统结构示意图

1. 医疗数据预处理

医生是通过大量的医疗数据信息对患者进行诊断，医疗数据包括患者的组学数据、表形数据、临床数据、电子病历档案数据、医疗影像数据等。这些医疗数据可分为定量化精准数据和定性化模糊数据。定量化精准数据包括体温、血红蛋白含量、血压、心率等可以通过机器检测量化的数值，而定性化模糊数据包括咳嗽严重程度、咽部是否红肿、鼻塞程度、疼痛程度等模糊化数据，该数据无法通过机器检测，只能通过医生对患者询问得知。数据预处理就是将这两类数据进行综合统一，根据诊断机制的类型，选择对精准数据进行模糊化处理抑或将模糊数据数值化处理。

2. 知识数据库构建

基于病理大数据，分类整理生理参数及症状的排列组合，医生依据专业知识和诊断经验进行分类，抽象化映射规则，建立规则知识库，同时结合机器学习的方法，利用大量诊断数据训练诊断知识映射网络，学习症状与病情间潜在关联性。知识库是医疗系统的核心，因此医生的医疗知识和诊断经验越丰富，该智能诊断系统的水平也就越高。

3. 推理机制构建

多种机器推理机制，如基于规则的推理方法、模糊推理方法、基于神经网络等学习的推理方法，已经应用于医疗诊断的病情推理。本模块需要根据不同的疾病特点选择恰当的机器推理算法进行模式匹配并构建分类器，实现病情的有效诊断。

4. 系统分析

对诊断的结果进行分析，如疾病诊断准确率、疾病风险预测精度等，并将结果反馈到该诊断系统中进行参数以及模型的修正，使得整个诊断系统始终处于不断的学习更新过程。

9.2　医用外科机器人

9.2.1　计算机外科辅助设计技术

众所周知，机械制造领域一直广泛流行 CAD/CAM 的生产方式。其含义是在设计阶段采用有限元法和各种动力学计算机仿真，得到最优设计结果，然后将得到的设计数据输入数控机床自动加工，再利用自动装配系统实施高效装配，最后利用计算机测量系统完成检验工作。实践证明，这样的制造模式使生产活动达到了很高的效率，并且有助于构筑所有工序的综合信息系统。

如果将上述手段应用到医学领域，那么设计过程就相当于术前的诊断过程，这时三维医用图像的测量技术将起关键的作用。然后以此建立手术规划，进行手术仿真，最后利用所得的数据完成实际手术的导航任务。

在术前利用 X-CT、MRI 等各种三维医用图像测量技术，获得器官的三维构造信息，并据此建立对象的立体形状模型。另外，还可以利用正电子发射体层仪(positron emission tomography, PET)、功能性磁共振成像(functional magnetic resonance imaging, f-MRI)、脑磁图(magnetoencephalography, MEG)等检测方法把功能信息和解剖学信息综合起来建模，再通过反复的外科手术仿真，建立手术综合规划。显然，这些技术为外科手术开辟了新的天地。

人们随之面临的课题就是如何从术前诊断信息和手术规划信息中寻求帮助手术的技术。机械系统的判断功能虽然不比人更高，但在精度和力度等方面的把握能力却比人强得多。因此，利用术前的手术规划信息控制高精度的机械系统，有利于高精度手术的实施，甚至有人正在将此技术应用于远程手术(手术医生与患者不在同一物理空间中)。不在同一物理空间中并非指简单的距离分隔，还包括医生的手臂无法到达部位的作业。手术支援机器人就是这样一种高性能的手术器械，它相当于外科医生的一只"新手"。

计算机外科(computer aided surgery)就是在上述机电一体化技术驱动下的外科手术的支援技术。

9.2.2 手术导航技术

随着 MRI 和 CT(computed tomography, 计算机断层扫描)的发展，不但精细三维成像得到普及，而且各种三维测量和图像处理技术也得以实现，为实施定位脑手术、整形外科手术等在术前利用图像确定目标和接近方向的技术奠定了基础。将这些技术应用于手术导航就是指利用与患者对应的位置图像信息对手术实施引导。

手术导航系统的功能是在计算机的显示器上显示出断层图像或三维计算机图像(computer graphics, CG)，在手术操作过程中把手术部位的图像实时显示在 CG 上。由于手术医生能够自如地掌握操作部位及其周围的三维结构，因此可以提高手术的安全性、效率和有效性。目前有人正在研究一种更高级的手术导航技术，即不仅在画面上提供上述信息，而且把医生观察到的实际空间与虚拟空间信息正确地重叠在一起，以构建用于手术空间导航信息提示的超现实环境。

手术导航位置测量系统除了对再现性和精度有要求，由于它是在手术空间中使用的，所以也有杀菌的要求。目前使用的三维位置测量系统如下。

(1)机械式。利用编码器测量多于 6 自由度的手臂上各个关节的转动角度或直线(或曲线)移动距离，以获得手部位置和姿态的信息。该系统的缺点是有时手臂的操作比较麻烦，在同一时间内只能测量一个对象的位置，为了保证无菌，手臂必须用无菌罩覆盖等。然而，只要机械加工精度足够高，即可保证整个系统的精度，因此在手术支援机器人中，它是最适合发展成为被动维持手术器械位置的系统。

(2)光学式。这种导航方式用数台摄像机拍摄指示器上的光学标记(发光二极管等)，根据三角测量原理来计算这些标记的位置。此外，反射也可以采用光扩散性很强的非发光二极管标记物。该方法的精度可达 0.3mm 左右，并可以同时测量多个位置。不过，如果摄像机与标记物之间有障碍物，则无法得到位置信息。

(3)磁性式。磁性式方法利用手术外部的多个线圈产生磁场和电磁波，通过指示器上的传感器检测磁场强度和电场强度，计算指示器到各个线圈的距离，获得三维位置。该方法的优点是即使从外部无法看见指示器也能进行位置测量，缺点是如果手术现场有磁性体则容易产生干扰误差。

有关三维手术支援的研究，目前主要集中在实际手术空间和图像空间之间如何对应的问题上。一般的方法是用多个坐标系针对同一标记反复测量，将数值一一对应。例如，术前在患者头部固定数个标记物，它们能起到手术中患者头部位置与术前图像位置彼此对应的媒介作用，所以标记物固定后应该作为术前的图像拍摄下来，然后再拍摄用于系统的术前图像。这幅术前图像能够提供导航位置信息，应该是一幅具有极高分辨率的三维图像，同时在图像内应该可以测量到前述标记物的位置。进行手术时，首先在正前方测量头部标记的位置。这时至少应该测量头部固定的多个标记中的 3 个，以供三维定点设备或摄像头图像进行导航图像处理使用。实际上，考虑测量误差，人们通常都测量 4 个以上的标记位置，使数据处理有冗余。这样做的目的是让手术开始前测得的标记与术前图像能够一致。于是，依据它们的对应关系就可以实现手术时头部的位姿与术前图像的位姿相对应，即实现坐标系的匹配。若将上述对应关系用函数表示出来，那么在手术中利用三维定点设备指定实际空间中任意一点的位置后，即可由函数计算出该点在图像中的坐标，由此成功实现术前导航。

9.2.3　医用外科机器人的分类

按功能和应用形式来划分，医用外科机器人的分类如表 9-2 所示。

表 9-2　医用外科机器人的分类

分类方式	种类	功能
按应用形态分类	导航机器人	手术器械等的辅助定位
	治疗机器人	主动手术钳
		主从机械手
按产生的力分类	被动型机器人	手术医生动作的约束
		手术医生操作的修正
	主动型机器人	产生自主力完成动作
按控制方式分类	术前规划固定作业型机器人	由术前图像构成的三维位置数据确定病灶，导引手术器械，或者进行切除作业
	手术中柔性作业型机器人	作为手术的辅助装置，使手术医生的作业更为多样化

医用外科机器人按照应用形态可以分为导航机器人和治疗机器人。导航机器人的任务是引导手术医生正确操作手术器械确定病灶的部位，治疗行为最终仍然交给手术医生去完成(根据定位的结果)。治疗机器人除具有定位功能外，还能参与具体的治疗作业，如骨骼的切削、激光照射、血管缝合等。

根据机器人产生的力的大小，医用外科机器人可以分为被动型机器人和主动型机器人。被动型机器人就是机器人本身并不产生较大的力，例如，在显微手术中，机器人仅向手术医生的手部施加很小的力，目的在于抑制医生在定位和进行显微手术时手部的颤动。主动型机器人就是能够主动地产生外科处置过程中所必需的力。

按照机器人的控制形式，医用外科机器人可以分为术前规划固定作业型机器人和手术中柔性作业型机器人。前者如用于整形外科领域，手术中器官的变形和移动很小，只是利用术前的三维测量结果正确地切去部分骨骼。后者如用于近年来发展很快的由内窥镜导引，在局部空间和视野中根据医生的命令完成柔性动作的机械手，以及替代医生助手负责操作内窥镜的机械手系统等。

9.2.4　医用外科机器人系统的总体框架

医用外科机器人系统集中了多个领域的科学和工程技术，它既不同于工业机器人系统主要完成重复性操作，又不像智能机器人系统具有高度的自主性。由于外科手术比较复杂，医用外科机器人系统工作过程一般可以分为数据获取、术前处理和术中处理三大阶段，每个阶段又由若干具体步骤组成，整个工作流程如图 9-5 所示。

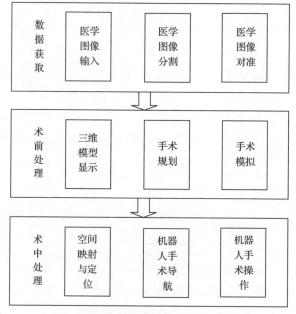

图 9-5　医用外科机器人系统的工作流程

1. 数据获取

1) 医学图像输入

要实现在计算机上进行手术规划和手术模拟，一个先决的条件是需要把图像信息通过某种途径数字化输入到计算机中。一般而言，有三种途径：①先把 CT 或 MRI 的影像胶片洗出来，再用扫描仪扫描为标准格式的图像，存储到计算机中；②通过存储介质（如软盘、光盘等）复制到计算机中；③建立网络系统，通过网络把图像数据传到计算机。这样就为图像数据的进一步处理做好了必要的准备。

2) 医学图像分割

图像分割是把图像分成各具特性区域并提取出感兴趣目标的技术和过程。在这里"特性"指的是由于各种组织的不同而在医学图像中所映射的灰度、颜色、纹理等的不同，特别是病灶区域往往与正常组织有不同的特征。要实现组织三维模型的重构，并使医生能够方便地根据重构模型进行手术路径规划等操作，首先要在图像数据中识别出病灶和其他重要组织。

在医学图像分割方面，目前主要有两类方法：一类是基于像素属性的方法，它是利用图像同一区域的某些属性（灰度、像素的统计、纹理）是相同的，而不同区域的某些属性是不同的这一性质，通过扫描图像得到所需的区域。这一类方法中区域法和基于边界法较典型。另一类是基于知识的方法，它是在前一类方法的基础上加入知识信息结果。在区域的寻找过程中，不仅要考虑属性的问题，同时根据相应的知识对区域进行判断和识别。

3）医学图像对准

由于医生处理的是一张多个断层扫描图像，在计算机进行每层图像分割后，各个图像之间的相互位置需要对准，因为每个图层中的图像位置是任意的，其倾斜角度也有差别。如果要得到患者准确完整的信息，必须对各个图像进行矫正，使其位置、倾角等特性保持一致。只有这样，才能得到患者准确的模型信息；否则，重构模型将扭曲，无法正确反映患者信息，以后工作的正确性也无从说起。

在图像对准方面，基本有两类方法：一类是基于定位标志的对准。这种图像对准是基于定位标志、计算机搜索图像上的定位标志如框架、定位点等，通过了解这些标志所对应的位置可实现图像对准。可以根据图像中的定位标志位置判断出各个图像的相对位置，将图像序列中的图像进行对准。Birgit 公司在脑外科手术中利用了框架结构，在图像对准中使用框架的图像进行对准。另一类是基于图像的对准。这类方法抛弃了定位标志，减少了患者痛苦，对准方法根据图像本身特性分为两种：一种是对图像构造的三维表面进行对准，另一种是对图像中的像素点进行变形和对应。一般来说，这类方法共有三个步骤：图像分割、相应区域的对应和图像变形。通过这三步，可以将图像中关键部分进行对准，从而实现整个图像的对准。

2. 术前处理

1）三维模型显示

医学图像三维模型绘制显示分为两类：面绘制法和体绘制法。

面绘制法首先将图像数据转化为相应的三维几何图元（三角面片、曲面片等），然后用传统的绘制技术将三维表面绘制出来。其中最具代表性的是轮廓线连接算法[2]和 Marching Cubes 算法[3]。体绘制法与面绘制法不同，它不必构造中间几何元素，直接利用原始三维数据的重采样和图像合成技术绘制出整个数据场的图像。该方法可以绘制出数据场中细微的和难以用几何模型表示的细节，全面地反映数据场的整体信息。体绘制法的实质是三维离散数据场的重采样和图像合成。该方法首先通过对离散的三维采样数据点重构得到初始的三维连续数据场，然后对该三维连续数据场进行重采样。根据新采样点性质不同赋予相应的颜色值和不透明度，再通过一系列采样点的颜色利用颜色合成公式进行合成，最终得到整个数据场的投影图像。根据重构和合成的实现方式，体绘制法可以分为图像空间扫描的体绘制法、物体空间扫描的体绘制法和频域体绘制法三大类。

2) 手术规划和模拟

在传统微创手术中，医生是在自己的大脑中进行术前的手术规划，确定手术方案，然后根据手术方案在医生大脑中形成三维图像进行手术。由于医生无法实时观察到病变组织与手术器械的相对位置，很难在手术过程中根据眼睛观察调整手术方案，因此这种手术方案质量的高低，往往依赖于医生个人的外科临床经验与技能，而且参与手术的其他医生很难共享主刀医生大脑中形成的整个手术规划构思，有时会出现混乱的危险。用计算机代替医生进行手术方案的制定比人更客观、定量，而且信息可供其他手术医生共享。

手术规划和模拟可以分为三个阶段：①在得到患者的三维模型之后，医生可以通过查看患者手术部位的三维重构图像，从而对手术部位及邻近区域的解剖结构有一个明确认识。②在专家系统支持下，根据图像信息确定病变位置、类型等信息，给出诊断结果。③根据诊断结果制定相应的手术方案，并将手术方案显示在三维模型上，利用虚拟现实技术按照手术计划对手术过程进行模拟操作。医生戴头盔式立体显示器，能够观测到图像中的立体模型，手术虚拟操作则通过特制的数据手套输入。这些设备可以使医生在计算机前有身临其境的感觉。

由于不同手术需要的信息和数据并不相同，专家系统中应预先存储大量的医学知识和专家临床经验。以神经外科立体定向手术为例，医生根据三维模型判断出肿瘤的位置，规划系统则计算出肿瘤的轮廓范围和体积，在三维模型上给定手术的入针点、穿刺路径和穿刺深度，而医生可以根据自己的临床经验修改方案，直到满意为止。

3. 术中处理

1) 空间映射与定位

虽然医生在三维模型上规划了手术方案，但是这个规划方案毕竟是建立在计算机图像模型上的。要成功地完成手术，必须将图像上的手术规划映射到真实病变组织的正确位置和方向，从而使实际的手术方案与图像模型的规划方案相一致。

在医用外科机器人系统中，手术规划在计算机图像空间中进行，而机器人辅助手术在机器人空间中操作。对于这两个空间，需要寻找一个映射关系，使图像空间中的每一个点在机器人空间中都有唯一的点与之相对应，并且这两个点对应同一生理位置。只有建立了映射关系，在计算机图像空间中确定的手术方案才能在机器人操作空间中得到准确执行；在手术过程中，手术导航系统才能实时跟踪机器人末端的手术工具并将其显示在计算机屏幕上。由此可见，空间映射与定位是整个系统成功的关键，它将图像模型、手术区域和机器人操作联系起来，直接影响整个系统的精度和机器人辅助手术的成败。

2) 手术导航和操作

手术导航和操作是医用外科机器人系统的核心，它的作用有两个：一是计算出机器人末端的手术工具的空间位姿，实现对手术工具的导航；二是按医生指令控制手术工具运动完成辅助操作任务。

出于手术安全考虑，在整个手术过程中机器人的运动分阶段完成。运动开始命令由医生发出，机器人根据手术规划系统提供的轨迹参数生成运动指令，发送给机器人控制器，机器人完成指定操作。医生始终处于规定和控制机器人一步一步完成任务的重要位置，特别是出现紧急情况时，机器人可以及时按照医生的指令停止或运动到安全位置。

另外，医用外科机器人的精度是指机器人运动的实际位置和指令位置间的差别，即机器人的绝对位置精度。这与传统的工业机器人系统用重复位置精度来衡量机器人精度有明显区别。医用外科机器人的运动速度一般被限制在较低水平，这是因为手术是以医生为主体的，机器人的作用只是辅助操作，手术进行中医生随时可能根据自己的判断要求机器人终止操作，因此机器人的低速运动会给医生留下一个宽松的判断和操作空间。在手术路径选取时，要求避开一些人体的重要组织，机器人的灵活操作空间必须覆盖手术操作区间，以保证规划手术方案的实施。因此，医用外科机器人的结构类型和运动性能要求与工业机器人有很大区别。由此可见，医用外科机器人系统是一个多学科的交叉研究领域，它涉及机器人结构、机器人控制、通信技术、计算机图像处理、计算机图形学、虚拟现实技术、医学等，涉及面广，研究内容广泛。

9.3 康复机器人

康复机器人[4]是近年出现的一种新型机器人，它分为康复训练机器人和辅助型康复机器人，如表 9-3 所示。

表 9-3 康复机器人的分类

分类	应用领域	说明
康复训练机器人	身体机能恢复训练	上肢康复训练机器人——用于手臂、手及腕部的康复训练
		下肢康复训练机器人——用于行走功能康复训练
		脊椎康复运动训练
		颈部康复运动训练
辅助型康复机器人	自立支援机器人	辅助或替代残障者由于身体机能缺失或减弱而无法实现动作，如机器人轮椅、机器人假肢、导盲机器人
	护理支援机器人	用于老年人或残障者护理作业的机器人，如机器人护士

　　康复训练机器人的主要功能是帮助由于疾病而偏瘫，或者因意外伤害造成肢体运动障碍的患者完成各种运动功能的恢复训练，如行走训练、手臂运动训练、脊椎运动训练、颈部运动训练等。

　　辅助型康复机器人包括自立支援机器人和护理支援机器人。自立支援的目的在于丰富残障者的个人生活，支援他们按照自己的意愿进行操作和自立。自立支援主要是指日常生活中基本动作的支援，如进食、排泄、起居、移动、更衣、沐浴之类。有时引入自立支援机器人的目的在于减轻护理人员的劳动强度，因而又兼有护理支援机器人的功能。在自立支援机器人中，社会活动支援机器人占有重要的地位，它的作用是支援劳动就业或业余活动。护理支援的内容基本与自立支援机器人的功能相同，也是围绕日常生活的基本活动展开。从目前的技术水平来看，护理支援机器人主要起到协助护理的作用，要求达到自动护理还不现实。

　　康复机器人作为一种自动化康复医疗设备，它以医学理论为依据，帮助患者进行科学有效的康复训练，可以使患者的运动机能得到更好的恢复。医学理论和临床医学证明，肢体损伤或偏瘫患者除了早期的手术治疗和必要的药物治疗，正确、科学的康复训练对于肢体运动功能的恢复和提高起到非常重要的作用。

　　康复机器人由计算机控制，并配以相应的传感器和安全系统，康复训练在设定的程序下自动进行，可以自动评价康复训练效果，根据患者的实际情况调节运动参数，实现最佳训练。康复机器人技术在欧美等地的国家得到科研工作者和医疗机构的普遍重视，许多研究机构都开展了相关的研究工作，近年来取得了一些有价值的成果。

9.4　医学教育机器人

　　随着动物保护意识的增强，今后利用动物试验辅助医学教育的限制会日渐增多。与其矛盾的是，医疗器械越先进，器械操作的训练要求也就越高。例如，Intuitive Surgical 公司（该公司开发了达·芬奇手术机器人系统）要求医生在操作支援机器人系统之前必须接受一定时间的训练学习。实际上，人们开发了各种手术训练的仿真器，如心肺移植手术训练仿真器等。

　　这些系统在计算机内建立了脏器的三维模型和力学特性模型，这不仅可以仿真随操作产生的图像变化，也可以将手术者能够感觉到的反作用力通过机器人手臂向医生反馈，这样可以通过治疗仿真进行手术训练，如具有大肠力学模型和可提示力觉机构的大肠镜插入训练系统，以及各种内窥镜手术仿真器械等。

9.5 医用无人系统的应用

9.5.1 智能诊断系统的应用

智能诊断系统可应用于疾病的诊断、治疗和风险预测。疾病自动诊断利用分类算法，同时融合多模态医疗数据，自动分析病变的位置、程度和分型等信息，辅助医生完成鉴别诊断。疾病治疗的核心应用场景就是利用各种聚类方法，根据不同治疗方案效果，自动从患者的多维数据中心寻找能够区分患者所属子群的关键变量及其权重，自动划分患者子群，并给出个性化的治疗方案推荐，辅助疾病治疗。疾病风险预测则是从历史病历数据、体检报告、健康数据以及社交媒体等中自动发掘风险因素，构建预测模型，自动对个体的疾病发展进行预测。

1. IBM Watson 智能诊疗系统

2013 年 2 月，IBM 公司的 Watson 智能诊疗系统成功应用于肺癌的诊断与治疗。图 9-6 展示的 Watson 智能诊疗系统是全球唯一以实证为基础提供医生治疗方案建议的超级人工智能，是 IBM 联合斯隆-凯特琳癌症研究中心基于美国国立综合癌症网络的癌症治疗指南和其在美国 100 多年癌症临床治疗实践经验，提供精准、规范、个性化的诊疗建议，避免过度治疗与错误诊疗的发生。Watson 智能诊疗系统学习了海量的医学知识，包括 300 多份医学期刊、200 多种教科书及近 1000 万页文字，因而能够在短时间内通过学习成为肿瘤专家。除了学习，其还能"思考"，能够有效

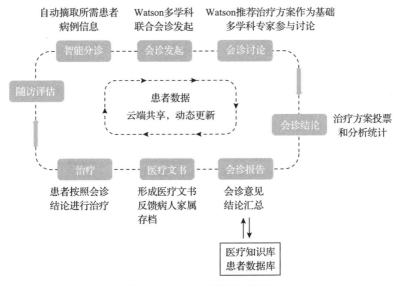

图 9-6 Watson 智能诊疗系统

地将学到的海量知识利用起来，进而可以像专家一样提供医疗建议和咨询。

结合多学科会诊云平台，综合辅诊、会诊等多种诊疗协作方式，以 Watson 认知运算技术作为核心能力，为医生讨论提供充分的临床实证支持，并协助病患数据传输、知识库建立与院后随访功能，形成全程闭环管理。

2. 百度医疗大脑

2016 年，百度公司推出了人工智能在医疗领域的最新成果——百度医疗大脑，包含临床辅助决策系统、眼底影像分析系统、医疗大数据整体解决方案、智能诊前助手、慢病管理平台等产品系统，服务院内院外全场景。百度医疗大脑是百度大脑在医疗场景中的具体应用，通过海量的医疗数据、专业文献的采集与分类进行人工智能化的产品设计，模拟医生问诊流程，与用户交流，依据用户症状提出可能出现的问题，并通过验证给出最终建议。

临床辅助决策系统旨在帮助基层医生提升问诊、诊断、用药等全系列能力，其通过学习海量教材、临床指南、药典及三甲医院优质处方，基于自然语言处理、知识图谱等多种 AI 技术，辅助医生进行科学规范诊断，提升医疗质量，降低医疗风险。该系统包含辅助问诊、辅助诊断、治疗方案推荐、医嘱质控等多种功能。医疗大数据治理平台则提供了一整套医疗大数据解决方案，可实现多层级病理结构化，全面支持临床、科研、管理等场景下的医疗数据应用，使得电子病历规范化，电子病历语义标准化，以及专病深度结构化。眼底影像分析系统通过与眼底相机系统连通，以眼底相机拍摄的二维眼底图为输入，映射回真实的三维眼底形态，通过深度学习精准算法，提取眼底四大生理结构，并评估眼底病风险，最后形成分析结果。智能诊前助手基于专业医疗知识图谱，采用多种算法模型与多轮智能交互理解患者病情，根据患者病情精准匹配就诊科室和专业医生。整体问诊识别率及准确率均超过 95%。

3. 腾讯觅影诊断系统

2017 年 8 月，腾讯推出了首个人工智能医学诊断产品——腾讯觅影诊断系统，如图 9-7 所示。该系统拥有辅助诊断、分诊导诊、预问诊、智能用药等贯穿疾病诊疗全流程功能。迄今为止，已累计辅助医生阅片 2.7 亿张，服务近 160 万患者，提示高风险 21 万次。与国内其他医疗机构分别开展各种医学 AI 项目不同，其能够诊断多种疾病，涵盖了食管癌良恶性识别、肺结节位置检测、肺癌良恶性识别、糖网识别、糖网分期、乳腺癌钙化和肿块检测、乳腺癌良恶性识别等各种临床需求。

最早上线的腾讯觅影诊断系统利用知识图谱和深度学习模型，可以诊断 700 多种常见病种，准确率达到 96%。2018 年，推出了服务患者的分诊导诊系统(图 9-8)，可以智能分发和链接医疗资源，已上线 300 多家医院，覆盖超过 200 个科室，准确

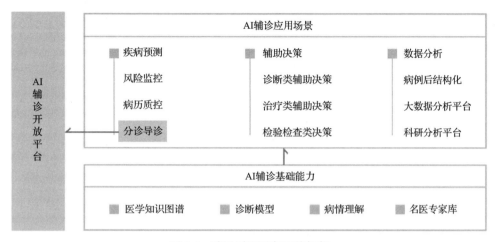

图 9-7　腾讯觅影诊断系统框架

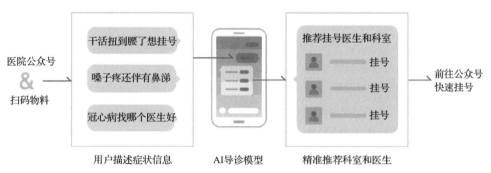

图 9-8　AI 分诊导诊系统

率达到 98%。分诊导诊系统利用强化学习支持多轮回答、收集有诊断价值的患者信息，已覆盖 400+症状，识别准确率达到 94%。另外，腾讯觅影合理用药系统，可以根据患者的病史、用药史和过敏史为医生提供实时的风险预报，包括重复用药、药物之间的相互作用与排斥作用、药物过敏和剂量风险，现已支持 11.8 万种审核药品，预报准确率达 90%。

4. 阿里云 ET 医疗大脑

2017 年 3 月，阿里云推出了 ET 医疗大脑，如图 9-9 所示，旨在患者虚拟助理、医学影像、药效挖掘、新药研发、健康管理等领域承担医生助手的角色，并先后与多家权威医疗机构合作，开发了病理智能质检系统、门诊智能监控平台、医疗大脑医学影像平台和糖尿病精准预测平台等，已应用推广到医疗健康行业的各个场景下。

智能质检系统可根据医疗质量管理需求，综合分析院内各系统数据，从患者的处方质量、关键信息提示、诊疗时间管理等方面做到风险提示、提前感知、关键问题识别等。门诊监控平台可对门诊数据进行深度挖掘，从业务量、业务耗时、

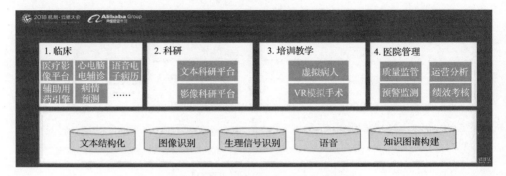

图 9-9　阿里云 ET 医疗大脑的应用场景

病患情况等多个角度出发，建立门诊繁忙度评价模型，并通过智能预测技术进行业务量预测，指导医护资源配置。医学影像平台则是利用大量的临床标记数据训练机器学习模型，并应用到智能读片系统。糖尿病精准预测平台则是针对海量基因数据提供的一整套精准医疗计算、存储、传输平台，汇聚全球超过 10 万名算法科学家共同基于海量数据进行精准预测，预测准确率得到显著提升。

　　基于 ET 医疗大脑的计算能力，华大基因、阿里云和安徽医科大学在 21h47min12s 内完成了 1000 例人类全外显子组数据的分析，而在数十年前，人类若想对大肠埃希氏菌进行全基因组测序，需要 1000 年时间。

9.5.2　医用外科机器人的应用

　　医用外科机器人系统是用于医疗外科手术，辅助医生进行术前诊断和手术规划，在手术中提供可视化导引或监视服务功能，辅助医生高质量地完成手术操作的机器人集成系统。

　　医用外科机器人系统的研究和开发引起了西方许多发达国家政府和学术界的极大关注，并投入了大量的人力和财力。美国国防部已经立项，开展基于遥操作的外科研究，用于战伤模拟、手术培训、解剖教学。法国国家科学研究中心开展了医疗外科仿真、规划和导引系统的研究工作。欧洲联盟也将机器人辅助外科手术及虚拟外科手术仿真系统作为重点研究发展的项目之一。医用外科机器人已经成为当前发展的热点之一。

　　迄今为止，国外已研究和开发了多种医用外科机器人系统，适用的范围也越来越广。

1. 内窥镜机械手系统

　　在内窥镜手术中，主刀医生在内窥镜的视野范围内实施各种外科处置，操作内窥镜的任务通常交给助手完成。此时要求主刀医生和助手能够顺畅地沟通作业意图。但是这里存在一个问题，是助手在保持内窥镜的时候难免手会颤动，由此会造成图像的模糊，以至于无法为医生提供良好的视野。

为了解决主刀医生与助手之间的沟通问题，在腹腔镜手术中出现了内窥镜机械手，这是一个依据医生的操作保持内窥镜(腹腔镜等)位置的机械手系统。该系统用于远程手术、手术培训等。

Uecker 等[5]开发了 AESOP(automated endoscopic system for optimal positioning)机械手。它是一个 SCARA(selective compliance assembly robot arm)型的 6 自由度机械手，能以插入孔为中心控制旋转和前、后移动。

Taylor 等[6]开发了 LARS(laparoscopic assistant robot system)机械手，它除了 XYZ 轴 3 个自由度，还有绕腹腔插入口旋转的第 4 个自由度。它靠手臂(平行连杆机构)抓取腹腔镜，将平行连杆机构的一个顶点设为插入孔，从机构上能够实现腹腔镜以插入孔为中心的旋转运动。

图 9-10 为腹腔镜机械手系统。该系统考虑了安全、洗净、消毒和操作性等多个因素。机器人采用 5 连杆机构，它的组成部分有球形关节部分(用于抓取腹腔壁套针)、驱动部分、操作交互界面等。5 连杆机构的作用是从物理上把驱动部分与患者隔开，并增加了内窥镜的自动调焦功能，克服传统内窥镜必须进行前后移动才能缩放病灶图像的缺点。这样，机械手的动作范围被约束在有限的二维平面内，大大降低了医生、患者和机械手之间的干涉，提高了安全性。

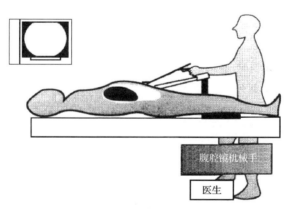

图 9-10　腹腔镜机械手系统

至于输入操作命令的交互界面部分，为了避免在手术中被误用，该系统并未采用脚踏开关。界面上有内窥镜移动方向的显示画面，移动方向的输入则靠手术医生头部的移动，或者固定在手术钳把手处的手动开关，只有在医生确认移动方向正确后才能驱动机械手。重复执行一连串的命令-确认-驱动动作的目的在于避免误操作。与其他机器人相比，这种方式有以下特点。

(1)内窥镜无须进行前后移动，由于机械手的运动范围受到限制，可以避免损伤腹腔和内脏。

(2)腹部上方留出的操作区域很大。

(3)驱动部分和5连杆机构部分易于分离，后者的洗净和消毒很方便。

2. 整形外科手术机器人系统

在整形外科中，术前诊断可以获得对象部位的三维位置和形状测量结构，再借助于术前规划手术机器人系统，就可以在手术中将它稳定地再现出来。例如，在日本人工股关节置换手术中，最早由大阪大学研发的系统按照术前规划正确地实施了切削骨骼的手术，其结果是人工关节植入骨骼的精度比传统手术更高。

德国柏林大学长期开展医用外科机器人的研究工作，他们分别研究了机器人在颌面整形、牙科整形、放射外科中的应用。系统采用一套光电系统作为手术导航工具，机器人则采用改造后的PUMA工业机器人。他们还开发了多种适合于机器人末端夹持的手术工具。他们在计算机辅助手术导航系统、手术工具设计方面比较独特，但是在医用外科机器人本体设计方面研究不多。

我国北京大学口腔医院、北京理工大学等单位联合成功研制出口腔修复机器人，如图9-11所示。这是一个由计算机和机器人辅助设计、制作全口义齿人工牙列的应用试验系统。

图9-11　口腔修复机器人

该系统利用图像、图形技术来获取生成无牙颌患者的口腔软硬组织计算机模型，利用自行研制的非接触式三维激光扫描测量系统来获取患者无牙颌骨形态的几何参数，采用专家系统软件完成全口义齿人工牙列的计算机辅助统计。另外，发明和制作了单颗塑料人工牙与最终要完成的人工牙列之间的过渡转换装置——可调节排牙器。利用机器人来代替手工排牙，不但比口腔医疗专家更精确地以数字的方式操作，还能避免专家因疲劳、情绪、疏忽等原因造成的失误。这将使全口义齿的设计与制作进入到既能满足无牙颌患者个体生理功能及美观需求，又能达到规范化、标准化、自动化、工业化的水平，从而大大提高其制作效率和质量。

现在整形外科手术微创化的呼声越来越高，骨骼切削器械出现了小型化、微创化的趋势。

3. 穿刺手术机器人

众所周知，穿刺不仅在外科处置中使用，也在内科处置中广泛使用。例如，整形外科的神经根传导阻滞、椎体成形手术、脑神经外科的瘀血抽吸、肝脏外科的无线电波烧灼手术等，都用到穿刺手术。穿刺处置通常是在 X 射线透视或超声波图像的引导下进行的，最近出现了在 MRI 摄影引导下实施的趋势。有人正在开展机器人进行目标组织穿刺的探索。

图 9-12 列举了一台置于 CT 机内的脑神经外科手术穿刺机器人的例子，假想目标是一个置于头部模型内的直径为 1mm 的钢球，显示出进行穿刺动作时的 X 射线图像。

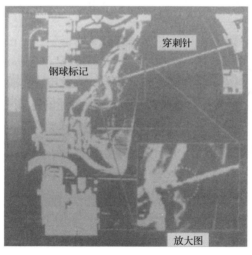

图 9-12　置于 CT 机内的脑神经外科手术穿刺机器人

这种机械手必须设置在图像设备的内部，因此既要求它小型化，又不得影响图像质量。如果机器人在 MRI 装置中工作，它既不应该对 MRI 内的磁场造成影响，又不应该受到 MRI 高强度磁场的影响，因此它的结构材料都应该是非磁材料。显然电磁式电机不适合做它的驱动器，应该改成超声波电机或水压驱动马达等。

4. 遥控操作手术机器人

遥操作手术(或称远程手术),顾名思义就是医生在很远的地方为患者做手术,虽然这个"远程"没有具体的数值概念,但有一点可以肯定,那就是医生和患者不在同一现场。随着国际互联网络和其他通信技术的发展,远距离手术这一幻想正逐渐走向现实。

目前世界上已有多个研究小组正在从事远距离外科手术系统的研究工作。美国加利福尼亚大学伯克利分校系统地开展了带有力反馈和立体远程触觉的医疗外科机器人的研究,系统包括两台带有灵巧手及触觉传感器的机械臂、力和触觉反馈设备、改进的成像和三维显示系统,所有的设备都由计算机控制。其研究目标是使医生能够微创伤地完成复杂的外科手术。美国斯坦福国际咨询研究所经过多年的努力,终于研制出了临场感远程外科手术系统。它是由菲利普·格林先生发明的,所以又称为格林系统,如图 9-13 所示。

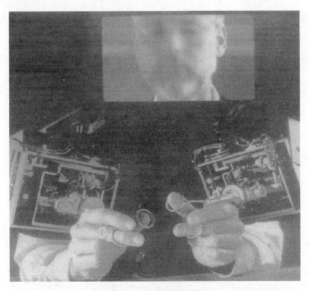

图 9-13　格林系统

格林系统是让外科医生坐在一个大操纵台前,戴上三维眼镜,盯着一个透明的工作间,观看手术室内立体摄像机摄录并传送过来的手术室和患者的三维立体图像。与此同时,外科医生的两手手指分别钩住操纵台下两台仪器上的控制环。仪器中的传感器可测量出外科医生手指的细微动作并把测量结果数字化,随后传送到两只机械手上,机械手随外科医生动作,为患者做手术。声频部分能同时传来手术所发出的所有声音,使人有亲临其境之感。虽然使用格林系统,外科医生是在患者图像上做手术,但感觉却与普通手术无异。机械手还会通过传感器把手术时的所有感觉反馈给外科医生。目前，专家们已利用这套系统为一头猪进行了手术并获得了成功。此外，专家们还通过一系列试验验证了这套系统的精度。例如，把葡萄切成 1mm 厚的薄片等试验。

虽然格林系统已成功地用于动物，但真正能为人安全地实施手术还需要很长的时间，还有很多问题有待解决。

与格林系统相似并可与之相比的是麻省理工学院的亨特及其同事研制的MSR-1，这是一种专门用于显微外科手术的机器人系统。这套系统的特点是：按比例缩小外科医生的动作，使机器人所做的剪切仅为外科医生动作的百分之一，而且计算机可以滤去手的抖动，同时还能检查手术动作对患者是否安全，如发现问题会及时报警。外科医生通过传感器能得到做手术时的所有实际感觉。如果需要，计算机还能放大机器人所遇到的作用力。由于具有上述特点，这种装置极适合于做眼部手术。但 MSR－1 尚未做人体试验，系统本身还有待进一步完善和提高。

除了远程医用外科机器人，其他的医疗机器人发展也很快。很多专家都看好微型医疗机器人，让机器人进入人体，直接对患处进行检查和治疗，增加了检查的可靠性，提高了治疗的有效性。随着微型医疗机器人的不断完善和数字化人体工程的进展，适用的微型医疗机器人系统将走进医院，揭示更多人体秘密。

5. 微创外科手术机器人

微创外科是医学领域近 20 年高速发展的新兴学科。将微创外科手术概念引入现代医学始于 1987 年，法国里昂的 Philipe Mouret 医生应用腹腔镜成功地切除了患者病变的胆囊，完成了世界医学史上首例腹腔镜胆囊切除术，使之成为微创外科手术发展史上的里程碑和人类医学史的一次革命。手术的成功带动了外科领域手术微创技术的高速发展，同时也极大地推动了微创外科手术设备和器械的研制开发与进步。

微创外科手术是在患者身体上打开一个或几个小孔，外科医生借助于各种视觉图像设备和先进灵巧手术器械装备，将手术器械经过小切口进入人体进行治疗或诊断。与传统手术相比，由于微创外科手术对健康组织的创伤小，并且患者体表伤口明显缩小，从而减少了各种手术并发症，提高了患者术中和术后身心舒适度，缩短了术后恢复时间，降低了住院费用。因此，微创外科手术受到医生和患者的普遍欢迎，是外科手术发展的必然趋势，具有广阔的应用前景。

微创外科手术可以分为内窥镜引导的微创手术和体外图像引导的微创手术两种类型。对于内窥镜引导的微创手术是指外科医生在深入体内的内窥镜引导下，通过患者体表的小孔将手术器械送入体内的病变部位，进而完成手术操作。内窥镜引导的微创手术已拓展到传统外科的各个专业，如普通外科的腹腔镜、胆道镜、乳腺导管内窥镜等，胸外科的胸腔镜，骨外科的关节镜，脑外科的颅腔镜，妇产科的腹腔镜和宫腔镜，泌尿科的膀胱镜，耳鼻喉科的鼻腔内窥镜、支撑喉镜和耳内窥镜等。伴随各种计算机成像技术，如 B 超、CT、MRI 等医学图像诊断设备的推广应用，微创手术的概念和方法迅速发展，逐渐形成另一大类以体外图像技术引导为特征的微创手术。例如，神经外科立体定向手术在 CT 或 MRI 引导下，不用开颅可以实施活检取样、积液抽取、肿瘤内放射治疗等；胸外科和肝胆外科在图像引导下，不用传统的开胸和开腹就可以实施活检取样、胆道引流等手术；还有在 B 超图像引导下，氩氦刀经皮穿刺进入肺脏或肝脏，分别治疗肺癌或肝癌。

1) 微创外科机器人在内窥镜手术中的应用

内窥镜外科手术在 20 世纪 90 年代取得了明显的进展。2000 年，在美国和欧洲，80%的腹腔手术是在内窥镜下进行的。同时，对内窥镜的灵活性要求也越来越高，因为手术时医生不能直接通过自己的手对病变组织进行操作，也不能直接观察到手术工具的动作，必须依靠插入患者体内的导管和内窥镜来完成，医生还常常需要一个助手操作内窥镜的摄像机来及时观察手术的进展，往往相互协调配合非常困难。许多医生因此认为内窥镜手术方法比较笨拙，希望研究人员开发出机器人辅助装置以增强内窥镜的功能。

以腹腔镜手术为例。腹腔镜手术是一种典型的内窥镜手术。传统手术中由于受到空间的限制，医生需要一种叫作"魔术手"(magic hand)的手术钳来完成缝合、结扎、切离等多种复杂的作业。基于内窥镜的微创外科机器人系统对这一类远距离操作最有效。在手术中，医生首先将一种内径约为 10mm 的套针的管状手术器械插入腹腔壁，充当各种器械的插入口。由于腹壁组织事先使用了肌肉松弛剂，所以肌肉组织只有弹性，不会自主产生动作。所有器械操作都以插入口附近作为假想中心进行，不会受到来自腹壁的多余反力。因此，相当于手术钳的机器人手臂的运动应该以位于腹腔壁插入口处的套针为中心。通常，腹腔镜下的手术器械被置于插入口和手术处理区域连成的直线上，器械轴被限制在这条直线上，自由度很小。企图偏离这条轴线，向侧方移动扩大手术空间是非常困难的，因此要求有很高的手术技巧。

为了解决直接处理手术空间前端器具的定位问题，可以增加 2 个弯曲自由度和 1 个旋转自由度，即可以从各个方向确定接近手术空间的手术钳、剪刀、镊子的位置，以增加作业自由度。图 9-14 给出的内窥镜手术支援机器人就带有绕手术钳插入孔的 2 个旋转自由度、1 个直线移动自由度、1 个绕手术钳本身轴线的旋转自由度，以及前端器具的 2 个弯曲自由度。

在这方面，Taylor 等[6]的研究工作具有代表性，他们设计的微创外科机器人不仅能完成如摄像机和手术工具的定位，而且可以在医生直接控制或监督下，通过实时获取手术目标信息并进行相应动作。系统包括一台专用机器人和各种人机交互工具，它可以完美地将人与机器相结合，比单独由人或机器完成手术

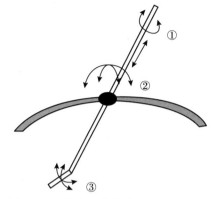

手术钳本体的驱动(4个自由度)

① 手术钳的直线、轴线旋转

② 绕手术钳插入孔的2个旋转自由度

③ 手术钳前端器具的2个弯曲自由度

图 9-14　内窥镜手术支援机器人的自由度构成

更加出色。图像引导技术则提高了手术精度，实现最小微创伤，并且减轻了医生的体力劳动。

美国 Computer Motion 公司开发了 Zeus 微创外科机器人外科手术系统，适用于内窥镜微创手术，系统由三只置于手术床上的交互性机械臂、计算机控制器及医生控制台组成。手术时，医生坐在控制台前，通过摄像机观察手术情况的二维或三维显示，用语音指示控制内窥镜，并通过仿医疗手术器械的操作手柄来控制手术仪器。其中一只机械臂采用声控的交互方式操作内窥镜，另外两只机械臂则在医生控制下操作手术工具。与之功能类似的产品还有美国 Intuitive Surgical 公司开发的 Da Vinci 微创外科机器人系统，已获得欧洲 CE 认证和美国 FDA 认证，是世界上首套可以正式在医院腹腔手术中使用的医疗外科机器人。该系统的构成包括一台三维视像系统的外科医生控制台、三只可定位及精确地操控内窥镜的机械臂、内窥镜等设备。手术中医生坐在控制台前，通过观察计算机画面上被放大 20 倍的患者体内组织的三维影像，操作控制杆来完成手术，系统将模拟医生的手部动作，机器人末端有一个仿照人类手腕设计的机械手，可转动，并做抛掷、摆动、紧握等动作。机械手配有特制的手术器械，可以使医生从 lcm 的切口进入患者体内进行手术。

为了实现细微的作业，人们在缩小医生主臂的动作，以及保证动作如实传递到从臂这两个方面开展了研究。具有力觉反馈的、能实现准确细微动作的高性能手术器械，即外科手术支援机器人适用于血管、神经搭接这一类手术。因此，除了腹腔镜手术，在心脏冠状动脉搭桥手术、瓣膜置换手术、前列腺切除手术等多种临床应用中都在讨论和推广这样的成果。

一段时间以来，手术机器人研究的重点都放在再现医生的手法技巧上。实际上，目前医生手术的手法和技巧已经形成了体系，但是机器人未必一定要原封不动地实现它们。例如，血管的处理问题，传统上必须用细绳结扎以抑制血管出血，但由于出现了超声波手术刀，在微创外科手术中用它把血管封闭起来进行凝固止血大大简化了血管处理过程。今后随着具有夹持、切割、结扎等基本功能的电手术刀、超声波手术刀、激光手术刀等先进器械的引入，手术支援系统的安全性会大大提高。

2) 微创外科机器人在整形手术中的应用

微创外科机器人在整形手术中得到了广泛的应用，因为在进行骨骼切割和关节置换时，机器人的操作精度要远远高于医生，而且手术的自动化程度也大大增加。

其中具有代表性的系统是美国加利福尼亚大学 Taylor 开发的用于关节置换手术的 Robodoc 系统[7]。在关节置换手术中，要求精确设计大腿骨中空腔的形状来适合人工关节的形状，另外还要求精确定位空腔相对大腿骨的位置。传统的手术方法，不仅人工关节与骨骼存在较大的间隙，而且空腔的尺寸大于设计尺寸。利用 Robodoc 系统，首先要在患者骨骼上安装三个定位针，用于确定骨骼相对于手术床的位置。然后在重建的三维模型上进行手术规划，保证人工关节与骨骼更好地吻合。手术时由机器人完成人工关节安装孔的加工。目前 Robodoc 系统已在美国、德国和意大利得到应用。

意大利的生物力学实验室也开发了用于关节置换手术微创外科机器人系统，该系统采用了两套位置传感器以检测手术中可能发生的患者相对机器人的移动，采用机器人腕力传感器保证手术时切削力的稳定，使手术在更安全的条件下进行。与此类似的系统还有 Acrobot，它是一台具有 4 个自由度的平面机器人，可用于膝关节的置换手术。

微创外科机器人还用于脊椎的修复，手术过程由两台相互垂直的 X 射线机监控，医生在规划软件上确定钉子的安装位置，机器人引导工具到达指定的切口，由医生完成在脊椎上钻孔和打钉，如图 9-15 所示。

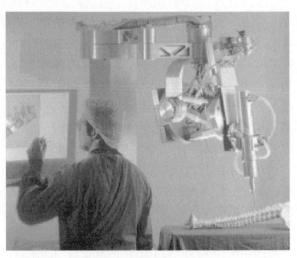

图 9-15　脊椎修复机器人

　　颅面整形是较为复杂的外科手术，医生需要复杂的切割、钻孔和切除动作，目前已经有两种微创外科机器人系统辅助医生完成这种操作。首先是 Taylor 开发的 6 自由度被动机器人，主要用于碎骨的整修，机器人将碎骨逐个排列整齐，医生完成修复的工作。德国 Lueth 研究了并联机构作为手术导航工具，机器人则采用改造后的 PUMA 工业机器人，他们还开发了多种适合于机器人末端夹持的整形手术工具。

　　3) 微创外科机器人在立体定向外科手术中的应用

　　立体定向外科手术是近年来迅速发展的微创伤外科手术方法，但由于在手术中一直需要框架定位并支撑手术工具，从而给患者带来了一定的痛苦和心理恐惧。另外人工调整导向装置，手续烦琐，消耗时间，精度有限。

　　微创外科机器人在手术中主要用于导航定位和辅助插入手术工具，可以使患者摆脱框架的痛苦，同时机器人辅助立体定向外科手术还具有操作稳定、定位精度高的优点。

　　早在 1988 年，加拿大的 Kwoh 等[8]研究了基于 PUMA-262 机器人的立体定向外科机器人系统，十几年来各国研制出许多微创外科机器人系统应用于立体定向外科手术。

　　Minerva 是一种典型的立体定向外科机器人系统，它的机器人与 CT 固连在一起，患者头部固定在手术床上。机器人末端装有手术工具自动转换设备，可以根据医生需要更换手术工具。CT 图像在手术过程中实时导引机器人末端的工具连续运动，完成医生规定的操作。Wapler 等则研制了具有并联机构的微创外科机器人系统用于立体定向外科手术，机器人连接在 C 型臂上，插入颅内的内窥镜将手术的实时图像显示在计算机上，医生可以坐在手术台边操纵机器人完成手术。

　　4) 微创外科机器人在其他手术中的应用

　　英国的 Davies 等开发了用于切除前列腺瘤的微创外科机器人，首先由仪器测定前列腺瘤的位置和体积，然后机器人进行工具定位并自动切割，1990 年在世界上首次实现利用机器人从患者身体切除前列腺瘤组织的手术。

　　在心胸外科方面，美国的 Salisbury 研究了用于心瓣修补手术的微创外科机器人系统。系统由同一个基座上的三个 6 自由度机械臂组成，其中两个机械臂用于手术操作，另一个用于抓持内窥镜观察手术。常规手术需要开胸，而利用机器人的微创手术只需要开三个小洞，即可让工具进入。

9.5.3　康复机器人的应用

　　1. 康复训练机器人

　　1) 上肢康复训练机器人

　　上肢康复训练机器人系统经过十几年的发展，从系统结构上分为三种。

(1)本地康复医疗训练机器人系统。

1991 年，麻省理工学院设计完成了第一台上肢康复训练机器人系统 MIT-MANUS[9]，如图 9-16 所示，该设备采用 5 连杆机构，末端阻抗较小，利用阻抗控制实现训练的安全性、稳定性和平顺性，用于患者的肩、肘运动。MANUS 具有辅助或阻碍手臂的平面运动功能，可以精确测量手臂的平面运动参数，并通过计算机界面为患者提供视觉反馈，在临床应用中取得了很好的效果。在此基础上，又研制了用于腕部康复的机械设备，可以提供 3 个旋转自由度，并进行了初步的临床试验。与一般工业机器人不同，MIT-MANUS 在机械设计方面考虑了安全性、稳定性以及与患者近距离物理接触的柔顺性。

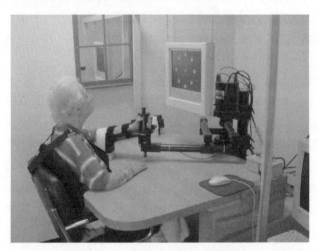

图 9-16　MIT-MANUS 系统图

另一个典型的上肢康复训练机器人系统是 MIME(mirror image movement enabler)[10]，该设备包括左右两个可移动的手臂支撑，由工业机器人 PUMA-560 操纵患者手臂，为患肢提供驱动力，既可以提供平面运动训练，也可以带动肩和肘进行三维运动。但 PUMA-560 本质上是工业机器人，因而从机械的角度上说不具有反向可驱动性以及载荷、运动速度以及输出力控制等，该系统在医疗领域的应用也有其局限性。

1999 年，Reinkensmeyer 等[11]研制了辅助和测量向导 ARM-Guide，用来测定患者上肢的活动空间。2000 年，他们对该装置进行改进，用来辅助治疗和测量脑损伤患者上肢运动功能。该设备有一个直线轨道，其俯仰角和水平面内的偏斜角可以调整。试验中患者手臂缚在夹板上，沿直线轨道运动，传感器可以记录患者前臂所产生的力。

2005 年，瑞士苏黎世大学的 Nef 等[12]开发了一种新型的上肢康复机器 ARMin，它是一种 6 自由度半外骨架装置，安装有位置传感器及 6 维力/力矩传感器，能够进行肘部屈伸和肩膀的空间运动，用于临床训练上肢损伤患者日常生活中的活动。

在我国，哈尔滨工业大学研制了穿戴式机器人辅助上肢和手指康复系统，如图 9-17 和图 9-18 所示。

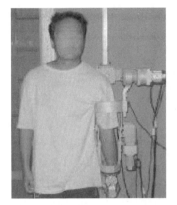 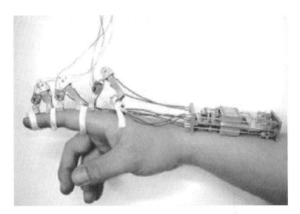

图 9-17　机器人辅助上肢康复系统　　　　图 9-18　机器人辅助手指康复系统

上述这些设备的不足之处是机器人系统比较复杂，而且没有利用网络，因此患者不能在家根据治疗师的指导进行康复训练。

(2)远程康复医疗训练机器人系统。

目前，需要进行康复医疗训练的患者逐渐增多，但由于受到各种因素的制约，患者不可能在医院长期接受康复治疗。因此，出院后在家庭或社区医疗中心进行康复锻炼是一种有效的好方法，计算机网络为远程康复训练提供了一个良好的平台。与传统的康复训练机器人系统相比，远程康复医疗训练机器人系统无论对患者还是治疗师都更为经济便利。

2005 年，斯坦福大学和芝加哥康复研究所联合研制了一种便携式家用远程康复系统，这是一种主从式的遥操作系统，由主手、从手以及各自的控制器组成，从手引导患者进行康复运动并检测和记录运动信息，主手作为医生提供控制和监控的交换设备，通过网络发送命令并接收从手的运动信息，实现中风患者肘部的康复训练，该系统可以传输治疗师指令及相关信息，治疗师可以检测患者并监控训练过程，如图 9-19 所示。

(3)基于虚拟环境的康复医疗训练机器人系统。

为了鼓励患者进行康复训练，提高康复训练的效果，在训练过程中吸引患者的兴趣十分重要。虚拟环境技术的发展使这种思想得以实现，研究者采用基于虚拟环境的用户界面，通过一些小游戏鼓励患者进行主动训练。基于虚拟环境的康复训练通常与网络相结合，因此，其不仅具有远程康复机器人系统的优点，还提高了患者进行康复训练的能动性。

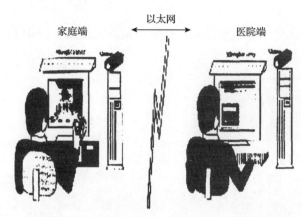

图 9-19　远程康复医疗训练机器人系统结构

　　美国罗格斯大学和斯坦福大学医学院在基于虚拟环境的远程康复医疗训练机器人系统方面做了大量的工作。2000 年，罗格斯大学和斯坦福大学医学院研制了一套家用康复医疗机器人系统，由一个带有图形加速器的 PC、一个追踪器和一个多功能触觉控制界面组成，利用 World ToolKit 软件构建了虚拟环境并进行虚拟康复路径规划，远程计算机通过以太网连接，治疗师可以在门诊进行远程监控，主要用于患者手、肘、膝和踝关节的康复训练。2001 年，Jack 等[13]设计实现了一套基于 PC 的虚拟现实增强系统，利用 CyberGlove 和 Rutgers Master II-ND 力反馈手套作为输入设备，实现用户和虚拟环境的交互，并设计了任务级别的操作，以增强患者进行康复训练的主动性，实现中风患者手部功能恢复的康复训练。

　　Tang 等利用 Tool Command Language/Toolkit 构建了三维图形界面，将视觉反馈与触觉反馈相结合，通过网络实现了带有力反馈的协作任务。患者通过 InMotion2 对虚拟物体施加一定大小的力，虚拟物体因此产生交互作用力，并通过触觉设备作用于患肢。

　　美国威斯康星医学院和马凯特大学研制了康复训练机器人系统 TheraDrive，主要由 3 个商用的力反馈操纵轮和驱动软件 SmartDriver 构成，创建上肢康复治疗虚拟环境界面，通过计算机游戏激发患者进行训练。

　　虚拟环境对患者进行功能恢复训练是一种很好的康复环境，目前基于虚拟环境的康复运动主要用于手部功能恢复的康复训练。

　　2) 下肢康复训练机器人

　　下肢康复训练机器人是根据康复医学理论和人机合作机器人原理，通过一套计算机控制下的走步状态控制系统，使患者模拟正常人的步伐规律做康复训练运动，锻炼下肢的肌肉，恢复神经系统对行走功能的控制能力，达到恢复走路机能的目的。

(1)关节活动范围运动。

进行关节活动范围运动的目的是改善和预防四肢运动性能低下或挛缩。膝部经过整形外科手术后，需要结合被动运动来恢复关节的功能。通常的方法是借助于持续被动运动(continuous passive motion，CPM)装置，通过反复进行某一个模式的运动训练起到预防挛缩的作用。

安川电机有限公司开发了一套改进的膝关节活动范围运动系统，可以借助于多自由度结构调整多种运动模式，把训练师训练的运动模式记忆下来；具有阻抗控制功能，能够再现出像训练师徒手训练一样的感觉。该装置在日本庆应大学临床试验的基础上，被进一步改进成可以同时控制膝关节和股关节运动的装置，并开发出运动疗法装置，适用于中风、脊椎损伤、脑性麻痹等下肢麻痹患者。

(2)步行训练。

骨折或关节手术或中风后，患者在步行训练前首先需要在病床上进行肌肉力量强化训练，然后分阶段依次进行起坐、轮椅移动训练、斜面起立训练，然后进行利用平行杆、步行器、手杖的步行训练。显然病情不同，步行训练的内容也不应该千篇一律。一般来说，骨折后或关节手术后应该以负荷训练为主，中风后则应该视患者肌肉力量的情况选择适当的步行训练。步行训练可以在悬吊平衡重锤的跑台上进行，但应该根据被训练者残留机能的大小选择适当的训练强度。

日本日立制作所研制的一种步行训练机——PW-10，它的步行面由两组独立驱动控制的皮带组成，利用速度设定可以让皮带以给定的恒速步行模式进行运动，它还具有主动阻抗控制功能，因此可以按照被训练者的蹬踏力来调节皮带的阻力，实现负载步行模式。这样，即使是单侧麻痹症状患者也能得到适当的训练。在护助装置中也有这样的内置式电动卸载机构，另外还有其他多种模式可供选择，如保持护助部分高度不变的固定模式，对解除部分的高度实施柔顺控制的弹性模式，以恒力向上提起被训练者、减轻体重负载的卸载模式等。有时设备还带有图形显示装置，它能与皮带速度同步显示风景，以保持被训练者的训练欲望。

如果患者已经具有依靠自己的腿部力量支撑全身的能力，即可转入室内步行训练。为此可以利用电动助力步行支援机。在它用来支撑被训练者的支撑架的内部装有力传感器，可以测量被训练者步行时施加在支撑架上的力的大小和方向，如果想转向，可以通过控制车轮驱动电机来实现。

日本山梨大学医学部开发的 AID-1 型步行训练机器人，可以通过各种传感器检测患者体重负载的变化，并利用压缩空气实现高精度的体重负载控制，在减轻患者体重的同时保持正确的躯干姿态，甚至可以用残存的微小肌肉力量实现无体重负载的步行。

德国生产的一种主被动活动器 CAMOPED 如图 9-20 所示，主要是以健康腿的运动来帮助患腿的被动训练，能够有效地帮助患者恢复其本体感觉，因此患者的协调功能也能得到更早的恢复。其特点是运用新型材料，重量轻，结构简单，便于携带与放置。

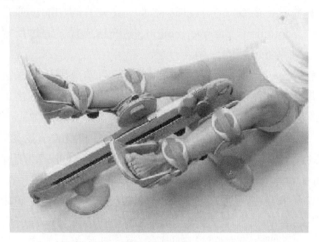

图 9-20　主被动活动器 CAMOPED

　　瑞士苏黎士联邦理工学院在腿部康复机构、走步状态分析方面取得了一些成果，在汉诺威 2001 年世界工业展览会上展出了名为 LOKOMAT 的康复机器人，如图 9-21 所示。该机器人有一套悬吊系统来平衡人体的一部分重力，用一套可旋转的平行四边形机构来进行平衡控制，只允许患者在走路过程中的向上和向下的运动，患者不用自己保持上身在竖直面内。为了适应不同患者的需要，该机器人的各个关节均可调整。为了让患者感到舒适，所有与患者接触的绑带都是宽而软的。此康复机器人在对患者进行康复试验中取得了很好的效果。

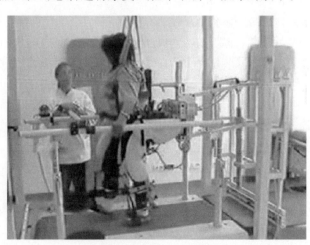

图 9-21　LOKOMAT 机器人

　　日本的 Makikawa 实验室结合机器人技术、生物信号测量技术、虚拟现实技术研制出一种下肢康复机器人，如图 9-22 所示。该机器人可以使患者模拟正常人走路、上斜坡、爬楼梯、滑行等各种运动，从而达到康复锻炼的目的。

图 9-22　Makikawa 实验室的下肢康复机器人

　　德国柏林自由大学开展了腿部康复机器人的研究，并研制了 MGT 型下肢康复训练机器人，如图 9-23 所示。

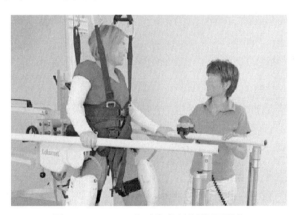

图 9-23　MGT 型下肢康复训练机器人

　　美国罗格斯大学开展了脚部康复机器人的研究，并研制了踝关节康复训练机器人。

　　图 9-24 是我国研制的一种下肢康复训练机器人外观结构图。它由机座、左脚走步状态控制系统、右脚走步状态控制系统、左脚姿态控制系统、右脚姿态控制系统、框架、导轨、重心平衡系统、活动扶手等组成。

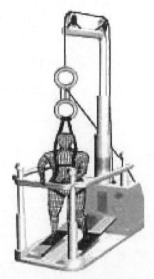

图 9-24　下肢康复训练机器人外观结构

　　训练者的双脚站在走步状态控制系统的脚踏板上，穿好承重背心，背心通过吊缆和机座内的重力平衡机构相连，以平衡训练者的部分体重，吊缆的长度通过缆长调整机构和缆绳来调整。在机器人开始工作后，走步状态控制系统在计算机的控制下带动训练者的双腿做走步运动，重心控制系统根据受训者的走步状态，自动计算重心的高低变化，通过吊缆实时调节重心的高低，并具有防止摔倒的功能。

　　脚踏板由左右两块踏板组成，它在步态控制装置的控制下，与重心平衡机构协调工作帮助患者进行走步运动训练。步态控制装置主要由主动曲柄、脚踏板(连杆)和滑轮组成。主动曲柄由直流伺服电机控制，脚跟随踏板一起被动运动，形成一个椭圆轨迹，产生与正常人行走轨迹相近的运动轨迹。同时由于脚跟随踏板运动，患者的小腿和大腿处于相应的运动状态。由两套步态装置分别控制两条腿的走步状态，两者之间呈 80°相位关系，走步的速度通过控制电机的转速来调整，步幅则通过改变主动曲柄的工作半径来调节。

　　脚的姿态控制系统是由直线伺服机构实现的，通过控制脚踏板绕踏板轴回转运动的角度，来模拟正常人走路时踝关节的姿态变化。

　　重心平衡系统的作用是控制患者的重心，使之与走步状态运动相协调，重心平衡系统由吊缆、承重背心、滑轮、支撑架和偏心轮组成，通过承重背心把患者固定在支撑架上，使患者的上肢和吊缆一起运动。由重心控制系统与走步状态控制系统的同步运动，实现重心的自动调整和重力的自动平衡。

2. 辅助型康复机器人

1) 机器人轮椅

随着社会的发展和人类文明程度的提高，人们，特别是残疾人越来越需要运用现代高新技术来提高他们的生活质量和生活自由度。因为各种交通事故和疾病，每年均有成千上万的人丧失一种或多种能力（如行走、动手能力等）。因此，对用于帮助残障人行走的机器人轮椅的研究已逐渐成为热点，如西班牙、意大利等国，中国科学院自动化研究所也成功研制了一种具有视觉和口令导航功能并能与人进行语音交互的机器人轮椅，如图 9-25 所示。

图 9-25　机器人轮椅

机器人轮椅是将智能机器人技术应用于电动轮椅上，融合了机构设计、传感技术、机器视觉、机器人导航和定位、模式识别、信息处理以及人机交互等先进技术，从而使轮椅变成了高度自动化的移动机器人。

机器人轮椅主要有口令识别与语音合成、机器人自定位、动态随机避障、多传感器信息融合、实时自适应导航控制等功能。

机器人轮椅的关键技术是安全导航问题，采用的基本方法是依靠超声波和红外测距，个别采用了口令控制。超声波和红外导航的主要不足在于可控测范围有限，视觉导航可以克服这方面的不足。在机器人轮椅中，轮椅的使用者应是整个系统的中心和积极的组成部分。对使用者来说，机器人轮椅应具有与人交互的功能。这种交互功能可以很直观地通过人机语音对话来实现。尽管个别现有的移动轮椅可用简单的口令来控制，但真正具有交互功能的移动机器人和轮椅尚不多见。

2) 导盲机器人

人在生活过程中 95% 的信息是通过视觉获得的。盲人丧失了视觉，给工作、生活、社交等带来了莫大的困难。作为社会的一个特殊群体，盲人需要社会给予更多的关怀和照顾，使他们能够更好地独立生活，尤其是享受生理完全自理的感觉。但在日常生活中，如何安全地行走是盲人所遇到的最大问题。

视觉残障者的行走辅助装备一般采用盲人安全杖，少数借助于导盲犬。除了传统的手杖和导盲犬，为了提高盲人的生活质量，增加其行走能力，世界各国一直致力导盲机器人的研制。日本机械科学技术研究所自 1980 年起开始试制 MEL DOG 机器人，它是在导盲犬的基础上重点开发"服从机能"和"聪明的不服从机能"。前者将主人引导到目的地，后者起到检测障碍物和危险状况的作用。人们还在为视觉残障者开发基于 GPS 和便携终端的基础设施。

导盲机器人是非常有效的辅助盲人步行的工具，目前导盲机器大致上可分为以下五类。

(1) 电子式导盲器。早期导盲机器的研究多半是设计一些装有传感器的小型电子装置，并以盲人可以接受的形式将传感器的侦测结果传达给盲人，让盲人在环境中具有比较安全及快速的行动能力；但只注重局部性闪避障碍物而不考虑全面性导航。

(2) 移动式机器人。移动式机器人一般都载有多种传感器，配备计算能力较强的控制计算机，智能化程度较高，所以可以在复杂的环境中进行自主导航。随着人机接口模块的设计与完善，移动式机器人即可用于导盲，如图 9-26 所示。

图 9-26　导盲机器人

(3)穿戴式导盲器。它直接将移动式机器人的障碍物闪避系统穿戴在盲人身上，盲人成为半被动地接受障碍物闪避系统命令的运动载具，并可提供比移动式机器人更灵活的行动能力。

(4)导引式手杖。导引式手杖是在盲人所用手杖的把手部分安装起控制作用的微型计算机，同时安装专用传感器，在手杖的下端安装有导轮的可移动装置。它其实是将原移动式机器人的动力系统移除，保留其智能探测的传感和控制部分。

(5)手机语音导盲。这是一种较新的导盲方式，主要是用于城市方位的告知。当盲人迷路时，通过手机上预先设置的导盲键向服务商发出求助信息，服务商接到信息后将通过 GPRS 向盲人发出语音信息，接听后即可得知当前位置。此方式要求手机支持无线应用协议(wireless application protocol, WAP)上网功能，不便于行进中的实时导盲，而且费用相对较高。

3) 机器人护士

机器人护士可以完成以下各项任务：运送医疗器材、药品，运送试验样品及试验结果，为患者送饭、送病历、送报表及信件，帮助患者进食、移动、入浴、如厕，在医院内部送邮件及包裹等。

日本医疗康复机器人研究所、富士通、安川电机合作开发了 HelpMate SP 机器人搬运系统，其用途是负责医院内部的药品、送检物品、食物、卡片等的运输，还能做到给老年人及残障者配膳、送膳自动化，这样有利于延长面对面护理患者的时间，提高护理质量。

进食的特点是按照个人习惯的速度，依次向嘴里递送食物，设备应该在每天规定的时段内完成进食服务。进食支援机器人被认为可以用来减轻残障者对进食的厌倦情绪，有效地完成护理行为。目前人们在这方面开展了不少的研究。HANDY1 机器人的原理是由护理者接通电源，将食物放入专用容器内，如果接触传感器检测到使用者的手指或手臂的动作，即可控制机械手从托盘中选择指定的食物送至口中。该机器人更换执行部分(托盘)后还可以提供洗脸、刷牙等洗漱动作方面的帮助。

MANUS 机器人有一个 6+2 自由度的机械手，可以搭载在轮椅上，通过操作 4×4 个按钮和游戏操纵杆来完成进食、整容动作(洗脸、剃须等)、日常生活动作(整理衣服、扶正眼镜、搔痒、排泄等)。动作熟练以后甚至可以完成开门、开关龙头等复杂动作。不过，它仍存在一些问题，例如，多用途器械的操作比较困难，负载重量小，动作迟缓等。

进食护理机器人 SECOMU 是一台携带汤勺和餐叉的小型机械臂，操纵开关即可辅助患者进食。

还有一种基于力控制的进食支援机器人，它能像正常人一样用筷子夹持柔软食物或易碎食物进行用餐。

　　无法自理的残障者的移动,包括体位变换(改变身体位置)和换乘(改变距离)。体位变换,如为了防止褥疮,擦洗无法入浴者的身体、换尿布(抬起患者的臀部)等。换乘包括移动,其中一部分已经开始借助于升降机作业了,但大部分仍然依靠护理者直接作业,属于重体力劳动。为了减轻劳动强度,日本自20世纪80年代起就着手开展病床移转、轮椅换乘、如厕或入浴辅助时所需的抱起机器人的研究。例如,电动双臂机器人UNRSY(东海大学研制)能借助于主从操作机器人的双臂将被护理者直接抱起来进行移动。UNRSY机器人能够靠压缩空气驱动,将机械手插入床下将被护理者平端起来。这一类机器人需要克服患者的体重,故其外形尺寸很大,由于与人直接接触还存在安全性问题,因此目前尚未进入实用阶段。护理机器人Regina(日本Logic Machine公司研制)的垂直多关节双臂的末端执行器安装了一个类似躺椅的患者支撑面,靠它的行走功能能够将患者从床上移转到专用浴缸中,帮助患者入浴。利用它的一只手臂,通过无线遥控方式操纵还能更换尿布。

　　TRC公司于1985年开始研制护士助手机器人,1990年开始出售,已在世界各国几十家医院投入使用,如图9-27所示。护士助手机器人已完成以下各项任务:运送医疗器材和设备,为患者送饭、送病历、送报表及信件、运送药品、运送试验样品及试验结果,在医院内部送邮件及包裹等。该机器人由行走部分、行驶控制器及大量的传感器组成。机器人可以在医院中自由行动,其速度为0.7m/s左右。机器人中装有医院的建筑物地图,在确定目的地后机器人利用航线推算法自主地沿走廊导航,由结构光视觉传感器及全方位超声波传感器可以探测静止或运动物体,并对航线进行修正。它的全方位触觉传感器保证机器人不会与人和物相碰。车轮上的编码器测量它行驶过的距离。在走廊中,机器人利用墙角确定自己的位

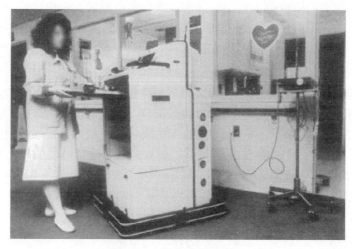

图9-27　护士助手机器人

置，而在病房等较大的空间时，它可利用天花板上的反射带，通过向上观察的传感器帮助定位。需要时它还可以开门。在多层建筑物中，它可以给载人电梯打电话，并进入电梯到所要到的楼层。紧急情况下，例如，某一外科医生及其患者使用电梯时，机器人可以停下来，让开路，2min 后它重新启动继续前进。通过护士助手机器人上的菜单可以选择多个目的地，机器人有较大的荧光屏及用户友好的音响装置，用户使用起来迅捷方便。

此外，还有机器人将辅助读书、操作计算机等作为研究对象。

4) 机器人假肢

假肢技术是康复工程中发展最早的一个领域。假肢是人缺损肢体的替代物，用以弥补缺损肢体的形状与功能。安装假肢可以恢复患者残缺肢体原有的形态或功能，减轻功能障碍，使患者能够独立地生活、学习和工作。假肢分上肢、下肢。上肢假肢又分为假手、前臂假肢和上臂假肢；下肢假肢分为假腿、小腿假肢、大腿假肢等。

在假肢技术发展的历程中，肌电控制的上肢假肢和步态可控的下肢假肢是现代假肢技术的标志性成果。肌电假肢由电动假肢发展而来，它利用肌电信号取代机械式触动开关实现对上肢的控制，对于肘关节以上截肢的患者，提取多路肌电信号同时控制多关节运动的技术难度大且可靠性差，因而仍以安装电动假肢为主。下肢假肢的设计一直在追求站立期的稳定性和摆动期的步态仿生性，以及减少体力消耗，对于膝关节和假脚，上述问题尤其突出。膝关节机构已从单链发展到四杆机构，近年又出现六杆机构膝关节，除了保证站立期关节可靠锁定，站立末期自动解锁，还能实现摆动期步态的仿生性。使用这种全功能膝关节行走所需的髋关节力矩小，从而降低了行走时的体能消耗。

目前假手的研究是国际机器人领域的一个热点。尽管近年来新元件和新材料不断出现，但临床使用的假手最多为 3 个自由度，这是因为超过 3 个自由度的假手很难由人体的残肢来控制。假手有许多类型。装饰假手又叫美容手，是为弥补肢体外观缺陷、平衡身体设计制作的。索控假手又叫功能性假手或机械手，是一种具有手的外形和基本功能的常用假手。这种假手是通过残肢自身关节运动，拉动一条牵引索，通过牵引索再控制假手的开关。临床上最常用的是利用残肢残存肌肉的肌电信号实行对假手控制的肌电假手。

假手的设计包括以下标准：具有多种抓握模式并根据物体的形状自动调节；物体的纹理、形状和温度可作为反馈信息；具有本体感觉；重量轻，外观好；可以在潜意识下控制。

英国南安普顿大学电子与计算机科学系研制了一个轻型的 6 自由度假手。该手共 5 个手指，拇指有 2 个自由度，其余 4 个手指各有 1 个自由度。整个手采用了模块化设计。每个手指用一个直流电机驱动，并采用蜗轮蜗杆传动以保证手指被动受力时的稳定性。直流电机和蜗轮蜗杆减速装置集成在一起，称为指节模块。手指共 3 个关节，各关节之间采用耦合的方法实现运动。

意大利设计了一种既可作为人手假体又可以作为机器人手爪的人手原型。该手共有 3 个手指，即拇指、食指和中指。每个手指有 2 个自由度，其中食指和中指的手指末段为被动自由度，由 1 个四杆机构耦合驱动。3 个手指的活动自由度分别由微型直线驱动器驱动和腱传动。由于采用了生物机械和控制论的设计方法，该手能对人手进行功能性模仿。

德国卡尔斯鲁厄理工学院应用计算机科学研究中心研制了一种仿人机械手，该手是目前用于假体的最为灵活的、抓取功能最强的假手，并且质量轻。它的形状和尺寸大小与一个成人男子的手相似。该手共 5 个手指，13 个独立自由度，每个活动关节都装有 1 个自制的流体驱动器，能实现包括腕关节在内的多关节控制。该手能实现强力抓取、精确抓取等功能，能完成人手的一些日常操作，并且克服了以往假手沉重、功能简单和灵活性差的缺点，为灵巧操作假手实用化迈出了重要的一步。

参 考 文 献

[1] 田娟秀, 刘国才, 谷珊珊, 等. 医学图像分析深度学习方法研究与挑战[J]. 自动化学报, 2018, 44(3): 401-424.

[2] Keppel E. Approximating complex surfaces by triangulation of contour lines[J]. IBM Journal of Research and Development, 1975, 19(1): 2-11.

[3] Lorensen W E, Cline H E. Marching cubes: A high resolution 3D surface construction algorithm[J]. ACM SIGGRAPH Computer Graphics, 1987, 21(4): 163-169.

[4] 程洪, 黄瑞, 邱静, 等. 康复机器人及其临床应用综述[J]. 机器人, 2021, 43(5): 606-619.

[5] Uecker D R, Lee C, Wang Y F, et al. Automated instrument tracking in robotically assisted laparoscopic surgery[J]. Journal of Image Guided Surgery, 1995, 1(6): 308-325.

[6] Taylor R H, Funda J, Eldridge B, et al. A telerobotic assistant for laparoscopic surgery[J]. IEEE Engineering in Medicine and Biology Magazine, 1995, 14(3): 279-288.

[7] Kazanzides P, Zuhars J F, Mittelstadt B D, et al. Force sensing and control for a surgical robot[C]//International Conference on Robotics and Automation. 1992: 612-617.

[8] Kwoh Y S, Hou J, Jonckheere E A, et al. A robot with improved absolute positioning accuracy for CT guided stereotactic brain surgery[J]. IEEE Transactions on Bio-medical Engineering, 1988, 35(2): 153-160.

[9] Hogan N, Krebs H I, Charnnarong J, et al. MIT-MANUS: A workstation for manual therapy and training. I[C]//IEEE International Workshop on Robot and Human Communication, 1992: 161-165.

[10] Lum P S, Burgar C G, van der Loos M, et al. MIME robotic device for upper-limb neurorehabilitation in subacute stroke subjects: A follow-up study[J]. Journal of Rehabilitation Research & Development, 2006, 43(5): 631-642.

[11] Reinkensmeyer D J, Dewald J P, Rymer W Z. Guidance-based quantification of arm impairment following brain injury: A pilot study[J]. IEEE Transactions on Rehabilitation Engineering, 1999, 7(1): 1-11.

[12] Nef T, Riener R. ARMin-design of a novel arm rehabilitation robot[C]//International Conference on Rehabilitation Robotics, 2005: 57-60.

[13] Jack D, Boian R, Merians A S, et al. Virtual reality-enhanced stroke rehabilitation[J]. IEEE Transactions on Neural Systems and Rehabilitation Engineering, 2001, 9(3): 308-318.

第 10 章 智能工厂

智能工厂是智能无人系统的重要应用场景之一，也有着相对较长的发展历程。本章主要综述智能工厂的发展历程、关键技术和主要应用。

10.1 智能工厂的发展历程

"工业 4.0"概念指第四次工业革命，它意味着在产品生命周期内整个价值创造链的组织和控制迈上新台阶，意味着从创意、订单，到研发、生产、终端客户产品交付，再到废物循环利用，包括与之紧密联系的各服务行业，在各个阶段都能更好地满足日益个性化的客户需求。所有参与价值创造的相关实体形成网络，获得随时从数据中创造最大价值流的能力，从而实现所有相关信息的实时共享。以此为基础，通过人、物和系统的连接，实现企业价值网络的动态建立、实时优化和自组织，根据不同的标准对成本、效率和能耗进行优化。

随着物联网、人工智能、机器人等新技术在工业领域的扩大应用，先进制造业重新成为全球工业大国竞争的主要阵地。世界各国都积极出台了相关战略规划，主要有美国先进制造业伙伴计划、德国工业 4.0 战略、日本机器人新战略与超智能社会 5.0 战略、韩国制造业创新 3.0 战略等，都将发展智能制造作为构建本国制造业竞争优势的重要举措。下面列举分析典型国家智能制造的发展历程。

10.1.1 德国工业 4.0 战略的演进

德国工业 4.0 战略自下而上推动，保持制造业领先。德国工业始终强大，企业自发解决痛点，自下而上推动工业 4.0 战略。工业 4.0 战略的提出是与德国工业界遇到的瓶颈紧密联系在一起的，最大目的是建立一个与互联网融合的智能化先进制造方式，提高效率、降低成本和加快反应速度。解决成本问题和上市时间问题是德国提出工业 4.0 战略的关键，这两点正是互联网时代中产品生命周期不断缩短的集中表现。德国企业不断主动推动工业 4.0 战略：西门子的数字化企业平台系统为数字制造提供了载体；宝马集团的虚拟手势识别系统使得汽车制造再进一步；大众用机器人制造汽车，实现了极高的人力替代效率；博世力士乐推用于工厂智能化的射频码系统；SAP 推动云平台互联万物，实现大数据支撑决策。

德国工业 4.0 战略帮助德国保持制造领先优势，提高有效生产。2013 年汉诺威工业博览会上德国政府正式宣布德国工业 4.0 战略。金融危机后时代，全球经济发展缓慢，德国外需疲软，同时中美工业科技发展迅速，对德国出口形成进一步竞争。工业 4.0 战略让德国重新抓住工业发展主动权，保持"德国制造"的国际金品牌。德国工业 4.0 战略的提出背景是全球产能过剩的严峻形势，德国希望通过利用物联网与服务网结合的方法，使产业链管理智能化，市场需求分析有效化，从而提高工作效率。

2006 年和 2010 年德国政府分别提出《高科技战略 2006—2009》和《高科技战略 2020》两个全国性的高科技政策，旨在提高高科技领域的竞争力。工业 4.0 战略是《高科技战略 2020》的重要组成部分，其核心为信息物理系统 (cyber-physical system, CPS)，指的是一个通过机械、电子零件、软件、基础网络，运用信息化技术的整合控制网络与工业物理世界，实现企业、工作人员、生产机器、产品、客户等多方联动、交互、组合式创新，达到智能制造、智慧运营的全新业态。德国希望通过工业 4.0 战略建立起智能工厂系统，实现智能制造，从而降低成本，提高产品利润，预期德国企业带来每年 6%～8% 的制造效率提升。

10.1.2 美国工业 4.0 战略的演进

美国制造业空心化，政府主导复兴制造业，自上而下推动工业 4.0 战略。2002 年起，为了享受发展中国家的人口红利，发达国家的制造业纷纷外移。2002～2010 年，美国制造业就业人数连年下降。2008 年金融危机后，美国政府呼吁重新振兴制造业，以实体强国。奥巴马政府实行积极的产业政策，创造就业机会和鼓励制造业回归美国。2011 年，奥巴马总体推出了先进制造伙伴 (AMP) 计划与先进制造业国家战略计划；2012 年，AMP 计划针对制造业振兴提出 16 条建议，包括成立网络建设研究所与 3D 打印研究所。2013 年，美国在先进制造业方面了增加了 19% 的预算，并成立数字制造和设计创新研究所。随着美国经济不断回暖，出口与内需增加，制造业再迎春风。2010 年起，美国制造业就业人数开始小幅攀升。特朗普新政对召回海外制造商态度强硬，预计美国制造将迎来新拐点。

2012 年，美国通用电气公司率先提出"工业互联网"概念，与美国政府的"再工业化"战略举措相呼应，随后美国制造业与 IT 巨头纷纷抱团成立了工业互联网联盟，将这一概念大力推广开来。"工业互联网"的主要含义是通过高性能设备、低成本传感器、互联网、大数据收集及分析技术等的组合，大幅提高现有产业的效率并创造新产业，其侧重点主要在于借助互联网的优势，使制造业的数据流、硬件、软件实现智能交互，通过大数据实现智能决策，提升美国制造业生产效率。经过美国通用电气公司测算，若生产效率提升 1%，美国关键产业，包括航空、电力、医疗、铁路和石油天然气等，在未来 15 年内将节省 2760 亿美元的生产成本。美国的工业互联网与德国工业 4.0 本质含义基本相同，但侧重有所不同。

10.1.3　中国工业 4.0 战略的演进

我国在制定"九五"计划时已将先进制造技术作为重点发展的支柱产业之一。智能制造[1]相关技术亦被列入国家 863 计划。近年来我国制定了一系列智能制造支持政策。2011 年国务院发布《工业转型升级规划(2011—2015 年)》；2012 年科技部发布《智能制造科技发展"十二五"专项规划》，工业和信息化部发布《智能制造装备产业"十二五"发展规划》，并设立智能制造装备发展专项，加快智能制造装备的创新发展和产业化，推动制造业转型升级；2013 年，工业和信息化部印发了《信息化和工业化深度融合专项行动计划(2013—2018 年)》；2015 年国务院发布《关于积极推进"互联网+"行动的指导意见》。中国智能制造发展总体上取得了一批基础研究成果和智能制造技术，智能制造装备产业体系初步形成，国家对智能制造的扶持力度不断加大。

2018 年由中国电子学会发布的《新一代人工智能发展白皮书(2017 年)》指出，随着生产制造智能化改造升级的需求日益凸显，通过嵌入智能系统对现有的机械设备进行改造升级成为更加务实的选择，这也是德国工业 4.0、美国工业互联网等国家战略的核心举措。在此引导下，自主智能系统正成为人工智能的重要发展及应用方向。例如，沈阳机床以 i5 智能机床为核心，打造了若干智能工厂，实现了"设备互联、数据互换、过程互动、产业互融"的智能制造模式。

10.1.4　智能工厂——实现智能制造的基础

工业 4.0 的核心是建立 CPS，聚焦于智能工厂和智能生产两个主题[2,3]，实现领先的供应商战略与领先的市场战略，实现横向集成、纵向集成与端对端的集成。工业 4.0 的核心是智能制造，精髓是智能工厂，精益生产是智能制造的基石，工业标准化是必要条件，软件和工业大数据是关键大脑。已经形成了从基础元器件、自动化控制软硬件、系统解决方案到供应商的完整产业链，形成了围绕工业 4.0 生态系统，如图 10-1 所示。

智能工厂是实现智能制造的重要基础，基于智能工厂可以实现高度智能化、自动化、柔性化和定制化的生产，从而可快速响应市场的需求，实现高度定制化的集约化生产。过去几年，中国政府积极部署先进制造业与人工智能技术，大力推动产业升级[4]。人工智能以及其他颠覆性技术主要还是集中在消费领域，要真正实现以科技创新重塑中国经济，人工智能技术在工业领域和企业间的大规模应用则更为关键。随着人工智能带来的生产力提高，中国的劳动力市场将产生巨大的结构性变革，中国预计约有 51%的工作岗位可以实现自动化，并高于其他任何国家。但这并不意味着大量劳动人口会失业，经济学家已证明，自动化能够积极地促进就业，而非冲击就业。

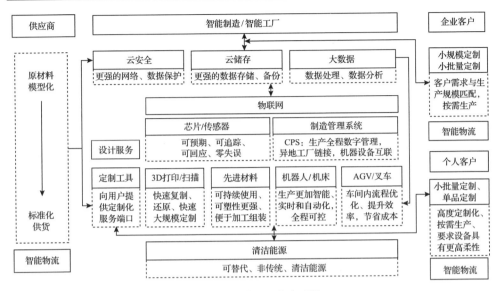

图 10-1　工业 4.0 生态系统

智能工厂主要通过构建智能化生产系统、网络化分布生产设施,实现生产过程的智能化。企业基于 CPS 和工业互联网构建的智能工厂原型主要包括物理层、信息层、大数据层、工业云层、决策层。其中,物理层包含工厂内不同层级的硬件设备,从最小的嵌入设备和基础元器件开始,到感知设备、制造设备、制造单元和生产线,相互间均实现互联互通。以此为基础,构建了一个"可测可控、可产可管"的纵向集成环境。信息层涵盖企业经营业务的各个环节,包含研发设计、生产制造、营销服务、物流配送等各类经营管理活动,以及由此产生的众创、个性化定制、电子商务、可视追踪等相关业务。在此基础上,形成了企业内部价值链的横向集成环境,实现数据和信息的流通和交换。纵向集成和横向集成均以 CPS 和工业互联网为基础,产品、设备、制造单元、生产线、车间、工厂等制造系统的互联互通,及其与企业不同环节业务的集成统一,则是通过数据应用和工业云服务实现,并在决策层基于产品、服务、设备管理支撑企业最高决策。这些共同构建了一个智能工厂完整的价值网络体系,为用户提供端到端的解决方案。

由于产品制造工艺过程的明显差异,离散型制造业和流程型制造业在智能工厂建设的重点内容有所不同。对于离散型制造业而言,产品往往出多个零部件经过一系列不连续的工序装配而成,其过程包含很多变化和不确定因素,在一定程度上增加了离散型制造企业的难度和配套复杂性。企业常常按照主要的工艺流程安排生产设备的位置,以使物料的传输距离最小。面向订单的离散型制造企业具有多品种、小批量的特点,其工艺路线和设备的使用较灵活,因此,离散型制造企业更加重视生产的柔性,其智能工厂建设的重点是智能制造生产线。

流程型制造业的特点是管道式物料输送,生产连续性强,流程比较规范,工艺柔性比较小,产品比较单一,原料比较稳定。对于流程型制造业而言,由于原材料在整个物质转化过程中进行的是物理化学过程,难以实现数字化[5],而工序的连续性使得上一道工序对下一道工序的影响具有传导作用,即如果第一道工序的原料不可用,就会影响第二道工序。因此,流程型制造企业建设的重点在于实现生产工艺的智能优化和生产全流程的智能优化,即智能感知生产条件变化,自主决策系统控制指令,自动控制设备,在出现异常工况时,即时预测和进行自愈控制,排除异常,实现安全优化运行;在此基础上,智能感知物流、能源流和信息流的状况,自主学习和主动响应,实现自动决策。

10.2　智能工厂的关键技术

智能工厂的建设主要依赖于人工智能与物联网的结合,通过控制优化达到工厂的无人化运行。智能工厂的研发和建设需要在环境感知、机器视觉、自动驾驶、运动控制算法、融合算法、自主决策等方面取得重点突破。

未来工厂最大的改变来自于信息技术,智能工厂将利用物联网技术和监控技术提高生产过程的可控性,减少人工干预的生产流水线,引入合理的规划调度,加强信息管理服务。智能设备和系统以及其他技术相继出现,如计算机辅助设计、仿真技术,将减少新产品推向市场的时间和成本,先进的机器人技术将使自动化变得更实惠和灵活。

10.2.1　智能工厂的理论模型

智能工厂的理论模型分为四个空间:设备级制造空间、单元级制造空间、跨层制造空间和跨域生产网络空间,如图 10-2 所示。随着信息技术与制造技术的不断融合,制造业将在制造系统、设计与制造手段、人机关系三个方面产生巨大变革,形成以"分散与集中相统一的制造系统、虚实结合的设计与制造手段、人机共融的生产方式"为三大鲜明特征的智能制造空间,并以此推进在生产组织方式、资源聚集模式、产品设计手段、人机融合关系方面的新一代智能制造的发展。

智能工厂是一个柔性系统,能够自行优化整个网络的表现,自行适应并实时或近实时学习新的环境条件,并自动运行整个生产流程。图 10-3 描述了智能工厂及其部分主要特征:互联、优化、透明、前瞻和敏捷。这些特征均有助于进行明智的决策,并协助企业改进生产流程。值得注意的是,世界上没有两个一模一样的智能工厂,制造企业可依据其特定需求,重点发展智能工厂的不同领域和特征。

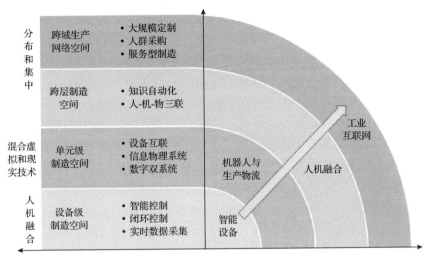

图 10-2 智能工厂理论模型

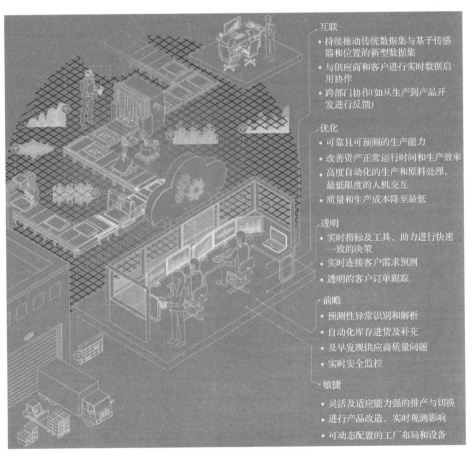

图 10-3 智能工厂的主要特征

互联或许是智能工厂最重要的特征，同时也是其最大的价值所在。智能工厂需确保基本流程与物料的互联互通，以生成实时决策所需的各项数据。在真正意义的智能工厂中，传感器遍布各项资产，因此系统可不断从新兴与传统渠道抓取数据集，确保数据持续更新，并反映当前情况。通过整合来自运营系统、业务系统以及供应商和客户的数据，可全面掌控供应链上下游流程，从而提高供应网络的整体效率。

经过优化的智能工厂可实现高度可靠的运转，最大限度地降低人工干预。智能工厂具备自动化工作流程，可同步了解资产状况，同时优化了追踪系统与进度计划，能源消耗亦更加合理，可有效提高产量、运行时间以及质量，并降低成本、避免浪费。

智能工厂获取的数据公开透明，通过实时数据可视化，将从流程与成品或半成品获取的数据进行处理，并转变为切实可行的洞见，从而协助人工以及自动化决策流程。透明化网络还将进一步扩大对设备情况的认识，并通过基于角色的观点、实时警告与通知以及实时追踪与监控等手段，确保企业决策更加精准。

在一个前瞻型体系中，员工与系统可预见即将出现的问题或挑战，并提前予以应对，而非静待问题发生再作响应。这一特征包括识别异常情况，储备并补充库存，发现并提前解决质量问题，以及监控安全与维修问题。智能工厂能够基于历史与实时数据，预测未来成果，从而提高正常运行时间、产量与质量，同时预防安全问题。在智能工厂中，制造企业可通过创建数字孪生等流程，实现数字化运营，在自动化与整合的基础上，进一步培养预测能力。

智能工厂具备敏捷的灵活性，可快速适应进度以及产品变更，并将其影响降至最低。先进的智能工厂还可根据正在生产的产品以及进度变更，自动配置设备与物料流程，进而实时掌控这些变更所造成的影响。此外，灵活性还促使智能工厂在进度与产品发生变更时，最大限度降低调整幅度，从而增加运行时间，提高产量，并确保灵活的进度安排。

由于具备上述特征，制造企业可更加全面清晰地了解其资产与系统，有效应对传统工厂所面临的挑战，最终提高生产率，更加灵活地响应不断变化的供应商及客户情况。

10.2.2　智能工厂的主要技术

智能工厂是在自动化工厂的基础上，通过运用信息物理技术、大数据技术、虚拟仿真技术、网络通信技术等先进技术，建立一个能够实现智能排产、智能生产协同、设备互联智能、资源智能管控、质量智能控制、支持智能决策等功能的贯穿产品原料采购、设计、生产、销售、服务等全生命周期的高度灵活的个性化、数字化、智能化的产品与服务的生产系统。

国内外学者普遍认为智能工厂的建设一般分为三个阶段。

(1)通过物联网技术实现基层设备的互联互通。

(2)在第一段阶段基础上实现数据分析,为产品质量监测、生产调度等提供使能技术。

(3)通过引入互联网,构建云制造平台,实现企业与企业的互联互通。

其中,第一阶段关键技术是大数据技术中的采集技术,涉及智能设备、传感器等;第二阶段关键技术是大数据技术中的分析技术、传输技术;第三阶段关键技术涉及云计算、云存储、网络架构、网络安全等技术。

综上所述,智能工厂是一个以大数据技术、仿真技术、网络通信技术等为基础构建的,以 CPS 为基础的智能化生产有机体,各项技术的关系如图 10-4 所示。

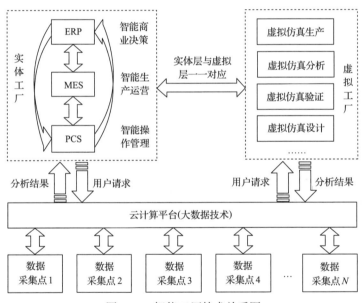

图 10-4　智能工厂技术关系图

1. 大数据

智能工厂在其运行过程中会产生大量的结构化、半结构化、非结构化的确定性和非确定性数据。大数据技术贯穿了整个智能工厂和智能制造体系,为各模块的数据采集、分析、使用等提供了解决方案。

制造业在正常生产中会产生和需要多种数据,一部分包括需要实时采集的动态数据,另一部分包括储存在数据库中的静态数据。数据采集是建设智能工厂的第一步，其关键是对动态数据的采集。目前主要的数据采集技术有射频识别技术、条码识别技术、视音频监控技术等，这些先进技术的载体主要是传感器、智能机床和机器人等。

传感器构成了整个智能工厂采集数据的基础节点。目前传感器种类有速度、质量、长度、光强等多种。虽然传感器种类较多，但是目前仍面临着数据采集器功能单一、数目较少、采集参数少的问题。为适应智能工厂的智能化需求，传感器也朝着具有自我判断、自我决策能力的方向发展。通过实现传感器的智能化，传感器能够自动筛选要采集的数据，同时能够对采集到的数据进行初步加工，提高数据使用响应和降低后端处理系统负荷；智能传感器在运作过程中也能够实时判断自身的运行状况，减少停机时间。

现有的数据传输方式主要分为有线传输和无线传输。有线传输的发展比较完善，但有线传输方式不适合工厂内移动终端设备的连接需求。目前无线传输方式主要有 ZigBee、Wi-Fi、蓝牙、超宽频等。射频识别技术也是无线传输的一种，目前在制造业中已有广泛应用，如制品管理、质量控制等。数据传输可靠性是智能工厂顺利运行的保障，目前主要手段有重传机制、冗余机制、混合机制、协作传输、跨层优化等。

工业大数据分析手段具有一定逻辑的流水线式数据流分析手段，强调跨学科技术的融合，包括数学、物理、控制等。智能工厂中对设备控制与维护、生产过程监控等的判断都是基于数据分析，科学有效的数据分析方法对智能工厂的智能化建设具有重要意义。目前大数据分析主要技术有深度学习、知识计算。微软、Facebook 等在深度学习方面已经取得一系列重大进展。通过深度学习将数据进行层层抽象、分析，从而提高智能工厂中繁杂数据的精度。

2. 虚拟仿真

虚拟仿真，又称计算机仿真，是指利用计算机生成三维动态实景，对系统的结构、功能和行为以及参与系统控制的人的思维过程和行为进行动态性、逼真的模仿。虚拟仿真最早应用在军事领域，如洲际导弹的研制、阿波罗登月计划、核电站运行等方面。直至 20 世纪 70 年代中期，虚拟仿真技术开始扩展到民用领域，并从 80 年代开始，借助计算机技术的发展大规模地应用于仪器仪表、虚拟制造、电子产品设计、仿真训练等人们生产、生活的各个方面。

通过虚拟仿真技术可实现产品设计、仿真试验、生产运行仿真、三维工艺仿真、三维可视化工艺现场、市场模拟等产品的数字化管理，构建虚拟工厂。虚拟仿真技术在制造业中迎来了快速发展，不仅可用于产品设计、生产和过程的试验、决策、评价，还可用于复杂工程的系统分析，具体的技术架构如图 10-5 所示。

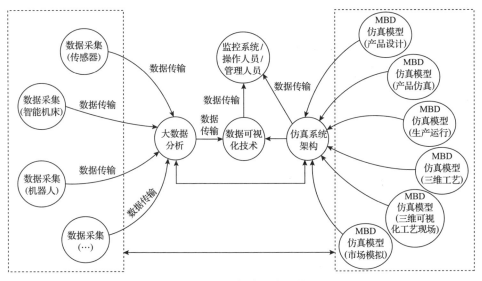

图 10-5 虚拟仿真技术架构图

虚拟车间[6]本质上是模型的集合，这些模型包括要素、行为、规则三个层面。在要素层面，虚拟车间主要包括对人、机、物、环境等车间生产要素进行数字化/虚拟化的几何模型和对物理属性进行刻画的物理模型。在行为层面，主要包括在驱动(如生产计划)及扰动(如紧急插单)的作用下，对车间行为的顺序性、并发性、联动性等特征进行刻画的行为模型。在规则层面，主要包括依据车间繁多的运行及演化规律建立的评估、优化、预测、溯源等规则模型。

在生产前，虚拟车间基于与物理车间实体高度逼近的模型，对车间服务系统的生产计划进行迭代仿真分析，真实模拟生产的全过程，从而及时发现生产计划中可能存在的问题，实时调整和优化。在生产中，虚拟车间不断积累物理车间的实时数据与知识，在对物理车间高度保真的前提下，对其运行过程进行连续的调控与优化。同时，虚拟车间逼真的三维可视化效果可使用户产生沉浸感与交互感，有利于激发灵感、提升效率；且虚拟车间模型及相关信息可与物理车间进行叠加与实时交互，实现虚拟车间与物理车间的无缝集成、实时交互与融合。

3. 人工智能

在实现上述技术的基础之上，近些年随着人工智能的不断发展，其在智能工厂领域也有所应用，达到人机之间表现出互联互通、互相协作的关系，使得机器智能和人的智能真正集成在一起。大数据技术、核心算法是助推人工智能的关键因素，驱动人工智能从计算智能向更高层的感知、认知智能发展。在智能工厂研究中，按关键词数量排前五的依次为人工智能、机器人、机器视觉、计算机视觉、机器学习。综合人工智能技术发展及研究，人工智能技术体系包括机器学习、自然语言处理、图像识别等模块。

2018 年 5 月由波士顿咨询公司发布的《未来的 AI 工厂会是怎样的呢?》文件中, 谈到了人工智能技术和商业的结合, 其内容包括:

(1)通过应用合适的 AI 技术组合, 制造商可以提高效能, 改善灵活性, 加快流程, 甚至促进自优化运营。

(2)AI 是未来工厂不可或缺的一部分, 技术将会增加工厂结构和流程的灵活性。

人工智能与制造业融合充满挑战, 但潜在的收益巨大, 它能帮助企业寻求最优的解决方案, 应对积弊, 创造价值。在规划与设计阶段, 人工智能可以提升产品的设计、产量和效率, 并实现供应商评估和订单管理的自动化; 在运营阶段, 人工智能可以改进每个任务流程, 实现生产线自动化, 减少误差和浪费, 缩短交付时间; 在销售阶段, 人工智能可以预测市场趋势, 根据预期需求调整生产, 优化定价, 把握销售机会; 在售后服务阶段, 人工智能可以预见客户需求, 并提升客户体验。对于这样一个高成本、低利润的行业, 是否部署人工智能对于任何规模的企业都将是生死攸关的重要决定。

德国工业 4.0 等由政府主导的战略正在帮助制造企业打造"未来工厂"。在具备自主性的智能工厂, 整个价值链的各个环节互联互通, 管理系统从广泛的数据中获取信息, 并直接应用于生产。这类工厂将更加灵活与高效, 应对多变的市场环境, 生产更精细、更多样的产品。虽然人工智能应用于生产领域的前景广阔, 但要从概念到落地, 产生规模效益, 还需要研究清晰可行的路径。多数企业, 无论规模大小, 都发现即便通过试点, 之后的进展依然充满挑战。

在人工智能的部署方面, 消费型导向的企业, 如亚马逊公司要领先于工业类企业, 造成这一情况有几方面的原因。消费者相关的数据, 比如对某类产品的喜好等, 相对容易解读; 而机器生成的数据通常更为复杂, 多达 40% 的数据甚至是没有相关性的。工业人工智能必须首先收集数据到边缘端, 而非直接到云端或中央数据库, 并且往往要在瞬间做出很多关键性决策。部署在边缘网络的传感器将数据传送到云端, 运用算法建模, 然后将指令传回边缘端加以执行。要在准确的时间提供准确的数据, 并精确到毫秒级, 这无疑是一项复杂的任务。此外, 工业人工智能提供的建议必须便于现场技术人员理解。创建一个可以用简明语言来解释其决策依据的系统仍是一项挑战。

企业必须首先实现运营的全面数字化, 集成为"智能工厂", 在价值链的各个环节生成、传输高质量、结构化的数据。智能工厂, 必须能够自动优化自身的制造过程。将这样的智能工厂与人工智能系统相连, 才能充分释放新技术的全部潜力。

10.3　智能工厂的主要应用

在智能工厂方面，研究建立以数据驱动的体系架构和标准体系，并在重点行业进行示范应用。2030 年形成人机协同的无人车间/工业智能系统完整的体系、技术与标准，并实现以知识驱动的智能工厂在重点行业的广泛应用，包括自适应建模、多尺度预测控制、实时联合优化、快速精确测量等方法与工程应用技术；攻克智能装备全生命周期的高安全性、高可靠性、高实时性、高精确性等难题，全面应用于千万吨级炼油工程、百万吨级乙烯工程、1000MW 火电工程、1000MW 核电工程、400 万 t 煤制油、煤制气等特大型工程。

10.3.1　制造流程与数字化应用

智能工厂建设与扩张决策应与企业的具体需求相契合。企业建设或扩张智能工厂的原因往往千差万别，无法一概而论。然而，通过建设智能工厂，企业可大致解决资产效率、质量、成本、安全以及可持续性等广泛问题。这些问题的解决将带来诸多益处，最终加快市场响应速度，扩大市场份额，提高利润率与产品质量，并稳定人才队伍。因而智能工厂具备广泛的应用。

智能工厂时刻生成海量数据，通过不断分析，揭示亟待修正与优化的资产绩效问题。诚然，自我修正是智能工厂与传统自动化的区别所在，将进一步提升整体资产效率，同时也是智能工厂最大的优势之一。资产效率的提升将缩短停工期、优化产能并减少调整时间，还将带来其他潜在益处。

智能工厂具备自我优化的特征，可快速预测并识别质量缺陷趋势，并有助于发现造成质量问题的各种人为、机器或环境因素。这将降低报废率并缩短交付期，提升供应率与产量。通过进一步优化质量流程，打造更加优质的产品，减少缺陷与召回产品的数量。

经优化后的流程通常成本更低，可进一步预测库存要求，促成有效的招聘与人才决策，并减少流程与操作上的变动。更加优质的流程还有助于全面了解供应网络，迅速及时地响应采购需求，从而进一步降低成本。流程进一步优化后，产品质量将提升，同时可降低保修和维修成本。

制造企业可通过各种方法在工厂内外打造智能工厂并调整配置，以顺应不断变化或全新涌现的优先事项。事实上，敏捷性是智能工厂最重要的特征之一，制造商可根据其特定需求，选择多种数字化及物理技术。

不同企业将在不同程度上受到智能工厂对其制造流程的影响，部分先进技术能够促进物理世界与数字世界间的信息流动与传递。这些技术推动了数字化供应网络甚至智能工厂的发展——为生产流程的数字化创造新的契机。表 10-1 所示为智能工厂的核心制造流程，以及各种数字与物理技术所带来的数字化机遇。

表 10-1 智能工厂的核心制造流程及数字化应用

流程	部分数字化应用
生产运营	(1)增材制造可快速生产产品原型或小批量零配件； (2)基于实时生产和库存数据的先进计划和排产，尽可能减少浪费，缩短周期； (3)认知机器人和自主机器人能够有效开展常规工作，尽可能节省成本，提高精确性； (4)数字孪生可实现运营数字化，并超越自动化和集成，开展预测性分析
仓储运营	(1)增强现实可协助工作人员挑选和安置任务； (2)自主机器人可开展仓库管理工作
库存跟踪	(1)传感器可追踪原材料、半成品、成品以及高价值模具的实时动向和位置； (2)分析可优化现有库存，并自动提醒补充库存
质量	(1)采用光学分析方法开展中期质量检测； (2)实时设备监控，预测潜在质量问题
维护	(1)增强现实可协助维修人员开展设备维修工作； (2)设备上的传感器有助于预测性和认知性维护分析
环境、健康与安全	(1)传感器可在危险设备靠近工作人员时发出警告； (2)工作人员身上的传感器可监测环境状况，确认是否正常运作或是否存在其他威胁

10.3.2 智能工厂的建设模式

由于各个行业生产流程不同，加上各个行业智能化情况不同，智能工厂有以下几类不同的建设模式。

第一种模式是从生产过程数字化到智能工厂。在石化、钢铁、冶金、建材、纺织、造纸、医药、食品等流程型制造领域，企业发展智能制造的内在动力在于产品品质可控，侧重从生产数字化建设起步，基于品控需求从产品末端控制向全流程控制转变。因此，其智能工厂建设模式为：①推进生产过程数字化，在生产制造、过程管理等单个环节信息化系统建设的基础上，构建覆盖全流程的动态透明可追溯体，基于统一的可视化平台实现产品生产全过程跨部门协同控制；②推进生产管理一体化，搭建企业 CPS，深化生产制造与运营管理、采购销售等核心业务系统集成，促进企业内部资源和信息的整合和共享；③推进供应链协同化，基于原材料采购和配送需求，将 CPS 拓展至供应商和物流企业，横向集成供应商和物料配送协同资源和网络，实现外部原材料供应和内部生产配送的系统化、流程化，提高工厂内外供应链运行效率；④整体打造大数据化智能工厂，推进端到端集成，开展个性化定制业务。

第二种模式是从智能制造生产单元(装备和产品)到智能工厂。在机械、汽车、航空、船舶、轻工、家用电器和电子信息等离散型制造领域，企业发展智能制造的核心目的是拓展产品价值空间，侧重从单台设备自动化和产品智能化入手，基于生产效率和产品效能的提升实现价值增长。因此其智能工厂建设模式为：①推进生产设备(生产线)智能化，通过引进各类符合生产所需的智能装备，建立基于CPS 的车间级智能生产单元，提高精准制造、敏捷制造能力；②拓展基于产品智能化的增值服务，利用产品的智能装置实现与 CPS 的互联互通，支持产品的远程故障诊断和实时诊断等服务；③推进车间级与企业级系统集成，实现生产和经营的无缝集成和上下游企业间的信息共享，开展基于横向价值网络的协同创新；④推进生产与服务的集成，基于智能工厂实现服务化转型，提高产业效率和核心竞争力。

例如，广州数控设备有限公司通过利用工业以太网将单元级的传感器、工业机器人、数控机床，以及各类机械设备与车间级的柔性生产线总控制台相连，利用以太网将总控台与企业管理级的各类服务器相连，再通过互联网将企业管理系统与产业链上下游企业相连，打通了产品全生命周期各环节的数据通道，实现了生产过程的远程数据采集分析和故障监测诊断。三一重工股份有限公司的 18 号厂房是总装车间，有混凝土机械、路面机械、港口机械等多条装配线，通过在生产车间建立"部件工作中心岛"，即单元化生产，将每一类部件从生产到下线所有工艺集中在一个区域内，犹如在一个独立的"岛屿"内完成全部生产。这种组织方式打破了传统流程化生产线呈直线布置的弊端，在保证结构件制造工艺不改变、生产人员不增加的情况下，实现了减少占地面积、提高生产效率、降低运行成本的目的。目前，三一重工股份有限公司已建成车间智能监控网络和刀具管理系统，公共制造资源定位与物料跟踪管理系统，计划、物流、质量管控系统，生产控制中心中央控制系统等智能系统，还与其他单位共同研发了智能上下料机械手、基于分布式数控(distributed numerical control, DNC)系统的车间设备智能监控网络、智能化立体仓库与 AGV 运输软硬件系统、基于 RFID 设备及无线传感网络的物料和资源跟踪定位系统、高级计划与排程系统、制造执行系统、物流执行系统、在线质量检测系统、生产控制中心管理决策系统等关键核心智能装置，实现了对制造资源跟踪、生产过程监控，计划、物流、质量集成化管控下的均衡化混流生产。

第三种模式是从个性化定制到互联工厂。在家电、服装、家居等距离用户最近的消费品制造领域，企业发展智能制造的重点在于充分满足消费者多元化需求的同时实现规模经济生产，侧重通过互联网平台开展大规模个性定制模式创新。因此其智能工厂建设模式为：①推进个性化定制生产，引入柔性化生产线，搭建互联网平台，促进企业与用户深度交互、广泛征集需求，基于需求数据模型开展精益生产；②推进设计虚拟化，依托互联网逆向整合设计环节，打通设计、生产、服务数据链，采用虚拟仿真技术优化生产工艺；③推进制造网络协同化，变革传统垂直组织模式，以扁平化、虚拟化新型制造平台为纽带集聚产业链上下游资源，发展远程定制、异地设计、当地生产的网络协同制造新模式。

10.3.3　智能工厂的落地场景

智能工厂代表从传统自动化向完全互联和柔性系统的飞跃。这个系统能够从互联的运营和生产系统中源源不断地获取数据，从而了解并适应新的需求。真正的智能工厂能够整合全系统内的物理资产、运营资产和人力资本，推动制造、维护、库存跟踪、通过数字孪生实现运营数字化以及整个制造网络中其他类型的活动。其产生的结果可能是系统效率更高也更为敏捷，生产停工时间更短，对工厂或整个网络中的变化进行预测和调整适应的能力更强，从而进一步提升市场竞争力。本节主要介绍无人车间、无人港口[7]、无人仓储[8]等典型落地场景。

1. 无人车间

国内"机器换人"不断推进，进一步利好机器人、工业软件行业。人口红利的消退、用工成本的上升、发达国家制造业回流以及东南亚低成本竞争的双面夹击，都不断压缩着我国传统制造业的生存空间。为了降本增效，由政府力推、企业力行的"机器换人"潮正加快部署中，广东、浙江、福建等制造业大省不断从省级层面推动"机器换人"，完全由机器人来代替人工进行生产的熄灯工厂不断涌现。"机器换人"的不断推进，进一步加速了我国工业机器人、工业软件行业成长，对我国机器人、工业软件企业形成利好。

许多制造企业已开始在多个领域采用智能工厂的流程方式，如利用实时生产和库存数据进行先进计划与排产，或利用虚拟现实技术进行设备维护等。但是，真正的智能工厂是更为整体性的实践，不仅转变工厂车间生产方式，还影响整个企业和更大范围内的生态系统。智能工厂是整个数字化供应网络不可分割的一部分，能够为制造企业带来多重效益，使之更为有效地适应不断变化的市场环境。

德国西门子公司依靠其在数字化工厂建设方面的优势，进一步利用自动化系统、识别及定位系统、工业通信系统、操作控制及监控系统、过程分析系统等，为工厂客户提供智能化工厂解决方案。著名的新能源汽车公司——美国特斯拉公司，拥有先进的智能工厂和全自动化生产车间，该智能工厂在冲压生产线、车身中心、烤漆中心与组装中心这四大制造环节实现了完全无人化，极大地提升了生产效率，降低了人力成本。

我国的美的公司在空调生产方面也实现了高度的自动化。全球第一大代工厂商富士康在建设工厂自动化方面提出了"百万机器人计划"，通过建设自动化生产线，逐渐实现智能无人化工厂。

2. 无人港口

无人港口是智能工厂的一个典型应用。基于自动化轨道吊、自动化岸桥、AGV等自动化设备，结合机器视觉、自动驾驶、分布式决策、路径规划等方法，实现港口集装箱的自动卸货、中转、装载等。我国的智能无人化港口技术处于全球一流行列，上海洋山港、厦门港、青岛港、宁波港等已经实现了无人化。

2017 年，交通运输部发布《关于开展智慧港口示范工程的通知》，决定以港口智慧物流、危险货物安全管理等方面为重点，选取一批港口开展智慧港口示范工程建设。在智慧港口的建设上，明确了要发挥信息化的引领作用，以互联网、物联网、大数据、人工智能等信息技术作为智慧港口的建设基础，加快推动港口信息化和智能化进程，促进港口提质增效。

按国家纲领性文件的指导，未来智慧港口的建设，将以信息技术为依托，融合物联网、互联网、大数据、人工智能等最新技术，实现港口的人和设备的广泛互联，各类软硬件系统的无缝连接和高效协同，进而实现整个港口集疏运体系的高度智能化。具体到港口内的生产场景智能化建设，主要体现在智能闸口和无人闸口建设、港区内智能化的水平运输、堆场上装卸作业智能化以及岸边作业智能化等几个方面。其中港区内水平运输的智能化，主要采用无人水平运输设备AGV，或将传统的有人驾驶集卡改造为无人驾驶集卡，通过无人驾驶车队调度管理系统对整个港区内的无人集卡车队进行统一作业调度、路径规划、出勤管理等，确保整个无人集卡车队在没有司机参与的情况下，24h 持续稳定地支撑码头港区内各种生产场景的水平运输作业，实现码头港区内水平运输的智能化。

码头港区内使用无人集卡承担水平运输作业，实际投入运营后，能大幅降低码头对内集卡司机的用工需求，减少相关管理成本。使用纯电动无人集卡，能够显著降低码头水平运输设备的燃油成本支出，经济效益显著，并且能够实现车辆尾气零排放，符合国家提出的绿色港口的建设方向，对绿色港口建设具有重大意义。使用无人集卡作为水平运输设备，能有效缓解码头司机招工难，部分司机超时驾驶和疲劳驾驶的问题，提升安全生产水平，为码头带来良好的社会效益。

在码头港区内的所有水平运输作业场景，都能够应用无人驾驶车队调度与控制系统，调度无人集卡完成作业，主要作业场景包括：集装箱卸船作业，集装箱装船作业，集装箱过驳作业，集装箱场内转堆作业。具体应用时，首先由生产系统将指令派发给无人驾驶车队调度与控制系统，调度与控制系统收到指令后，会将作业指令拆分为多条具体调度无人集卡到指定地点作业的指令，并逐一发给无人集卡的车载无人驾驶控制系统执行，该控制系统按调度指令的要求，控制无人集卡在规定的时间内行驶到指定的作业位置，并与港区内的岸桥、场桥完成集装箱交接前的吊具对位，然后桥吊下放吊具，完成对集卡的抓放箱操作，集卡就完成了一次港区内的水平运输作业。在集卡接收调度指令向作业目标位置行驶的过程中，若在规划的行驶路径上，某段道路通行情况发生变化，例如，某段道路禁止通行，调度控制系统会下发道路禁行的信息给无人集卡，集卡收到信息后，需要重新规划通往作业目标位置的行驶路线。

3. 无人仓储

在仓储方面，无人仓系统逐渐成为热点。美国亚马逊公司提出了空中漂浮舱的概念，将传统的地面固定仓库转移到空中，实现仓库的灵活定位和调配。与无人机物流结合，形成一个空到地的物流配送体系，提高配送服务效率。亚马逊也是全球最早建造无人仓库的公司。亚马逊 Robotics 团队使用各种机器人技术方法，包括自动移动机器人、复杂的控制软件、语言感知、电源管理、计算机视觉、深度感知、机器学习、对象识别和命令的语义理解等，实现仓库的智能化管理、物品的自动分拣与转运，降低了仓库管理的人力成本，大大提升了仓库的管理效率。国内企业方面，京东无人仓是集成智能物流设备、实现高密度立体存储和全自动化生产的高效无人仓库，大量采用智能机器人进行多环节、全流程作业。利用人工智能算法指导生产，将大数据与电商业务紧密结合解决商品布局问题，通过智能排产系统解决各生产环节匹配问题，采用模块化设计解决库房柔性和扩容难题。苏宁公司的机器人仓，通过机器人和人"搭档"，实现半自动化的仓储管理。在全面智能化仓库建设方面，苏宁公司建造了超级云仓，通过配备 ASRS、Miniload、SCS 货到人拣选等一系列先进物流设备，可以实现巨量商品的入库、补货、拣选、分拨到出库全流程的智能化作业。智能无人仓库及物流系统将引领电商物流行业实现全面的变革与升级。

无人仓储在物流供应链中属于技术层面的较大跨度升级成果，功能齐全、智能化水平高，可以实现无人化操作、智能化决策目标。为保障作业无人化水平达到标准要求，设备运作必须足够稳定，同时，分工协作层面拥有较高的整体控制程度。智能化决策方面，无人仓储可以让众多机器人自主工作，实现成本与效率的最优化。与人工相比，智能化无人仓储设施管理中心可以自主识别包裹信息，保障分拣工作的高效落实，容错率低，同时可连续运作。

此运作过程涉及的技术流程主要是先将每个包裹进行信息的简化识别，再将这些信息转化成一级节点。而后，分拣机器人属于网络中的二级节点，可对包裹地址以及货物的属性进行基本判定，分拣工作完成后，运输环节同样可以由机器人承担。运输机器人具备基础的探测和识别功能，能够在分工协作中以良好稳定的秩序落实操作，防止出现紊乱或误操作情况。与人员操作形式相比，机器人操作形式不仅可以提升工作效率，还可节约大量成本。

与传统的人工选址相比，人工智能的仓储地理位置定位更加精确，通过相关算法、软件程序等辅助，对环境的种种约束条件进行精确分析，进而给出一个最佳的解决方案，保障选址更为精确的同时，还能有效节约企业在选址过程中需要占用的时间与成本。库存方面，人工智能技术的功能优势很多，让人力得到了最大限度的解放，因此让物流的运作过程更加高效，进而帮助消费者节约出更多的时间。同时，系统与设备的数据分析技术能够模仿人类规律总结功能，通过对消费者的消费数据进行智能分析，调整库存，保障物流仓储的物品数量可得到动态性规划，随时随地地根据数据分析结果进行精确控制，为消费者提供优质服务的同时，降低企业运营管理成本。

10.3.4 智能工厂的示范用例

灯塔与航海密不可分，它发出的强光可以刺破迷雾，照亮黑暗，保卫行船的安全。在瑞士达沃斯举行的 2018 年世界经济论坛上，公私领域的领导者纵观各行各业，挑选出在第四次工业革命创新中起到引领作用的制造企业。那些被视作灯塔的模范工厂可以借世界经济论坛这个平台相互对接，从而开启一场利于生产环境的独特学习之旅。

最近 10 年，制造业生产率停滞不前，需求愈加分散，创新更是姗姗来迟。少数企业已成功跨越试点阶段，在实践中大规模推广第四次工业革命带来的创新。它们以最小的员工取代数实现了效率的空前提升。然而，多数企业似乎仍深陷"试点困境"中。如果企业和政府能够齐心协力，大规模推广第四次工业革命技术，全球范围内的财富便能实现可观增长，为所有人民带来福祉。

灯塔工厂是"数字化制造"和"全球化4.0"的示范者，它们拥有第四次工业革命的所有必备特征。此外，它们还验证了一个假设，即生产价值驱动因素的全方位改进可以催生新的经济价值。这些驱动因素包括：资源生产率和效率、灵活性和响应能力、产品上市速度及满足客户需求的定制能力。改进传统企业的生产系统、创新设计价值链、打造具有颠覆潜力的新型商业模式等举措都能创造价值。

这部分将详细介绍两家灯塔工厂。它们风格迥异，却都成功地大规模部署了第四次工业革命技术。两家灯塔工厂分别为宝洁公司拉科纳工厂和 Rold 公司切罗马焦雷工厂。前者代表大型跨国公司，其工厂层面和集团层面均部署了第四次工业革命用例；后者代表中小企业，它成功在一个工厂中部署了不同用例。

1. 宝洁公司拉科纳工厂

拉科纳工厂距离布拉格 60 公里，建成于 1875 年，是宝洁公司历史第二悠久的工厂。在共产主义时期，该工厂曾经是国有资产，后于 1991 年被宝洁公司收购。每天，这里可以生产约 400 万瓶洗碗液、洗碗粉，以及织物增强剂。随着人们对洗涤产品的需求从干粉转向液体，在 2010 至 2013 年，宝洁公司的销售额大幅下滑。面对这一挑战，该工厂启动了一个项目，以期大幅压缩成本，吸引新业务。项目实施后，这座工厂的成本不断降低，需求也逐渐攀升，最终在 2014~2016 年决定扩张。为了成功实施这种扩张，就需要拥抱数字化和自动化，并且全方位利用第四次工业革命带来的能力，来预测和解决新兴需求。

拉科纳的内部团队以多种方式从外部获取数字化和自动化知识，包括与布拉格的大学建立直接联系、与创业公司展开合作，并且通过学生交流项目让受过数字化教育的学生与拉科纳员工并肩工作。该工厂还开发了一个对所有员工开放的项目，旨在加深他们对数据分析、智能机器人和增材制造等新技术的理解，并拉近与这些技术的距离。

通过端到端供应链同步，已经解决了每次活动结束后过量产品的报废、库存资本约束、上市速度缓慢，以及艰难而费时的手动供应链分析等问题。基于不断变化的用户需求，宝洁公司对产品进行不断改良，最终才有了这个全球化工具。它被应用于工厂管理层面，每个部门都会使用，与中央规划团队进行协调。宝洁公司会用这个基于互联网的工具进行分析建模和模拟，以便清晰地观察供应链的端到端情况。通过模拟不同情况下整个供应链的状况，识别出问题所在，从而提升供应链的敏捷性。该工具能够在每个节点显示供应链全信息，并深入分析和优化每个产品和生产线。它还能在宝洁公司不同工厂和生产线之间起对标的作用，以便相互比较。将这套工具应用于所有产品和生产线后，3 年间库存减少了 35%，库存效率在前一年提升了 7%。它还减少了退货和缺货数量，并加快了新产品推出后的上市速度。

通过模拟仿真，解决了包括了解调整生产线调整带来的影响，减少生产设置的测试成本，以及在运营前就识别出新产品缺陷，以避免高昂的纠错费用。这个用例涉及多种大规模使用的描述性和诊断性的建模应用，以及部分预测性试点建模应用，上述建模应用都以达到规范性建模能力为目标。样本建模应用包括与新产品发布有关的制造产出、选择最佳传送带速度、确定理想包装尺寸、在真正执行之前模拟生产线的变化、提前预测失败以及识别根源未果。直观的模型和工程师的操作性是重要的推动因素。这种方法能将失败扼杀在摇篮中，从而改良产品设计、提炼问题陈述，以及优化测试方法。

2. Rold 公司切罗马焦雷工厂

意大利的 Rold 公司只有 250 名全职员工，专门生产洗衣机门锁。该公司在切罗马焦雷的工厂是一家非常小型的组织，但通过大规模应用数字化制造技术后，其生产率和质量得到了极大的提升。这证明，即便投资规模有限，也可以借助现成的技术，通过与技术提供商和高等院校的合作来开展第四次工业革命创新。

在进行数字化转型前，Rold 公司因自身产能无法满足国际客户日益增长的需求而面临巨大压力。除此之外，工厂还存在其他一些问题，包括难以看清自身实际表现，以及通过非集中化的方式在纸上记录数据。一线员工需要花费大量时间手动制作报告，而且，大部分业务决策都是通过假设和经验进行的，严重影响运营效率。

数字化平台让主管和员工都能持续关注流程，有机会提升效率，从而优化制模进程。该平台不仅灵活，而且还在持续改进，不断根据用户的需求和建议推出新功能。各个级别的员工都可以主动参与新功能的开发。借助这个平台，工人们可以实时看到生产的结束时间，以为后续订单生产做准备。另外，减速和故障原因的可视化让一线员工可以参照客观数据，而非仅凭主观认知来确定哪些活动可以改进生产。

除内部改良外，Rold 公司还带动了各大洗衣机原始设备制造商的数字化转型。通过使用一套自动化订单和可追溯数据交换系统，整个供应链的数字化整合程度都会得到提升。这不仅能提高透明度，还能减少人力投入。此外，新的数字化能力让 Rold 公司可以创新出智能、互联的产品，帮助洗衣机原始设备制造商为客户提供新服务。

参 考 文 献

[1] 龚东军, 陈淑玲, 王文江, 等. 论智能制造的发展与智能工厂的实践[J]. 机械制造, 2019, 57(2): 1-4.

[2] 杨春立. 我国智能工厂发展趋势分析[J]. 中国工业评论, 2016, (1): 56-63.

[3] 焦洪硕, 鲁建厦. 智能工厂及其关键技术研究现状综述[J]. 机电工程, 2018, 35(12): 1249-1258.

[4] 史毕福. 人工智能时代的制造业转型升级[R]. 北京: 中国发展高层论坛, 2018.

[5] 唐堂, 滕琳, 吴杰, 等. 全面实现数字化是通向智能制造的必由之路——解读《智能制造之路: 数字化工厂》[J]. 中国机械工程, 2018, 29(3): 366-377.

[6] 陶飞, 张萌, 程江峰, 等. 数字孪生车间——一种未来车间运行新模式[J]. 计算机集成制造系统, 2017, 23(1): 1-9.

[7] 孙羽, 汪沛. 无人驾驶技术在未来智慧港口的应用[J]. 珠江水运, 2019, (23): 5-7.

[8] 余自凌. 基于物联网和人工智能的现代物流及仓储应用技术研究[J]. 今日财富, 2020, (3): 31.

第11章 结 束 语

二十一世纪以来，智能无人系统在不同行业中逐步涌现，快速发展，在人类社会中发挥出越来越重要的作用。例如，2010年以来，越来越多的知名汽车厂商以及IT企业在智能汽车研发领域投入巨资。奔驰、宝马、大众、福特都已公布原型机和研发计划，甚至苹果公司也启动了内部研制计划。最具代表性的谷歌无人驾驶车已经在加利福尼亚州、内华达州、佛罗里达州以及密歇根州合法上路行驶。

随着智能化时代的到来，服务机器人的出现使人们的生活变得更加智能、安全、便捷，让人们的医疗康复、家政服务、教育娱乐、陪护养老、交通工具、家居等生活方式悄然发生变化。

无人机在民用和军用领域都得到了广泛的应用。无人机在民用领域除了在娱乐方面得到大力发展，在不同的行业（如安防、农业、环保、勘测等）中也得到了日益广泛的应用。在军用领域，从无人侦察机和靶机发展到察打一体机和无人战斗机，无人机装备的数量不断增加。

在工业4.0时代，智能工厂已经成了必然趋势，在特斯拉这个智能化水平号称全球领先的全自动化生产车间里，从原材料加工到成品的组装，全部生产过程除了少量零部件，几乎所有生产工作都自给自足，全程都是由计算机控制的机器人，根据事先设定好的程序完成。

随着我国改革开放以来科技水平的快速发展，我国人工智能技术水平也得到了很大提高，智能无人系统的研制取得了令人瞩目的成绩。在一些方面已经接近或达到世界先进水平。百度公司无人驾驶项目的研发进入重要阶段，除了针对基础的汽车传感系统、决策及控制系统研发，百度公司正在重点进行数据采集工作，着手绘制国内首个高精度三维环境地图，并将推动其在无人驾驶领域之外的应用，以更多形式服务于更广泛的受众。可以预见，车辆的无人驾驶（有0～5级不同标准，近期不简单追求5级）已经不远，在未来一段时间无人驾驶车关键技术必将取得重要突破，并实现产业化。

在高铁自动驾驶方面，国内外均处于研究阶段，还没有进入现场试验或工程示范。在相关核心技术研究方面，我国某些方面处于领先地位。2016年二十国集团领导人杭州峰会期间，已研制并投入使用了高铁线路净空（路权）智能感知与异物（人为破坏）自动识别系统；2021年，已研制并投入使用了国内第一条轨道全自动无人驾驶系统——北京地铁燕房线（阎村东站—燕山站）。我国高铁的无人驾驶已经走在世界前列。

总之，我国在智能无人系统领域某些方面取得了显著进步，甚至在国际上处于先进水平。但我国与国外在某些方面还存在明显差距。例如，在核心理论和部分关键技术，关键硬件和核心软件，智能无人系统其他相关领域，材料、能源动力、安全网络等方面，都存在差距。又如，人形智能机器人，在智能感知、灵巧机构、运动稳定性等方面存在差距。

我们希望 2030 年在空间、海洋、极地科考等机器人应用领域构建自主运行的星球表面无人科研站，实现极地科考站无人值守以及覆盖全球海域的自主探测与作业；在无人驾驶车、无人机、服务机器人等领域国际市场占有率第一；逐步实现全国范围内城市轨道交通与高速铁路自动驾驶；实现以知识驱动的无人车间、智能工厂在重点行业广泛应用；实现智能控制装备与系统高端市场占有率达 70%。

我国将在未来 20 年快速推进智能无人系统的发展，形成智能无人系统基础理论体系，构成智能无人系统产业发展生态链，逐步在该领域走在世界科技与产业发展的前沿，使智能无人系统产业成为世界经济进步的发动机。